U0227983

黄河流域水量分配方案优化及综合调度关键技术丛书

变化环境下黄河动态高效输沙模式研究

李 勇 李小平 崔振华 等 著

科学出版社
北 京

内 容 简 介

本书在国家重点研发计划课题"变化环境下黄河动态高效输沙模式"（2017YFC0404402）资助下，以黄河下游洪水高效输沙和中游水库群塑造高效输沙水沙过程为研究重点，采用历史情况分析、理论推导、物理模型试验、数值模拟计算等手段，研究揭示变化环境下黄河河道高效输沙机理，分析高效输沙洪水的水沙阈值；明晰多库联动的出库水沙过程与入库水沙条件、库区边界条件和库水位的复杂响应关系，创建高效输沙水沙过程塑造技术；研究适应未来水沙情势的泥沙多年调节方法和相应水库运用方式，创新年际变动、丰枯机动的自然变化-人工干预二元作用机制下黄河动态高效输沙模式，提出黄河动态高效输沙需水量，为黄河水量分配优化、实现2030年前减少黄河流域缺水10亿~20亿 m³ 的目标提供重要支撑。

本书可供泥沙运动力学、河床演变、水资源、水库调度及流域治理等方面研究、规划和管理的科技人员及高等院校有关专业的师生参考。

图书在版编目（CIP）数据

变化环境下黄河动态高效输沙模式研究／李勇等著 . —北京：科学出版社，2023.6
（黄河流域水量分配方案优化及综合调度关键技术丛书）
ISBN 978-7-03-075839-2

Ⅰ. ①变… Ⅱ. ①李… Ⅲ. ①黄河-河流输沙-研究 Ⅳ. ①TV152

中国国家版本馆 CIP 数据核字（2023）第 108689 号

责任编辑：王 倩／责任校对：郝甜甜
责任印制：吴兆东／封面设计：无极书装

科学出版社 出版
北京东黄城根北街 16 号
邮政编码：100717
http://www.sciencep.com

北京中科印刷有限公司 印刷
科学出版社发行 各地新华书店经销
*
2023 年 6 月第 一 版 开本：787×1092 1/16
2023 年 6 月第一次印刷 印张：15 3/4
字数：350 000

定价：198.00 元
（如有印装质量问题，我社负责调换）

"黄河流域水量分配方案优化及综合调度关键技术丛书"编委会

主　编　王　煜

副主编　彭少明　金君良　李　勇　赵建世　游进军　郑小康

编　委（按姓名拼音排序）

畅建霞　程　冀　狄丹阳　方洪斌　丰　青

付　健　葛　雷　何刘鹏　蒋桂芹　金文婷

靖　娟　李春晖　李小平　刘　珂　刘翠善

鲁　帆　鲁　俊　明广辉　潘轶敏　尚文绣

舒张康　宋昕熠　陶奕源　王　淏　王　佳

王　平　王　旭　王慧亮　王瑞玲　王威浩

王学斌　吴泽宁　武　见　严登明　张漠凡

赵　芬　周翔南

总　　序

　　黄河是中华民族的母亲河，也是世界上最难治理的河流之一，水少沙多、水沙关系不协调是其复杂难治的症结所在。新时期黄河水沙关系发生了重大变化，"水少"的矛盾愈来愈突出。2019年9月18日，习近平总书记在郑州主持召开座谈会，强调黄河流域生态保护和高质量发展是重大国家战略，明确指出水资源短缺是黄河流域最为突出的矛盾，要求优化水资源配置格局、提升配置效率，推进黄河水资源节约集约利用。1987年国务院颁布的《黄河可供水量分配方案》（黄河"八七"分水方案）是黄河水资源管理的重要依据，对黄河流域水资源合理利用及节约用水起到了积极的推动作用，尤其是1999年黄河水量统一调度以来，实现了黄河干流连续23年不断流，支撑了沿黄地区经济社会可持续发展。但是，由于流域水资源情势发生了重大变化：水资源量持续减少、时空分布变异，用水特征和结构变化显著，未来将面临经济发展和水资源短缺的严峻挑战。随着流域水资源供需矛盾激化，如何开展黄河水量分配再优化与多目标统筹精细调度是当前面临的科学问题和实践难题。

　　为破解上述难题，提升黄河流域水资源管理与调度对环境变化的适应性，2017年，"十三五"国家重点研发计划设立"黄河流域水量分配方案优化及综合调度关键技术"项目。以黄河勘测规划设计研究院有限公司王煜为首席科学家的研究团队，面向黄河流域生态保护和高质量发展重大国家战略需求，紧扣变化环境下流域水资源演变与科学调控的重大难题，瞄准"变化环境下流域水资源供需演变驱动机制""缺水流域水资源动态均衡配置理论""复杂梯级水库群水沙电生态耦合机制与协同控制原理"三大科学问题，经过4年的科技攻关，项目取得了多项理论创新和技术突破，创新了统筹效率与公平的缺水流域水资源动态均衡调控理论方法，创建了复杂梯级水库群水沙电生态多维协同调度原理与技术，发展了缺水流域水资源动态均衡配置与协同调度理论和技术体系，显著提升了缺水流域水资源安全保障的科技支撑能力。

　　项目针对黄河流域水资源特征问题，注重理论和技术的实用性，强化研究对实践的支撑，研究期间项目的主要成果已在黄河流域及邻近缺水地区水资源调度管理实践中得到检验，形成了缺水流域水量分配、评价和考核的基础，为深入推进黄河流域生态保护和高质量发展重大国家战略提供了重要的科技支撑。项目统筹当地水、外调水、非常规水等多种水源以及生活、生产、生态用水需求，提出的生态优先、效率公平兼顾的配置理念，制订的流域 2030 年前解决缺水的路线图，为科学配置全流域水资源编制《黄河流域生态保护和高质量发展规划纲要》提供了重要理论支撑。研究提出的黄河"八七"分水方案分阶段调整策略，细化提出的干支流水量分配方案等成果纳入《黄河流域生态保护和高质量发展水安全保障规划》等战略规划，形成了黄河流域水资源配置格局再优化的重要基础。项目研发的黄河水沙电生态多维协同调度系统平台，为黄河水资源管理和调度提供了新一代智能化工具，依托水利部黄河水利委员会黄河水量总调度中心，建成了黄河流域水资源配置与调度示范基地，提升了黄河流域分水方案优化配置和梯级水库群协同调度能力。

项目探索出了一套集广义水资源评价—水资源动态均衡配置—水库群协同调度的全套水资源安全保障技术体系和管理模式，完善了缺水流域水资源科学调控的基础认知与理论方法体系，破解了强约束下流域水资源供需均衡调控与多目标精细化调度的重大难题。"黄河流域水量分配方案优化及综合调度关键技术丛书"是在项目研究成果的基础上，进一步集成、凝练形成的，是一套涵盖机制揭示、理论创新、技术研发和示范应用的学术著作。相信该丛书的出版，将为缺水流域水资源配置和调度提供新的理论、技术和方法，推动水资源及其相关学科的发展进步，支撑黄河流域生态保护和高质量发展重大国家战略的深入推进。

中国工程院院士

2022 年 4 月

前　言

黄河是典型的缺水型流域，习近平总书记提出的关于"节水优先、空间均衡、系统治理、两手发力"的治水思路中，把节水优先作为新时期治水工作必须始终遵循的根本方针。因此，流域各项水资源利用都要本着这一治水理念，提高利用效率是达到节水的重要途径。泥沙输送的过程因水沙搭配的不同，其输沙效率也存在较大差异，利用输沙效率高的洪水实现高效输沙可以有效节约部分输沙水量，从输沙的角度实现节水。

随着水土保持工作的不断深入、退耕还林还草工程的持续施行以及黄河流域生态文明建设的大力推进，流域的林草植被覆盖率显著增加、梯田淤地坝的大量修建改变了微地形，大大减少了水土流失，使得流域来沙量显著减小，潼关实测沙量从天然时期 1919 ~ 1959 年的年均 16 亿 t 降低到 2000 ~ 2019 年的 2.88 亿 t。随着流域来沙的减少，黄河输沙用水量需求将随之减小；而随着生产生活水平的提高，生态修复、城市景观、工农业生产和居民生活需求增加，原有水量分配已经不太适应新的用水需求。研究确定新水沙情势下的输沙需水量，是合理调整黄河水量分配必不可少的技术支撑。

黄河中游万家寨、三门峡、小浪底等骨干水利枢纽工程的修建，使得调节水沙过程、改善水沙搭配关系、提高水流输沙效率变成了可能。随着水沙调控技术的深入研究，特别是黄河 19 次调水调沙运用和 2018 ~ 2020 年连续 3 年汛期洪水优化调度，使得水沙调控技术不断完善，为高效输沙水沙过程塑造提供了宝贵的实践经验。利用中游水库群调节出有利于输送更多泥沙的高效输沙洪水，把"调"和"排"有机地结合起来，达到提高洪水输沙能力的效果，是目前治理黄河的一项重要任务。

在流域水沙情势发生巨大改变、流域经济迅速发展、外流域调水增加的变化背景下，黄河输沙水量的变化和以高效输沙为基础的动态调度是关系到黄河分配水量多少，进而关系到流域可持续发展的重大研究课题。2017 年"变化环境下黄河动态高效输沙模式"（2017YFC0404402）研究被列入国家重点研发计划，成为"黄河流域水量分配方案优化及综合调度关键技术"项目中的一个课题。

本书以黄河下游洪水高效输沙和中游水库群塑造高效输沙水沙过程为研究重点，采用历史情况分析、理论推导、物理模型试验、数值模拟计算等手段，研究揭示变化环境下黄河河道高效输沙机理，分析高效输沙洪水的水沙阈值；明晰多库联动的出库水沙过程与入库水沙条件、库区边界条件和库水位的复杂响应关系，创建高效输沙水沙过程塑造技术；研究适应未来水沙情势的泥沙多年调节方法和相应水库运用方式，创新年际变动、丰枯机动的自然变化－人工干预二元作用机制下黄河动态高效输沙模式，提出黄河动态高效输沙需水量，为黄河水量分配优化、实现 2030 年前减少黄河流域缺水 10 亿 ~20 亿 m³ 的目标提供重要支撑。

全书共分 7 章，第 1 章绪论，由李勇、李小平执笔；第 2 章变化环境下高效输沙机理与水沙阈值，由丰青、李小平执笔；第 3 章面向高效输沙的水沙过程塑造，由王平、林秀芝执笔；第 4 章中游水库群泥沙多年调节方式与下游动态输沙需水，由崔振华、付健、陈翠霞、赵正伟执笔；第 5 章黄河上游宁蒙河道高效输沙需水量研究，由郑艳爽执笔；第 6 章渭河下游河道输沙塑槽动态输沙需水，由张明武、苏林山、赵令晖执笔；第 7 章黄河输沙水量耦合机制与动态输沙水量，由李小平、肖千璐执笔。全书由李小平统稿。

本书撰写过程中得到了张晓华、张原锋、申冠卿等专家的指导和帮助，参加研究的人员还有窦身堂、陈真、尚红霞、孙赞盈、张敏、张翠萍、胡恬、王方圆、郭彦、李奕宏、彭红、张春晋等。研究过程中，项目组全体研究人员密切配合，团结协作，圆满完成了研究任务，在此对他们的辛勤劳动表示诚挚的感谢！

限于作者水平，加之变化环境下黄河动态高效输沙模式问题复杂，还有不少问题需要深化研究，因而书中欠妥之处敬请读者批评指正。

作　者

2023 年 4 月

目　　录

第1章 | 绪 论

1.1 研究背景

黄河泥沙含量世界之最，而黄河的主要问题是水少沙多、水沙关系不协调，使得下游河床不断淤积抬高，形成了著名的地上悬河，进而加大了下游洪水的威胁。黄河流域是典型的缺水型流域，随着社会经济的发展，流域生产、生活需水量显著增加，水资源供需矛盾日益突出。天然时期（1950～1960 年），黄河来沙量 16 亿 t，尽可能将泥沙输送入海是黄河径流的重要功能；在《黄河可供水量分配方案》（黄河"八七"分水方案）中，输沙用水量为 210 亿 m^3，约占水资源总量的 36%，对黄河水资源分配具有较大的影响。

黄河"八七"分水方案是我国大江大河首次制定的分水方案，自实施以来，提高了水资源可持续利用程度和利用效率，保障了流域各省（自治区）经济、社会、生态环境等方面的协调（均衡）发展。但随着各省（自治区）对水资源需求的不断增加，天然径流量的显著减少（"八七"分水方案制定时黄河天然径流量为 580 亿 m^3，2008 年降低为 534.8 亿 m^3，近期研究拟修订为 480 亿 m^3），输沙及生态环境等河道内用水与经济社会发展之间、不同省份之间的水量分配难度越来越大，矛盾也更为尖锐。而流域环境的巨大变化和南水北调中线和东线的开通，也给黄河水量分配方案的优化调整提供了条件和较多的选择。

对黄河演变规律认识水平的提高和小浪底等中游水库群调控水沙能力的增强，对输沙塑槽流量的研究工作也提出了更高的要求。

未来输沙水量不仅要满足河道冲淤的要求，而且要满足最小平滩流量的要求。现有输沙水量是指某一来沙量条件下，维持典型河段一定的泥沙淤积量水平所需要的水量，主要是以河道淤积量来衡量河道行洪输沙能力，这是在当时研究水平和认识水平下的结果。近期对河道健康状况的评价引入了一个非常重要的指标——河槽规模，一般用平滩流量作为表征指标，反映河槽的过流和输沙能力，是对河道冲淤量这一单一指标的重要补充，具有非常重大的实际意义。因此在提出变化环境下黄河输沙水量时也必须开展河槽断面形态和过流能力与来水来沙、河道冲淤的关系研究，以得到切实维持河道基本功能的输沙水量。

未来输沙水量不仅要满足水量的要求，而且要满足流量级的要求。现有输沙水量指通过利津断面的全年入海水量，但由于流量级不同，相同水量的输沙效率也存在显著差异：大流量级水量具有更加高效的输沙塑槽作用，而工农业和生产生活、生态环境等功能的流量级较小，其输沙塑槽作用要小得多，甚至对艾山以下窄河段、宁蒙的三湖河口—头道拐等冲积性河段的输沙塑槽具有不利的影响。面对洪水水沙显著减少的基本趋势，进一步明确输沙塑槽用水的流量级分布变得十分必要和迫切。

进一步优化调整现有输沙水量动态调控模式有利于提高输沙效率及枯水年份其他功能用水保证率。现有水量分配动态调整主要是根据当年来水情况实行丰增枯减、同比例增减，这样丰水年分配的工农业可用水量多、枯水年分配的水量少；但实际上丰水年流域整体降水偏多、用水需求反而少，分配水量用不完；而枯水年流域整体降水偏少、用水需求反而更大，但分配水量少，不能满足需要。这也是水资源分配与地区用水的一个尖锐矛盾。

而对输沙水量来说，枯水年一般来沙不多，可以依靠水库拦沙、少输沙甚至不输沙，把来水更多地留给工农业用水，满足经济社会需求；而在丰水年，工农业用水少时，加大输沙水量，把来沙和前期淤积的泥沙通过大流量过程输送入海。

中游水库群联合调控、协调水沙关系，为下游河道高效输沙、减少输沙水量提供了可能的条件。根据黄河水沙变化最新研究成果，小浪底水库进入正常运用期后，在无西线南水北调条件下，未来黄河下游的来水量在 210 亿~220 亿 m³，来沙量在 5.5 亿 t 左右，也就是说在汛期约 100 亿 m³ 的水需要输送约 5.0 亿 t 的泥沙（平均含沙量 50kg/m³、来沙系数 0.053kg·s/m⁶），与 1986~1999 年汛期 126 亿 m³ 水输送 7.2 亿 t 沙（平均含沙量 57kg/m³、来沙系数 0.048kg·s/m⁶）相比，水流输沙条件更为严峻，可以预测，如果依照 1986~1999 年的实际进入下游河道，下游淤积仍可能接近 2 亿 t，而且主要在河槽中，如果要减少淤积，就需要更多的输沙水量，这会加剧水资源利用的紧张程度。可见，亟须对水沙过程进行再调节、高效输沙、多输沙。

2000 年以来，小浪底与三门峡等中游水库群联合运用积累了丰富的调度经验，未来古贤、东庄水库建成和联合运用对黄河水沙的调控能力进一步增强，有利于进一步协调进入下游的水沙关系，利用并塑造洪水过程高效输沙、节省输沙水量，显著提高黄河水量分配的灵活性和调度水平等。

因此，在流域水沙情势发生巨大改变、流域经济迅速发展、外流域调水增加的变化背景下，黄河输沙水量的变化和以高效输沙为基础的动态调度是关系到黄河分配水量多少，进而关系到流域可持续发展的重大研究课题。

要实现 2030 年前减少黄河流域缺水 10 亿~20 亿 m³ 的目标，减少输沙用水，增加经济社会用水是重要手段之一。近年来，影响黄河输沙用水的外部环境发生了很多变化，一是来水来沙条件发生了剧烈变化，来沙量明显减少；二是小浪底水库已经投入运用 20 余年，东庄水库已经开工建设即将投入运用，古贤水库进入方案论证阶段，黄河水沙调控体系将逐步趋于完善，为塑造高效输沙的水沙过程提供了工程条件；三是黄河下游河道边界条件发生了变化，河道整治工程布局不断完善，$4000\text{m}^3/\text{s}$ 的中水河槽规模已经形成。在这样的背景下，研究水库群驱动的动态高效的输沙模式，可有效减少黄河输沙需水量，为实现 2030 年前减少黄河流域缺水 10 亿~20 亿 m^3 的目标提供了重要支撑。

1.2　研究现状

输沙水量是关系到河道输沙效果和河道自身健康发展所需水量的一个重要指标。研究输沙水量（输送单位重量的泥沙所需要的水量），就是为了更好地节约输沙用水量，促进水资源的合理利用（岳德军等，1996）。钱意颖等（1993）首次提出输沙水量的概念，认为黄河下游输沙水量与来水来沙条件及河床边界条件关系密切。"八五"国家科技攻关项目对黄河下游的河道输沙水量进行了初步研究，其中利津（1960~1989 年）汛期的输沙水量与三黑武（即三门峡、黑石关和武陟）的含沙量密切相关（表1-1），存在一定的线性关系；而非汛期的输沙水量则与三黑武的来沙量密切相关（岳德军等，1996）。

表1-1　输沙水量关系式汇总

作者	河段	公式	备注
岳德军等（1996）	利津	$\lg\eta_{ij} = 1.849 - S_{shw}/150$	η_{ij} 为利津需水量；S_{shw} 为三黑武含沙量。汛期
		$\lg\eta_{ij} = 2.586 - 0.0027W_{shw}$	W_{shw} 为三黑武来沙量。非汛期
		$S>150\text{kg/m}^3$，$\eta_{ij}=10\text{m}^3/\text{t}$，河道淤积比 60%；$S<40\text{kg/m}^3$，$\eta_{ij}=80\text{m}^3/\text{t}$，河道冲刷	洪峰期
严军（2003）	黄河下游主要控制站	$q = kS^m$	q 为输沙水量；S 为平均含沙量；k 和 m 为待定参数
石伟和王光谦（2003a，2003b）	黄河下游部分水文站	$q_{sm} = \dfrac{1000}{\left(S_m Q_m - \dfrac{1000T}{\Delta t} - \dfrac{1000\Delta Z}{\Delta t}\right)\dfrac{1}{Q_m}} - \dfrac{1}{\gamma_s}$	q_{sm} 为最经济输沙水量；S_m 为某一时段平均平滩流量；Q_m 对应的平均含沙量
申冠卿等（2006）	黄河下游主要控制站	汛期花园口站 $W = 22W_s - 42.3Y_s + 86.8$ 汛期利津站 $\dfrac{W_{利}}{W_{s利}} = 21.84\eta^{-0.5179}W^{0.2643}$ 洪水期花园口站 $W = \dfrac{1000W_s}{0.23e^{0.0215\eta}Q^{2/3}}$ 洪水期利津站 $\dfrac{W_{利}}{W} = 2.767\left(\dfrac{W_s}{W}\right)^{-0.72}$ 非汛期 $W_s - C_s = \begin{cases} 0.002W^{2.13} & W \leqslant 50 \\ 0.03W - 0.67 & W > 50 \end{cases}$	W 为汛期花园口输沙水量；W_s 为来沙量；Y_s 为下游河道允许淤积量；$W_{利}$ 为利津输沙水量；$W_{s利}$ 为利津沙量；Q 为洪峰期平均流量；η 为河道淤积百分数（η＝淤积量/来沙量×100）；C_s 为冲淤量

作者	河段	公式	备注
张原锋等（2007）	黄河下游	$S/Q^{0.8}=0.18\eta^3+0.3\eta^2+0.17\eta+0.066$ $\eta=C_s/W_s$	S/Q 为洪水期来沙系数；η 为冲淤比；C_s 为洪水期冲淤量；W_s 为洪水期来沙量
张原锋和申冠卿（2009）	黄河下游	$Se^{-1.2P^*}/Q^{0.8}=0.111\eta^3+0.168\eta^2+0.089\eta+0.035$	η 为主槽冲淤量与来沙量的比值；P^* 为粒径小于 0.025mm 的泥沙所占百分数
李小平等（2010）	黄河下游	$P_s=(25/S+0.32)\times100\%$ 黄河下游高效输沙洪水水沙特性分区图	提出高效输沙洪水流量级 3200m³/s 和含沙量级 40~80kg/m³ 指标
吴保生等（2011）	黄河下游孙口站	$\overline{W}_{sk}=0.0396Q_{bf}^{0.944}\overline{W}_{s,sk}^{0.27}$ 平均线 $\overline{W}_{sk}=0.0396(Q_{bf}+826)^{0.944}\overline{W}_{s,sk}^{270}$ 上包线	$\overline{W}_{sk}$ 为孙口站 4 年滑动平均汛期来水量；Q_{bf} 为平滩流量；$\overline{W}_{s,sk}$ 为孙口站 4 年滑动平均汛期来沙量
吴保生等（2012）	黄河下游主要控制站	$W=\dfrac{1}{\gamma\Delta H}\left[E_1(Q_b)+E_2(W_s)\right]$ $E_1(Q_b)=K\hat{K}_1Q_b^a$ $E_2(W_s)=\hat{K}_2\overline{W}_s$	W 为塑槽输沙需水量；γ 为水体的容重；ΔH 为研究河段进出口断面间高差；Q_b 为平滩流量；W_s 为河道输沙量；E_1 为塑槽和维持一定规模的水力几何形态所消耗的能量，E_1 表达为 Q_b 的函数；E_2 为用来输送水流中的泥沙所消耗的能量，E_2 可表示为 W_s 的函数；K、$\hat{K}_1$、$\hat{K}_2$ 为系数；a 为指数；$\overline{W}_s$ 为 4 年汛期滑动平均沙量
林秀芝等（2005）	渭河下游华县	$W_{华汛}=9.49W_{s汛}-72.89\Delta W_{s汛}+23.65$	$W_{华汛}$ 为华县汛期输沙水量；$W_{s汛}$ 为渭河下游汛期来沙量；$\Delta W_{s汛}$ 为渭河下游河道在该来沙情况下允许淤积量
杨丽丰等（2007）	渭河下游	$W_{汛}=(19.5W_s-66.1\Delta W_s)\times[1-\exp(-1.35\times10^{-3}\times Q_平)]$	$W_汛$ 为汛期输沙用水量；W_s 为咸阳、张家山站来沙量；ΔW_s 为汛期渭河下游冲淤量；$Q_平$ 为汛前华县平滩流量

　　齐璞等（1997）提出输沙耗水量的定义，认为输沙耗水量的取值完全取决于含沙量的高低，采用断面平均含沙量进行表示。严军（2003）在其博士论文中对1950~2000年黄河下游各站汛期、非汛期、全年和洪水期输沙水量和单位输沙水量开展了较为详细的分析工作，并采用黄河下游主要控制站输沙量法和含沙量法的数据对其经验公式的参数进行率定，形成不同河段的参数表。采用假设的较为简化的小浪底水库运用方式，应用一维水沙数学模型，对高效输沙水量和高效输沙水沙组合的设计方案进行了计算。石伟和王光谦（2003a，2003b）从河流输沙水量的概念出发，根据输沙平衡原理推导出考虑河道冲淤、引水引沙情况下河流最经济输沙水量的计算式，其认为输沙水量与含沙量成反比，与流量也成反比，同时提出最经济输沙水量是输沙效率与河道淤积状况综合最优时的输沙水量，即平滩流量时对应的输沙水量。申冠卿等（2006）根据黄河下游1950~2002年水沙、河道冲淤及洪水观测资料，系统分析了黄河下游主要控制站输沙水量与来沙量、洪水量级、水沙搭配区间引水引沙及河道允许淤积度等因子间的相互关系，认为年输沙量、河段冲淤程度、流量级、大流量来水过程持续时间对汛期的输沙水量起到决定因素，并根据黄河下游花园口站、利津站实测资料提出了适用于黄河下游主要控制站汛期、洪峰期和非汛期输沙水量计算的经验公式。潘贤娣等（2006）提出高效输沙洪峰的概念。张原锋等（2007）认为输沙水量的计算思路为，首先确定不同的输沙情况所需的输沙量，再根据流量、含沙量及淤积比关系进行反复试算，使得输沙情况下的淤积量等于允许淤积量，并最终求得输沙水量。例如，以下游来沙量6亿t、平衡输沙占洪水总量18%为例（其中冲刷、淤积分别占25%、57%），当平衡输沙时，输沙量为0.93亿t。根据水沙临界关系式［表1-1中的式（1-4）］，洪水流量为3800m³/s、含沙量为48kg/m³，计算得输沙水量为19.3亿m³。张翠萍等（2007）根据渭河下游水沙条件、河道边界条件等资料对其输沙水量开展研究，分析了汛期和非汛期输沙水量的特点，并采用不同的方法进行了计算，综合确定了汛期、年输沙水量，提出并论证了流量级对输沙水量的重要性。张原锋和申冠卿（2009）针对不同学者对黄河下游输沙需水的不同定义进行了分类讨论，提出了维持主槽不萎缩输沙需水，采用1986~1999年黄河下游实测水沙过程，经验性提出黄河汛期输沙需水的容许淤积量，考虑小浪底水库调节措施以及不同主槽规模、不同水库调节方案的输沙需水计算方法。吴保生等（2011）认为，维持黄河下游主槽不萎缩的需水量需考虑五个方面的因素，包括河道主槽的维持规模、来沙量大小、水沙过程、淤积量大小和分布、前期河床边界条件。李小平等（2010）重点研究了黄河下游1950~2005年发生在汛期的平均流量大于2000m³/s的243场洪水的冲淤特性以及高效输沙洪水过程，建立了洪水淤积比的计算公式，提出了黄河下游实现高效输沙的洪水流量级和含沙量级指标。吴保生等（2012）从能量守恒角度出发分析了挟沙水流能量耗散机理和水流塑槽与输沙能量的分配，通过黄河下游1957~2007年各主要测站长期现场观测资料建立了挟沙水流与塑槽及输沙平衡的经验公式，以三黑小（即三门峡、黑石关和小董）的来水来沙条件计算了黄河下游河道塑槽输沙需水量。李凌云（2010）在其博士论文中对吴保生的能量守恒方法及河道塑槽输沙需水量的工作进行了较为详细的说明。刘小勇等（2002）从上游来水来沙状态、下游河道输沙目标、下游河道水流输沙能力和水利枢纽调控调度四个层次分析了黄河下游河道输沙用水效率。根据1950~1997年的实测资料，分别讨论了黄河下游不同河段在自然、受控、复杂和异常状态下的输沙用水量，在各种状态下根据河道和输沙特性的差异，分别按照均衡和平衡输沙目标计算了下游河道输沙用水量。刘晓燕等（2007）基于黄河下游历史实测资料，分析了流量、水量、含沙量和来沙量等主要因素与主槽形态的响应关系。通过对未来入黄泥沙形势、黄河下游洪水形势、黄河下游不同量级洪水的挟沙能力、不同量级及历时的洪水塑槽机理分析，阐述了小浪底水库运用后进入黄河下游的泥沙将主要在洪水期下泄的特点。在未来下游来沙量8亿~9亿t情况下，维持下游主槽过流能力4000m³/s左右，对应的洪水水量应维持在60亿~70亿m³。

吴保生等（2011）根据1964~2007年黄河下游孙口水文站观测数据，以滑动平均水量和滑动平均沙量为参数，建立了黄河下游汛期塑槽需水量的计算公式，包括上限需水量和下限需水量，构成塑槽需水量的变化区间。其资料分析和公式计算结果显示，汛期塑槽需水量与汛期来沙量及平滩流量均成正比关系。林秀芝等（2005）分析了渭河下游汛期输沙水量，利用1974~2002年断面法淤积资料，与汛期进入渭河下游的水沙资料建立相关关系式（表1-1），并对其合理性进行充分论证。

费祥俊（1998）从输沙耗水量的定义表达式出发，对以断面平均含沙量与泥沙容重表示的输沙耗水量公式所引发的黄河下游河道长距离高含沙输沙问题开展了讨论。以渠道和黄河下游20世纪80~90年代观测资料对其通过水槽试验得到的高含沙水流不淤流速表达式进行讨论分析，进一步提出高含沙水流长距离输沙所需最小坡度的表达式。费祥俊（1999）应用小浪底水库未投入运用前（1998年之前）的黄河下游水沙资料开展试验研究，得到不同河段河道输沙能力的关系式，提出应采取出库高含沙水流通过渠道向两岸低地放淤的综合减淤措施，并根据其公式认为，放淤浑水含沙量为300kg/m³时输沙水量为3m³/t。

白夏等（2015）在分析讨论黄河上游可调输沙水量基本概念的基础上，阐明了可调输沙水量与水库可调水量之间的相关关系，进而通过计算黄河上游龙羊峡水库1987~2010年可调水量，探讨了满足综合用水需求和发电用水需求两种情景模式下的黄河上游历年可调输沙水量及水库水沙调控效益。齐璞和侯起秀（2008）认为可利用高含沙水流输沙入海，节省输沙用水量，减缓河道淤积，并采用黄河下游1970~1996年实测资料设定计算方案，其方案显示水库开始排沙后，年均输沙用水量为43亿m³，丰水年排沙用水量达128亿m³，最小为16亿m³。姜立伟（2009）基于1950~2006年黄河下游水沙变化规律与趋势的分析，通过建立场次洪水排沙比以揭示河道输沙特性，并以此为基础建立了维持主槽冲淤平衡的汛期输沙需水量的优化模型，最后分别应用特定年份水沙条件线性回归法（5年滑动平均年、汛期水沙量存在较好的线性相关）和平滩流量计算公式法获得了维持黄河下游 $4000\text{m}^3/\text{s}$ 平滩流量的汛期输沙需水量。严军（2009）依据输沙水量的基本概念和黄河下游河道泥沙输移经验规律，分析了黄河下游 1964 年、1977 年、1992 年输沙水量与泥沙输移之间的关系，进而推求了黄河下游河道输沙水量适用公式，计算了下游河道输沙水量，分析了冲淤平衡状态时下游河道单位输沙水量与输沙量的关系。

杨丽丰等（2007）基于 1974～2003 年渭河下游汛期实测资料的大量分析，研究并提出了影响输沙用水量的主要因素，并根据一维恒定流非饱和输沙方程和渭河下游的来水来沙特点及冲淤规律，建立了渭河下游汛期输沙用水量计算公式。陈雄波等（2009）对渭河下游输沙用水量研究中主要工作的创新性给予了总结。宋进喜等（2005）基于对 1960～2000 年渭河下游河流输沙运动特性的分析，认为最小河流输沙需水量是当河流输沙基本上处于平衡状态时输送单位重量的泥沙所需的水的体积，通过河段进口即上游断面水流挟沙力与含沙量比较，分别建立了最小河段输沙需水量的计算方法，并应用该方法对渭河下游输沙需水量进行了计算。

刘立权（2013）在辽河干流径流与泥沙研究的基础上，应用不同方法进行输沙水量相关影响因素分析，并对不同粒径泥沙对应的不同径流量进行复合分析研究，建立了不同时间输送不同粒径泥沙所需径流量的统计关系。引用石伟和王光谦（2003a，2003b）的输沙水量计算公式，并采用辽河相关资料率定参数，进而确定辽河干流不同时间、不同河段、针对不同性质泥沙的输沙水量。张燕菁等（2007）在对辽河干流河道 1954～2000 年冲淤演变特性观测研究的基础上，对维持河道稳定的输沙水量采用严军和胡春宏（2004）提出的输沙水量公式进行了分析计算。研究成果表明，辽河河道输沙水量与来沙量大小成正比，辽河干流下游河段多年平均输沙水量小于不淤（高效）输沙水量，说明现有的来水量不足以维持下游河道的冲淤平衡；要保证下游河道不发生持续性淤积，还需要采取其他措施增加输沙水量，以便维持下游河道的相对稳定。

史红玲等（2007）通过对松花江干流 1955～2000 年多年水沙过程、纵剖面及横断面形态、河道稳定性计算及河势变化分析，表明松花江干流河势总体相对稳定。针对松花江以推移质造床为主，输沙水量不是维持河道稳定的决定性因素的特点，提出了包含水量、流量和历时要求的维持河道稳定需水量的概念。

综上可知，输沙水量的概念自黄河下游输沙规律研究过程中提出后，已推广用于整个黄河干支流输沙规律的研究工作中，同时在辽河、松花江等其他流域逐步推广使用，以更为明确地研究河流输沙特性。

根据所搜集的国内外关于输沙水量的研究文献，关于黄河干支流河道输沙水量的研究大多基于小浪底水利枢纽正常运用之前的黄河水沙观测资料,部分学者将研究资料更新至 2007 年。依据前人对输沙水量的研究成果可知,输沙水量与来水来沙条件、河道边界条件以及泥沙组成和级配均有着较为密切的关系。随着小浪底水利枢纽的运用、水库下泄流量的减小、下泄水流含沙量锐减、河床粗化、河道展宽和下切强度与速率的改变,以及黄河河道河工建筑物(控导工程、险工等)随着河势变化的不断调整和修建等一系列不同于以往黄河河流水沙条件和底床、边滩边界条件的新变化,前人基于黄河河道实测资料获得的输沙水量表达式的适用性需要进一步论证。

第 2 章 变化环境下高效输沙机理与水沙阈值

2.1 黄河下游适宜含沙量及高效输沙洪水

2.1.1 黄河下游洪水输沙特性

1999 年 10 月小浪底水库拦沙运用以来，下游河道发生了持续冲刷，随着小浪底水库进入拦沙后期，水库的排沙量将不断增加。利用水库塑造相对协调的水沙关系，是减少下游河道淤积、维持中水河槽的关键所在。因此，分析小浪底水库修建前黄河下游河道冲淤与水沙的关系，研究下游不淤积或少淤积且输沙量较小的不同量级洪水的适宜含沙量，可以为水库的水沙调控提供技术支撑，从而实现下游河道减淤和维持中水河槽的效果。

在天然情况下（1950～1960 年），黄河下游的淤积主要发生在汛期，汛期的淤积量占全年的 80%。而汛期的淤积又主要集中在洪水期，洪水期的淤积量占汛期的 90.9%。这是由于进入下游的泥沙主要集中在汛期，占全年总泥沙量的 87%（1953～1999 年），汛期泥沙进一步集中在洪水期，占汛期的 88%。黄河具有水沙异源的特点，来沙较多的洪水，主要来自黄河中游的黄土高原，洪水流量峰高量小、含沙量高、水流输沙能力严重不足，导致洪水期成为黄河下游河道淤积较多的时段。三门峡水库转入蓄清排浑运用以来，下游的淤积全部在汛期，非汛期发生冲刷。

利用 1951～1999 年黄河下游水文站的日均水沙资料，划分并计算出各场洪水的水沙量和河道冲淤量，然后用回归分析的方法建立河道冲淤与水沙的关系式。

黄河下游河道的河型不一，高村以上是游荡型河道，高村—陶城铺（孙口水文站附近）是过渡型河道，陶城铺—利津是弯曲型河道。不同来水来沙条件对各河段的冲淤影响不同，故将下游河道分为花园口以上、花园口—高村、高村—艾山和艾山—利津四个河段来分析。为了验证四个河段的冲淤计算关系式计算结果的合理性，建立了全下游的冲淤与水沙的关系式，在方案计算时，用四个河段关系式计算结果的累加与全下游关系式计算结果进行对比分析。

（1）黄河下游河道冲淤与水沙关系

文献中研究了黄河下游淤积的经验关系，表明下游冲淤量与水量、沙量、流量、含沙量、泥沙组成等关系密切。本研究选取洪水的平均流量 Q、平均含沙量 S、粒径小于 0.025mm 泥沙的比例 P（以小数计）、洪水历时 T 等水沙因子作为变量，用复相关回归分析的方法建立河段冲淤效率 dS（冲淤量与来水量的比值）与水沙因子的关系式。为了消除沿程引水和加水等流量变化对冲淤的影响，在资料选取时剔除了沿程流量变化较大（沿程流量变化比例超过 10% 或流量变化大于 100m³/s）的场次。

花园口以上河道宽浅游荡，河道必将相对较大，具有"多来、多排、多淤"的输沙特性；该河段冲淤变化与流域的水沙条件关系密切，与来沙关系尤其密切，洪水期河段冲淤强度主要取决于含沙量和流量。该河段的冲淤效率与进入下游（三黑武或三黑小三站之和）的水沙因子关系式为

$$\mathrm{d}S_{\text{s-h}} = \frac{35.91 S_{\text{shw}}^{0.65}}{Q_{\text{shw}}^{0.35} P_{\text{shw}}^{0.55} T^{0.1}} - 25 \tag{2-1}$$

式中，脚标 shw 指三黑武或三黑小三站之和，如 S_{shw} 为三站平均含沙量。对公式计算的结果与实测资料统计的结果进行对比，如图 2-1 所示，可以看出计算值与实测值关系较好，点群较好地分布在 45°线两侧。

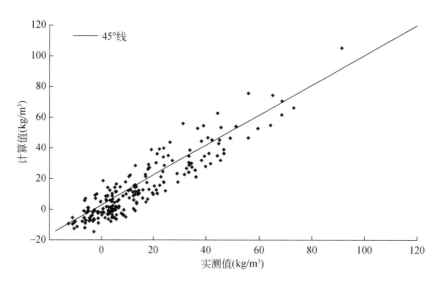

图 2-1 洪水期三门峡—花园口河段冲淤效率的计算值与实测值对比

花园口—高村河段亦为游荡型河道，河道较宽浅，亦具有"多来、多排、多淤"的输沙特性；随来水来沙变化呈现大淤大冲调整，具有明显的调沙作用，也是泥沙淤积的主要河段。

高村—艾山河段主要是（高村—陶城铺段）游荡型河道向弯曲型河道之间的过渡型河道，尾段（陶城铺—艾山段）为弯曲型河道。该段河道河槽较稳定，具有"多来、多排、少淤"的输沙特性。进入该河段的水沙经高村以上宽河道的调整，已相对和谐，因此泥沙

在河段的冲淤效率明显较前两个河段小。

艾山—利津河段是河势比较归顺稳定的弯曲型河段，具有"多来、多排"的输沙特性。由于堤距及河槽较窄，比降平缓，在冲淤量相同时，该河段的河床升降幅度要比高村以上河段大得多。河段具有"大水冲、小水淤"的基本特性，受流量的影响较明显，大流量的冲刷作用非常显著，"涨冲落淤"基本规律表现明显。

根据场次洪水期各水文站的平均流量和平均含沙量，以及分河段冲淤量的统计计算结果，研究建立这三个河段及全下游的冲淤强度与水沙因子的关系式，分别为

$$dS_{h\text{-}g} = 3.53\frac{S_{hyk}^{1.62}}{Q_{hyk}^{0.83}P_{hyk}^{0.4}} + 16.93\frac{S_{hyk}^{0.82}}{Q_{hyk}^{0.41}P_{hyk}^{0.2}T^{0.05}} - 13.5 \tag{2-2}$$

$$dS_{g\text{-}a} = 2\frac{S_{gc}^{0.58}T^{(S/Q-0.015)}}{(Q_{gc}/B)^{0.35}P_{gc}^{0.36}} - 15 \tag{2-3}$$

$$dS_{a\text{-}l} = 3S_{as}^{0.48} - 0.013Q_{as}^{0.8} - 3T^{0.25} - 6P_{as}^{0.08} + 2.5 \tag{2-4}$$

$$dS_{qxy} = (0.00032S_{shw} - 0.00002Q_{shw} + 0.65)S_{shw} - 0.004Q_{shw} - 0.2P_{shw} - 10 \tag{2-5}$$

式中，h-g、g-a、a-l 和 qxy 分别指花园口—高村、高村—艾山、艾山—利津河段和全下游河道；hyk、gc、as 分别指花园口、高村、艾山三个站。对全下游冲淤效率的计算值与实测值进行对比，结果如图 2-2 所示，两者比较一致。另外三个河段的实测值与计算值对比也比较一致。

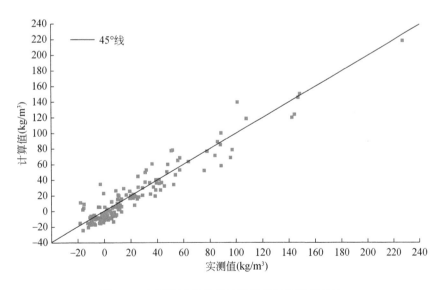

图 2-2　全下游冲淤效率的计算值与实测值对比

（2）适宜含沙量控制指标

黄河下游河道的淤积比（冲淤量与来沙量的比值，单位为%）反映了场次洪水在河道中的淤积程度，主要取决于洪水平均含沙量的大小（图 2-3）。利用实测资料分析发现，

随着平均含沙量的增加，淤积比先迅速增大，当平均含沙量达到一定量级后，随着平均含沙量增加淤积比增大变缓，维持在较高位置。

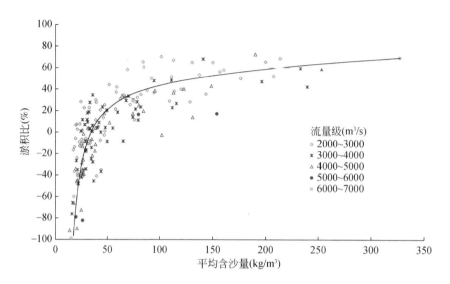

图 2-3   洪水期全下游淤积比与平均含沙量的关系

由于黄河泥沙量巨大，水库的拦沙库容有限，只有把有限的拦沙库容用于拦减粗沙，才能够最大限度地实现水库拦沙与下游河道减淤的效益比。因此我们只能通过提高水流的输沙效率来尽可能地多输泥沙入海。

洪水输沙效率一般指单位水量输送的泥沙量，也可以用单位输沙水量来表示，即输送 1t 泥沙所用的水量，是进入下游水量与下游出口站利津站沙量的比值（单位为 m³/t）。虽然随着含沙量的增加，洪水期的淤积比不断增大（图 2-3），但是单位输沙水量是明显减小的（图 2-4），说明含沙量越高输 1t 泥沙到利津所需的水量越小，但河道淤积也越严重。

可见，输送泥沙的洪水含沙级不能太高也不能太低，上述研究表明，下游洪水输送泥沙过程中，淤积比的要求一般是限定了洪水的含沙量上限值；输沙水量的要求则是限定了洪水的含沙量下限值。因此，选取淤积比和输沙水量分别作为适宜含沙量的上限控制指标和下限控制指标。

为了消除沿程流量变化对统计规律的影响，用场次洪水中流量沿程变化不大的 150 场左右的洪水来统计分析。进入下游总水量和总沙量为 4241.5 亿 m³ 和 247.962 亿 t，利津输出总水量和总沙量为 4204.4 亿 m³ 和 181.262 亿 t，全下游总淤积量为 56.323 亿 t，总淤积比为 22.7%，平均输沙水量为 23m³/t。下游四个河段的冲淤量分别为 38.043 亿 t、22.819 亿 t、2.165 亿 t 和 -6.704 亿 t（正值为淤积，负值为冲刷），河段淤积比分别为 15.3%、11.0%、1.2% 和 -3.8%。以场次洪水的平均情况作为参考，设定下游不同量级洪水的适宜含沙量的控制指标，如表 2-1 所示。

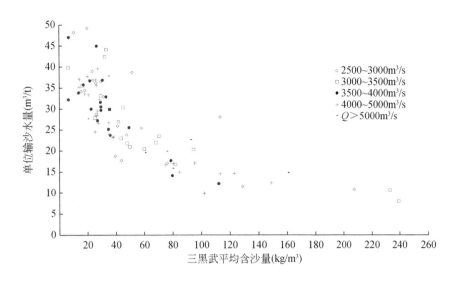

图 2-4　洪水期单位输沙水量与平均含沙量及流量（Q）的关系

表 2-1　黄河下游不同流量级洪水的适宜含沙量控制指标

流量级	淤积比 ξ（%）					单位输沙水量
（m³/s）	花园口以上	花园口—高村	高村—艾山	艾山—利津	全下游	$W_{输}$（m³/t）
4 000	12	8	3	2	22	22
6 000	11	7	3	2	22	20
8 000	10	7	2	1	20	18
10 000	10	7	2	1	20	18

（3）不同水沙条件下适宜含沙量计算

本次计算的方案概化为 3 个流量级，即 4000m³/s、6000m³/s 和 8000m³/s，7 个含沙量级，即 40kg/m³、100kg/m³、150kg/m³、200kg/m³、250kg/m³、300kg/m³ 和 350kg/m³。计算中进入下游的水量设定为 50 亿 m³，因此各流量级的洪水历时不同，沙量则随着含沙量级的增加而增加。沿程各河段的流量损失按 1% 计，全下游流量损失共 4%。

利用式（2-2）~式（2-5）分别计算出各流量级与 7 个含沙量级的各水沙组合条件下，分河段及全下游河道的冲淤效率、冲淤量和淤积比。根据计算结果点绘河段淤积比与进入下游的平均含沙量关系图（图 2-5）。可见，随着平均含沙量的增加，下游各河段及全下游的淤积比均增加，但增加的幅度不断减小；其他流量级的规律相同。依据回归的淤积比与平均含沙量的关系式，可以计算出不同淤积比条件下所对应的平均含沙量，如表 2-2 所示。

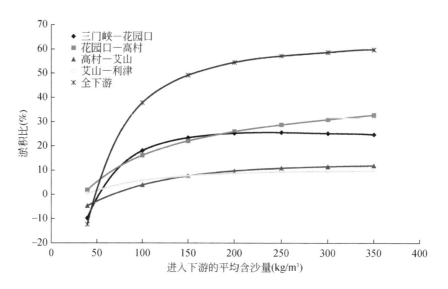

图 2-5　4000m³/s 全下游淤积比与平均含沙量的关系

表 2-2　不同流量级洪水对应于控制指标的含沙量

流量级 (m³/s)	满足淤积比指标（kg/m³）					满足单位输沙水量指标（kg/m³）
	三门峡—花园口	花园口—高村	高村—艾山	艾山—利津	全下游	
4 000	76.7	59.8	91.2	52.8	70.4	41
6 000	87.8	73.8	112.3	88.5	88.9	35
8 000	94.6	88.8	115.6	112.3	101.2	35
10 000	103.9	102.5	128.5	151.4	117.3	23

利用回归公式分别计算河段的冲淤效率和冲淤量，进而计算出全下游的冲淤量和输沙水量等，图 2-6 为不同流量级条件下的输沙水量与含沙量关系，与实测的规律基本一致。

表 2-2 表明，发生 4000m³/s、6000m³/s 和 8000m³/s 量级洪水的适宜含沙量（既满足输沙水量条件，又满足河道淤积比条件）范围分别为 41 ~ 53kg/m³、35 ~ 74kg/m³ 和 35 ~ 89kg/m³。

随着流量级的增加，进入下游的适宜含沙量的范围扩大，说明大流量输沙能力强，其适宜含沙量的范围较宽。当进入下游的平均含沙量在适宜含沙量范围内时，随着含沙量增加，下游的输沙水量不断减小，且淤积比不断增加，但均满足输沙水量和淤积比要求。在这种情况下，应选取同时满足两个要求的含沙量的上限作为最优含沙量，满足淤积比的条件下，输沙水量小，输送出下游河道的泥沙量大。因此，发生 4000m³/s、6000m³/s 和 8000m³/s 量级洪水的最优含沙量（同时满足输沙水量条件和河道淤积比条件）分别为 53kg/m³、74kg/m³ 和 89kg/m³。

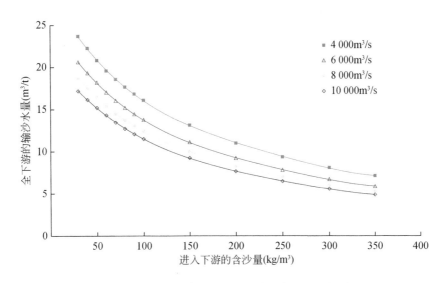

图 2-6 不同流量级条件下的输沙水量与含沙量的关系

2.1.2 高效输沙洪水指标

进入黄河下游的泥沙主要集中在汛期的几场洪水过程中，泥沙输送和河道淤积也主要集中在汛期的洪水过程中。近年来，黄河干支流许多大中型水库的修建，拦蓄洪水、调节径流过程，使进入黄河下游的水沙过程发生显著改变，洪水量级和出现频率减小，特别是大洪水出现的概率显著减小。因此，洪水淤积一般在主槽内，使得河道排洪能力降低，而未来出现大洪水的概率仍然存在，这对黄河下游的防洪非常不利。随着经济的发展，工农业用水量持续增加，黄河水资源短缺矛盾日益突出。

研究黄河下游洪水的冲淤特性，找出有利于输沙的理想水沙搭配过程，使进入下游河道的泥沙被更多地排泄入海，减少在下游河道中的淤积。也就是说，找出一个既要多排沙又要少淤积的水沙搭配，即高效输沙洪水。利用小浪底水库调节出这种有利于输送更多泥沙的高效输沙洪水，把"调"和"排"有机地结合起来，提高洪水的输沙能力，不仅可以减少下游河道淤积，还有利于节省紧缺的水资源。

（1）洪水输沙水量和排沙比分析

在洪水达到一定量级后，其输沙效果主要取决于洪水的平均含沙量，因此本节重点分析洪水输沙水量和排沙比与含沙量的关系。

分析发现，输沙水量与排沙比的关系根据含沙量大小的不同而分带分布（图 2-7），即同一含沙量级的洪水输沙水量与排沙比之间存在着很好的关系。同一含沙量级洪水的输沙水量随着排沙比的增大而减小，当排沙比达到一定程度时，随着排沙比的增大输沙水量不再减小。若排沙比相同，含沙量越大的洪水，输沙水量越小。

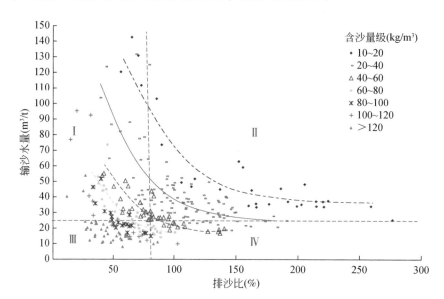

图 2-7　不同含沙量级洪水的输沙水量与排沙比的关系

利用排沙比等于 85% 和输沙水量等于 25m³/s 的两条线，可以把图 2-7 划分为 4 个区域。区域Ⅰ为低效区，落在该区域内的洪水不仅排沙比不高，且输沙水量大；区域Ⅱ为高排沙区，落在该区域内的洪水具有很高的排沙比，但输沙水量也很大；区域Ⅲ为低耗水区，落在该区域内的洪水输沙水量较小，排沙比也较小；区域Ⅳ为高效输沙区，落在该区域内的洪水不仅具有较高的排沙比，同时输沙水量也较小，满足高效输沙的特点。因此，落在区域Ⅳ内的洪水正是我们所要寻找的高效输沙洪水。

高效输沙洪水指输沙效率高的洪水，主要表现在两个方面：一是排沙比较高，二是输沙水量较小。本研究把黄河下游洪水过程中排沙比大于 80%、输沙水量小于 25m³/t 的洪水定义为高效输沙洪水。

（2）高效输沙洪水特点

进一步分析图 2-7 中高效输沙区（区域Ⅳ）的洪水特点，发现落在该区域的洪水主要是含沙量级为 40～60kg/m³ 和 60～80kg/m³ 的洪水。表 2-3 为满足高效输沙洪水条件的 20 场高效输沙洪水的特征值。由于沿程引水和加水对洪水的冲淤有较大影响，在挑选高效输沙洪水时，剔除沿程流量变化大（利津平均流量与三黑小平均流量的比值 Q_{lj}/Q_{shx} 小于等于 0.8 和大于等于 1.2）的洪水。

这些洪水的来水（三黑小）平均流量的最小值和最大值分别为 1404m³/s 和 5804m³/s，平均含沙量的最小值和最大值分别为 42.5kg/m³ 和 102.1kg/m³。所有高效输沙洪水的总来沙量为 50.114 亿 t，利津输出沙量为 44.134 亿 t，沿程引沙量为 2.743 亿 t，全下游淤积量为 3.237 亿 t，平均排沙比为 93.5%，平均输沙水量为 17.6m³/t。平均来讲，所有洪水的平均流量为 3192m³/s，平均含沙量为 64.7kg/m³，平均来沙系数为 0.020。

表 2-3   黄河下游高效输沙洪水特征值

洪峰时间 (年.月.日)	三黑小			利津		排沙比 (%)	输沙水量 (m³/t)
	平均流量 (m³/s)	平均含沙量 (kg/m³)	来沙系数	平均流量 (m³/s)	平均含沙量 (kg/m³)		
1952.7.30~8.7	3054	43.5	0.014	3333	39.9	100	23
1954.7.13~23	3513	79.7	0.023	3485	71.4	89	14
1954.7.31~8.24	5379	60.4	0.011	5758	47.6	84	20
1955.8.26~9.2	3458	60.0	0.017	3430	49.4	82	20
1956.8.26~9.6	3405	47.9	0.014	3473	44.9	96	22
1958.8.10~17	5804	79.9	0.014	6114	59.9	84	16
1966.7.27~8.8	4155	102.1	0.025	4523	94	103	10
1967.8.2~17	4265	74.7	0.018	4208	60.8	83	17
1967.8.27~9.6	4495	84.6	0.019	4393	68.6	80	15
1969.8.16~30	1407	62.5	0.044	1596	41.2	83	21
1970.8.20~24	1404	44.6	0.032	1294	54.8	140	20
1970.9.9~15	2343	43.0	0.018	2357	43.0	108	23
1973.9.6~22	2734	43.8	0.016	2599	59.2	135	18
1975.9.1~9	2949	47.5	0.016	2711	45.7	99	24
1978.8.28~9.12	2559	76.1	0.030	2275	66.1	89	17
1978.8.28~10.3	3208	49.7	0.015	2783	55.1	109	21
1981.8.16~29	3323	74.6	0.022	2994	62.7	86	18
1992.8.28~9.5	1951	75.5	0.039	1800	57.1	81	19
1995.8.15~27	1508	42.5	0.028	1454	54.1	136	19
1995.8.28~9.22	1879	65.6	0.035	1769	61.1	101	17

在这 20 场高效输沙洪水中，平均含沙量均大于 40kg/m³，其中含沙量在 40~60kg/m³ 的有 8 场，占总数的 40%；含沙量在 60~80kg/m³ 的有 10 场，占总数的 50%，含沙量大于 80kg/m³ 的仅有两场。可见，90% 的高效输沙洪水的含沙量在 40~80kg/m³，这个范围正是今后调水调沙需要调节的。另外，这 20 场高效输沙洪水的平均流量在 1400~6000m³/s 较均匀分布，2000m³/s 以下有 5 场，平均流量在 2000~3000m³/s、3000~4000m³/s、4000~5000m³/s、5000~6000m³/s 的分别为 4 场、6 场、3 场和 2 场，流量大于 5000m³/s 的两场洪水为漫滩洪水。

综合来看，高效输沙洪水的流量级相对分散，而含沙量级则比较集中，进一步说明含沙量是影响洪水输沙效果的主要因子。

（3）高效输沙洪水的理论特征

输沙水量为利津输出 1t 泥沙需要的水量，即

$$W_{输} = \frac{W_{进}}{W_{s出}} \tag{2-6}$$

式中，$W_{输}$ 为输沙水量（m³/t）；$W_{进}$ 为进入下游水量（亿 m³）；$W_{s出}$ 为利津输出沙量（亿 t）。

排沙比为

$$P_s = 1 - Y_s \tag{2-7}$$

又

$$Y_s = \frac{\Delta W_s}{W_{s进}} \times 100 \tag{2-8}$$

$$\Delta W_s = W_{s进} - W_{s出} - W_{s引} \tag{2-9}$$

式中，P_s 为排沙比（%）；Y_s 为淤积比（%）；ΔW_s 为全下游冲淤量（亿 t）；$W_{s进}$ 为进入下游沙量（亿 t）；$W_{s引}$ 为全下游引沙量（亿 t）。

式（2-9）代入式（2-8）：

$$Y_s = \frac{W_{s进} - W_{s出} - W_{s引}}{W_{s进}} \tag{2-10}$$

式（2-10）代入式（2-7）：

$$P_s = \frac{W_{s出} + W_{s引}}{W_{s进}} \times 100 \tag{2-11}$$

式（2-11）变换得

$$W_{s出} = W_{s进} \frac{P_s}{100} - W_{s引} \tag{2-12}$$

式（2-12）代入式（2-6）得

$$W_{输} = \frac{W_{进}}{W_{s进} \dfrac{P_s}{100} - W_{s引}} \tag{2-13}$$

其中

$$W_{进} = Q_{进} \cdot T \tag{2-14}$$

$$W_{s进} = Q_{进} \cdot S_{进} \cdot T/1000 \tag{2-15}$$

$$W_{s引} = Q_{引} \cdot S_{引} \cdot T/1000 \tag{2-16}$$

将式（2-14）~式（2-16）代入式（2-13）得

$$W_{输} = \frac{Q_{进} \cdot T}{Q_{进} \cdot S_{进} \cdot T/1000 \cdot \dfrac{P_s}{100} - Q_{引} \cdot S_{引} \cdot T/1000} \tag{2-17}$$

其中

$$Q_{引} = \alpha Q_{进} \tag{2-18}$$

$$S_{引} = \beta S_{进} \tag{2-19}$$

式中，$Q_{进}$ 为进入下游的平均流量（m^3/s）；$S_{进}$ 为进入下游的平均含沙量（kg/m^3）；T 为洪水历时（天）；$Q_{引}$ 为引水平均含沙量（m^3/s）；$S_{引}$ 为引水平均含沙量（kg/m^3）；α 为引水流量系数；β 为引水含沙量系数。

将式（2-18）和式（2-19）代入式（2-17）整理后得

$$W_{输} = \frac{1000}{S_{进}\left(\dfrac{P_s}{100} - \alpha\beta\right)} \tag{2-20}$$

式中，$\alpha\beta$ 为引沙量系数。场次洪水统计表明，引沙量系数有 69% 小于 0.1，有 25% 在 0.1~0.3，大于 0.3 的仅占 6%，将引沙量系数的平均值代入式（2-20），得到输沙水量与洪水平均含沙量和排沙比的关系：

$$W_{输} = \frac{1000}{S_{进}\left(\dfrac{P_s}{100} - 0.08\right)} \tag{2-21}$$

根据式（2-21）计算出不同含沙量和排沙比条件下的输沙水量，并绘制到图中，得到图 2-8。

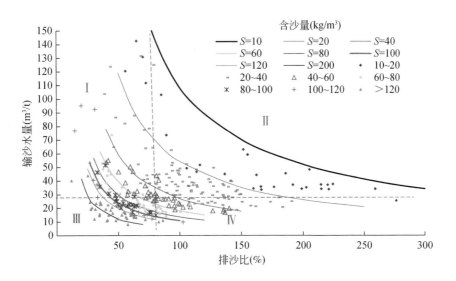

图 2-8　不同含沙量级洪水的输沙水量与排沙比的关系（实测值与计算值对比）

可以看出，利用式（2-21）计算出的含沙量为 $10kg/m^3$ 和 $20kg/m^3$ 的输沙水量与排沙比关系线，正好为实测资料计算的含沙量在 $10~20kg/m^3$ 的输沙水量与排沙比关系的点群的上下外包线。其他含沙量级均如此。计算的单位输沙水量与实测场次洪水的单位输沙量对比，发现该公式可以很好地计算出洪水的输沙水量（图 2-9）。可以利用单位输沙水量与排沙比之间以及排沙比与流量之间的制约关系来推求高效输沙洪水的流量指标。

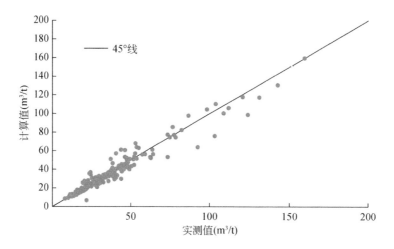

图 2-9　单位输沙水量计算值与实测值对比

根据前面定义高效输沙洪水的输沙水量要小于 $25\mathrm{m}^3/\mathrm{t}$，即 $W_{输}<25$，则

$$P_s>\left(\frac{40}{S_{进}}+\alpha\beta\right)\times100 \qquad (2\text{-}22)$$

因此，对于不同含沙量级的洪水，要达到高效输沙洪水的要求，则排沙比必须满足式（2-22）的要求。据此计算出不同引沙量系数条件下，不同含沙量级洪水满足高效输沙要求所必须满足的最小排沙比，见表 2-4。

表 2-4　不同含沙量条件下满足输沙水量小于 $25\mathrm{m}^3/\mathrm{t}$ 所需的最小排沙比

含沙量（kg/m³）	最小排沙比（%）			
	$\alpha\beta=0$	$\alpha\beta=0.04$	$\alpha\beta=0.07$	$\alpha\beta=0.1$
10	400.0	404.0	407.0	410.0
20	200.0	204.0	207.0	210.0
30	133.3	137.3	140.3	143.3
40	100.0	104.0	107.0	110.0
50	80.0	84.0	87.0	90.0
54.8	73.0	77.0	80.0	83.0
60	66.7	70.7	73.7	76.7
70	57.1	61.1	64.1	67.1
80	50.0	54.0	57.0	60.0

（4）排沙比与水沙因子的关系

对于相同含沙量级的洪水，其排沙比差别很大，将相同含沙量级的洪水，按照平均流量大小进一步分级（图 2-10），发现在相同含沙量级条件下，流量小的场次洪水位于关系图的左上方，流量大的位于右下方，非常直观地说明了流量对输沙的影响，流量越小，排沙比越低、单位输沙水量越大；流量越大，则排沙比越高、单位输沙水量越小。

对比图 2-7 和图 2-10，发现 4 个分区中，区域 I 中的洪水流量较小，平均流量小于 2000m³/s，属于小流量输沙，输沙能力弱（邵学军和王兴奎，2013）、排沙比低、单位输沙水量大。区域 II ～ IV 中的洪水流量相对较大，平均流量大于 2000m³/s，水流已经达到一定的输沙能力，差别在于含沙量大小不同。区域 II 中的洪水含沙量较低，显著低于水流的挟沙能力，为强次饱和输沙，因此这类洪水发生显著冲刷，排沙比高、单位输沙水量也较大。区域 III 中的洪水含沙量较大，显著高于水流的挟沙能力，为强超饱和输沙，因此这类

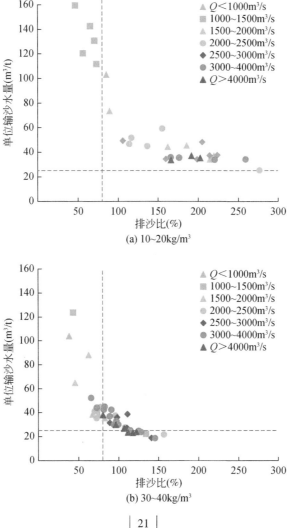

(a) 10~20kg/m³

(b) 30~40kg/m³

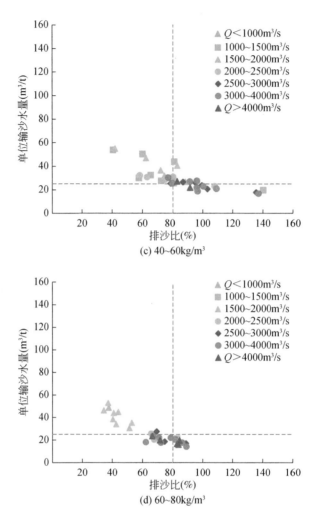

图 2-10 洪水平均流量对单位输沙水量与排沙比关系的影响

洪水发生严重淤积，排沙比低、单位输沙水量也较小。区域Ⅳ中的洪水含沙量中等，接近水流挟沙能力，处于微次饱和输沙与微超饱和输沙之间，因此这类洪水的排沙比相对大、单位输沙水量小。

相同含沙量级的洪水，当平均流量小于2000m³/s时，单位输沙水量受流量影响较大，随着流量的增加显著减小；当平均流量大于2000m³/s时，单位输沙水量随流量的增加变化幅度较小，但排沙比变化幅度较大。可见，除了流量和含沙量的影响外，还受其他因素的影响，初步分析表明，泥沙的粗粒（级配）、沿程流量的变化（引水或加水）等影响较大。利用实测洪水资料，通过回归分析得到洪水排沙比与流量、含沙量、泥沙的细颗粒含量以及沿程流量变化等的计算关系：

$$P_s = \frac{36 Q_{进}^{0.45} P^{0.4} (Q_{出}/Q_{入})^{0.6}}{S_{进}^{0.64}} \qquad (2\text{-}23)$$

由此可以计算出不同含沙量和引沙量比例条件下，对应于所需排沙比要求需要的流量指标，如图 2-11 中蓝色线条所示。当含沙量超过 55.6kg/m^3 后，满足单位输沙水量要求的排沙比低于 80%，不满足输沙效果的要求。因此，计算流量指标时，排沙比要求全部按照 80% 来计算，从而得到各含沙量级同时满足单位输沙水量和排沙比要求的流量指标，如图 2-11 中橘色线条所示。

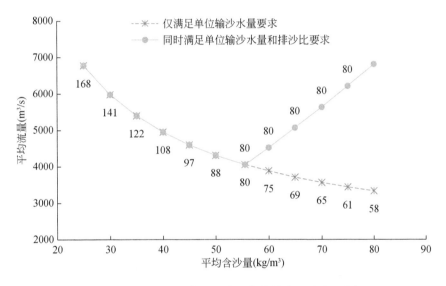

图 2-11　不同含沙量条件下满足高效输沙所需流量指标

在洪水输沙过程中，水库排泄的泥沙粗细与水库运用和入库泥沙级配相关，同时沿程引水条件下差异较大，因此依据沿程引水引沙比例和进入下游泥沙细颗粒含沙量的不同，设置四种情景，计算出不同条件下满足高效输沙的洪水含沙量与流量指标（表 2-5）。

表 2-5　不同条件下高效输沙洪水含沙量与流量指标

含沙量（kg/m^3）	流量（m^3/s）			
	$\alpha\beta = 0.08$		$\alpha\beta = 0$	
	细沙 50%	细沙 75%	细沙 50%	细沙 75%
30	5973	5080	4560	3878
35	5396	4589	4034	3431
40	4949	4209	3625	3082
50	4599	3911	3226	2806
54.8	4312	3667	3032	2578

含沙量（kg/m³）	流量（m³/s）			
	$\alpha\beta=0.08$		$\alpha\beta=0$	
	细沙50%	细沙75%	细沙50%	细沙75%
60	4053	3447	3522	2995
65	4522	3846	3929	3342
70	5067	4309	4403	3744
75	5631	4788	4893	4161
80	6211	5282	5397	4590

计算结果表明，随着输沙含沙量指标的增加，满足高效输沙要求的流量指标先减小后增大，目前黄河下游最小平滩流量接近4500m³/s，在不发生漫滩条件下，洪水的最大流量应不超过最小平滩流量。因此，在现状下游河道过流能力情况下，推荐最优含沙量指标为60kg/m³，流量指标为3500~4000m³/s。

2.2 沙质河床水沙运动特性

2.2.1 悬沙浓度对水流输沙的影响分析

多沙河流中悬沙存在对水流运动过程的影响主要体现在河床冲淤调整、水流紊动结构以及河道阻力特征等方面。水体悬沙浓度及悬沙级配对水流脉动强度分布特征以及对脉动强度概率分布函数均会产生一定影响，已开展的水槽试验（悬沙中值粒径为0.064mm，含沙量为2.44kg/m³，流量为31.5L/s，水深为11.1cm）结果表明，固定流量条件下浑水水流脉动强度在水体下部及近底层较清水水流有显著的减小，如图2-12所示。近底最大紊动强度位置处，浑水中水平方向和垂线方向流速脉动强度的显著减小，将直接引起水流紊动强度的降低。

水体中悬沙的存在使得清水水流的空间分布非线性特征减弱，其外在原因为含沙量垂线分布与级配空间分布特征与水流剪切强度相关，而与水流流速垂线分布趋势相反；在水流流速和质传速度较大的上中部水体，悬沙浓度较小，而在水流梯度较大且流速较小的近底处和水体下部，悬沙浓度较大。而内在原因需从紊流力学角度进行分析，特别是水体中泥沙颗粒对涡的尺度和能量的影响。

水流驱动泥沙运动的主要方式是通过不断的剪切作用力过程，以及持续的正应力作用。而水流剪切过程和正应力过程均是水流脉动特征的一种合理概化描述。悬沙的存在使

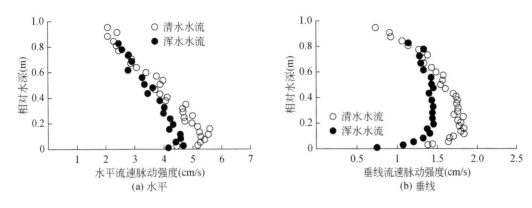

图 2-12　清水与浑水条件下流速脉动强度垂线分布差异

得水流在床面剪切过程猝发的涡难以保持，被泥沙颗粒单个遮蔽效应的群体叠加而分化为更小尺度的涡，从水流脉动流速分布函数的角度，王兴奎等（1982）曾围绕泥沙颗粒对水流脉动流速概率分布函数的影响，进行了多组试验研究工作，结果表明，近底一定厚度范围内水流脉动流速的原有正态分布向偏态分布转变。在宏观上表现为泥沙颗粒的制紊特征，部分不考虑推移质影响的研究，常将悬移质浓度对水流紊动剪切过程约束的临界条件–剪切应力减小至起动切应力或起悬切应力作为近底水沙界面通量中冲刷通量为零的控制条件。

根据大连理工大学开展的粗颗粒和细颗粒条件下，保持冲淤平衡背景下悬沙浓度与近底切应力关系的水槽试验，以及黄河水利科学研究院在细颗粒泥沙部分补充开展的水槽试验，以增加细颗粒泥沙的试验数据。结果如图 2-13 所示，试验结果表明，当含沙量较低时，需要维持对应悬沙浓度的近底切应力值增加幅度较快，而达到一定浓度后，细颗粒泥沙悬沙浓度约为 23kg/m³，粗颗粒泥沙悬沙浓度约为 28kg/m³ 时，为了保持悬沙不淤积，

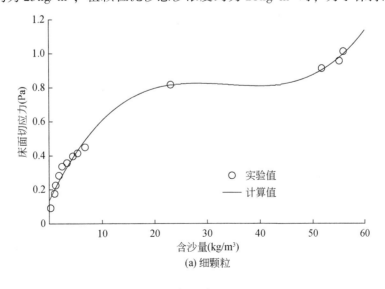

(a) 细颗粒

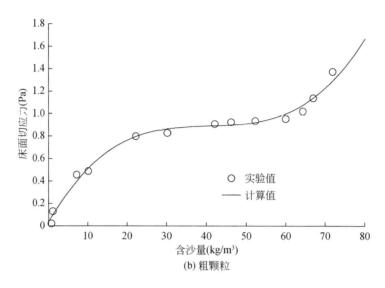

图 2-13　细颗粒和粗颗粒泥沙含沙量与床面切应力的关系

所需的近底切应力值并未显著增加，而是近乎保持在某一量级。直到细颗粒泥沙悬沙浓度超过 $45kg/m^3$，粗颗粒泥沙悬沙浓度超过 $60kg/m^3$ 时，为了维持泥沙颗粒不淤积，所需要的近底切应力值又显著提高。这说明泥沙制紊过程存在耐受区间，在这个区间内，水流原有剪切猝发的紊动强度均可降低至维持悬浮能耗的剪切强度，而随着含沙量增加，泥沙颗粒的制紊作用消耗过多，需要更多的紊动强度来实现泥沙悬浮所需的作用力。这也从侧面表明粗颗粒泥沙的制紊作用弱于细颗粒泥沙。

悬沙浓度在一定范围内对水流流态的影响仍维持在牛顿流体范畴，当悬沙浓度不断增加时，则会在一定浓度条件下挟沙水流向伪塑性体或宾厄姆流体转变。这种转变不仅直接影响水流的本构方程，而且在未发生转变时，悬沙浓度的增加还会对挟沙水流黏性特征和悬沙的群体沉降速度产生显著影响。

多沙河流的悬沙是由不同类型的矿物组成的，可分为非黏性矿物和黏性矿物，在颗粒粒径上，其中非黏性矿物的颗粒相对较粗，而黏性矿物的颗粒相对较细；在颗粒的电化学效应方面，粗颗粒泥沙的吸附能力相对较弱，而细颗粒泥沙由于比表面积较大，其吸附能力较强，在环境泥沙学里，细颗粒泥沙往往是吸附态营养盐的载体，完成吸附态生源物质的传播过程。与泥沙颗粒水平方向受水流剪切过程类似，垂线方向上，受到重力影响，泥沙在水体中会发生自然的沉降过程。含沙量的增加一方面提升了泥沙颗粒所在悬沙水流的密度，减小了泥沙颗粒的水中有效重力；另一方面增加了泥沙颗粒的碰撞概率，宏观上迟滞了泥沙颗粒的沉降速度。另外，在自然界中，由于水体内盐度和生物有机质的影响，细颗粒泥沙还会形成絮凝团，宏观上以泥沙团的形式进行水体沉降，在形成絮凝团后的沉降速度往往与其尺度相关，在部分河流中可视作等速沉降过程。在含沙量对泥沙颗粒沉降速度影响方面的研究开展得比较多，目前常用的为 R-Z（Richardson-Zaki）方程，采用体积比含沙量来表达受含沙量影响的泥沙颗粒沉降速度。

2.2.2 天然条件下水沙运动规律及高效输沙需求

在进行黄河水沙资料分析的过程中，不少治黄科研工作者注意到天然黄河以及其支流渭河上常出现不同形式的冲淤平衡输沙过程（赵文林和茹玉英，1994）。一种为具有一般含沙量级的挟沙水流，一种为具有较高含沙量的高含沙水流；若以冲淤平衡或以较低淤积比作为制约条件，则这两种方式将分别对应不同的输沙率。按照输沙用水量的概念，后者以较高含沙量方式实现了更加理想的输沙用水效率，即高含沙水流拥有极高的输沙潜力。然而，天然河道形成满足非淤积状态高含沙水流的条件较为苛刻，受人工–天然二元影响的现有河流边界条件则更是不易达到。同时，满足非淤积状态高含沙水流稳定性较差，一旦无法达到适宜的水沙动力条件以及水沙界面边界条件，则会诱发大量淤积，进而导致河道出现防汛险情，具有较大风险。

根据大量多沙河流实测资料及其分析结果，具有一般含沙量级的挟沙水流在冲积性河道出现的频次较多，即河道较容易达到该形式的高效水沙输移条件；而以高含沙水流形式实现高效水沙输送的现象虽也出现了多次，但其整体频次较低，即发生该形式的高效输沙过程河道和水沙条件均受到较多的制约。

天然河流的水沙条件和边界条件共同制约着河流的水沙输运过程及其动力学特征。水沙条件的产生与上游流域降水以及下垫面产沙机制条件直接相关，沟道汇集的挟沙水流进入支流并最终到达干流；边界条件按照关注的方向不同可大体分为横向的滩岸边界条件和垂向的河底地形及其上的水流阻力特性。

以沙质河床为主要特征的黄河，其边界条件在动力学问题上要比其他类型的河流复杂得多，这种复杂性主要体现在横向岸滩边界的可变和床面地形条件的多变。再伴随具有一定含沙量的挟沙水流进入，经过整个周界的调整，其河流横断面尺度特征基本可维持在与挟沙水流流量级相匹配的过流空间，即水力驱动与河床周界响应达到了动态平衡。按照这个思路，不少学者将平滩流量视作研究河段的造床流量，以流量来衡量河流断面的动力学特性（陈绪坚等，2007）。

天然条件下，具有一定含沙量的挟沙水流与河道横断面之间会不断地发生水沙界面通量交换，按照横断面边界条件影响因素的不同，可分为侧边界有效影响区和主流区。以理想的矩形断面为例，在侧边界影响范围内，侧边界引起的水流剪切作用随着水深的增加而不断增加，而床面边界引起的水流剪切作用同样是随着水深的增加不断增大，但侧边界的影响范围是有限的，在其影响范围内近底处水流联合剪切过程的耦合效应是减弱的，即与主流相比,其同样位置处是容易形成淤积的,在淤积开始后进一步诱发因流速梯度差产生的惯性环流,进一步加剧了淤积,最终矩形河段横断面特征向上大下小的梯形断面转变。而主流区则基本不会受到侧向边界剪切作用的影响,但水沙运动过程主要与床面地形及床面形态相关。在持续的水沙界面通量交换过程中,悬沙和床沙的级配均发生着适应性变化,所形成的断面水力特性则不断趋于稳定。

黄河下游河道与黄河中游一级支流——渭河河道曾多次发生高含沙洪水,并在河道内形成具有较高输沙能力的高含沙水流。考虑到天然洪水的发生往往存在水沙异源的同时还伴随有支流与干流洪水过程的叠加或错峰交替,具有不同输沙能力和级配特征的多股洪水交汇后,悬沙级配和床沙级配与水沙输移时间序列之间单因素函数作用被多因素作用掩盖。为了能够合理揭示多沙河流输沙能力对水沙条件的响应机制,所选水沙过程尽量回避测验断面存在多次洪水冲淤过程的情景,即某次水沙输移过程相匹配的河流横断面调整过程不是本研究的重点,本研究的重点是发生高效输沙过程对应的水沙动力条件。

以渭河的典型国控水文站华县水文泥沙资料为例,对其水沙运动规律进行研究分析,特别是多沙河流的水沙条件特征与传播过程特性,如1977年7月和8月渭河发生的两场高含沙洪水具有非常鲜明的特点,第一场洪水"77.7"是高含沙洪水,其含沙量最大值达到795kg/m³,同流量水位降低值为1.7m,呈现显著的冲刷,如图2-14所示;而第二场洪水"77.8"也是高含沙洪水,其含沙量最大值达到905kg/m³,根据其水位流量过程曲线可知(图2-15),该高含沙水流过程最终呈现了一定程度的河道淤积。

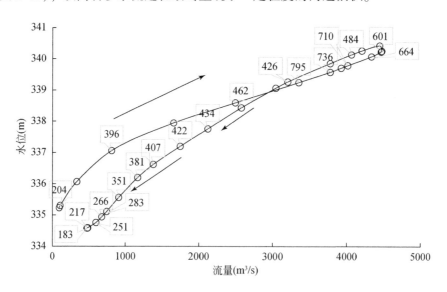

图2-14 渭河华县"77.7"洪水水位流量关系

框内为含沙量(kg/m³)

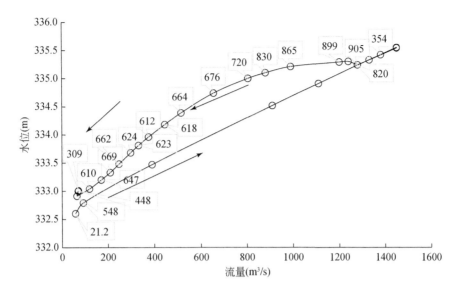

图 2-15　渭河华县"77.8"洪水水位流量关系

框内为含沙量（kg/m³）

特别是第二场"77.8"洪水，出现高含沙水流后随着流量快速减小，含沙量则未出现显著减低（图 2-16）。当流量到达 650m³/s 时，含沙量基本维持在 610kg/m³ 左右。如此高含沙水流其含沙量随水流条件并未出现快速的降低，其原因值得进一步探讨。

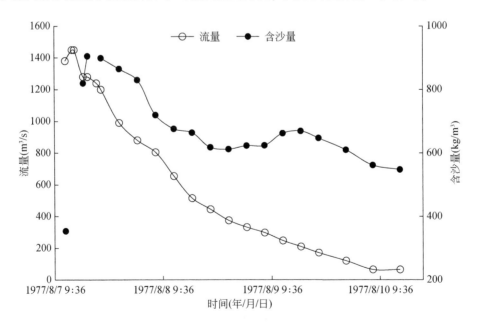

图 2-16　渭河华县"77.8"洪水高含沙水流出现时流量及含沙量时间过程线

横向对比渭河华县同一年的两个场次洪水输沙特征，有必要围绕水沙条件和边界条件开展分析。含沙量峰值均为 800～910kg/m³ 的数量级，其流量差异较大，"77.7" 洪水的流量最大值达到 4400m³/s，而 "77.8" 洪水的流量最大值为 1350m³/s；从各自的水位流量关系来看，均未出现漫滩过程，侧面说明该断面的过流能力较大。根据两场洪水悬沙中值粒径以及悬沙中值粒径随含沙量变化的调整规律（图 2-17），两个场次洪水的趋势性和量级差异不大，"77.7" 洪水的同含沙量悬沙中值粒径相对略小；而在比表面积［此处采用费祥俊（1982）建议的计算方法］方面（图 2-18），则 "77.8" 洪水的同含沙量比表面积略小，说明其泥沙级配条件对浑水水流的黏性影响略弱。

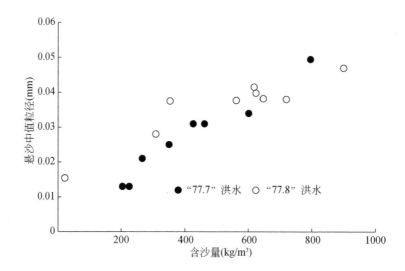

图 2-17　渭河华县 "77.7" 和 "77.8" 洪水含沙量与悬沙中值粒径的关系

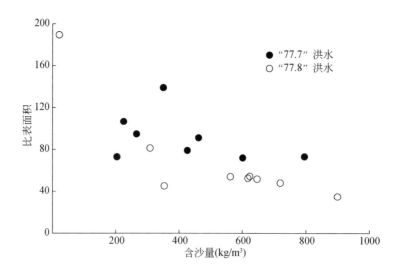

图 2-18　渭河华县 "77.7" 和 "77.8" 洪水含沙量与悬沙比表面积的关系

在边界条件方面，沙质河床的易动特征使得其整个横断面形态具有如单槽、双槽、复式河槽等不同的槽型特征，为了能够进行定量对比，常采用河宽或单宽流量进行河道断面水力特征的度量。根据"77.7"洪水流量与河宽时间关系可知（图 2-19），在流量达到 1790m³/s 后，河宽为 643m，直到流量达到 4400m³/s，河宽基本未出现显著变大，仅为 677m，增加率为 5%，而对应的流量变化幅度则为 246%。而后流量减小至 3040m³/s 时，河宽很快缩窄了 225m。说明在流量 4000m³/s 左右、河宽 640m 左右的条件下，含沙量 600kg/m³ 时，渭河华县河段出现具有冲刷型高含沙水流的动力条件。而"77.8"洪水流量与河宽时间关系则没有较大幅度的调整（图 2-20），整个河段宽度基本控制在 170m 上下浮动，调整趋势基本与流量保持单调关系。对比两个场次洪水的单宽流量，结果表明，

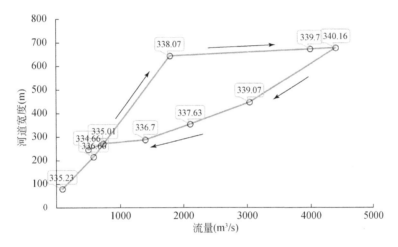

图 2-19　渭河华县"77.7"洪水流量与河宽对比

框内为水位高程（m）

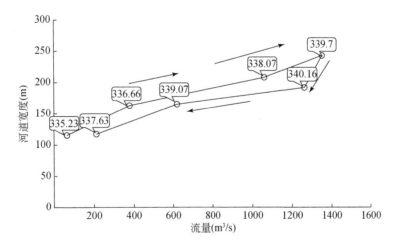

图 2-20　渭河华县"77.8"洪水流量与河宽对比

框内为水位高程（m）

在洪水落水过程中，单宽流量的时变速率值基本保持一致，但涨水过程存在较大的差异，"77.8"洪水的涨水非恒定流的非线性特征更加明显，涨水速率较"77.7"更快，单宽流量在 1h 内增加了 2.9m³/s，而同量级"77.8"洪水用了 7h。

1981 年渭河发生高含沙水流输沙过程并非出现在大流量洪峰阶段，而是在两个小流量过程出现高含沙水流。根据同流量水位进行判断，在流量 335～445m³/s 发生的含沙量峰值 761kg/m³ 的水沙过程在经过渭河华县水文站时发生了断面淤积（图 2-21）。而在流量 701～1340m³/s 发生的含沙量峰值 671kg/m³ 的水沙过程在经过渭河华县水文站时断面略有冲刷（图 2-22）。实测悬沙级配资料显示，除了 6 月初挟沙水流符合含沙量沿程变化与级配调整

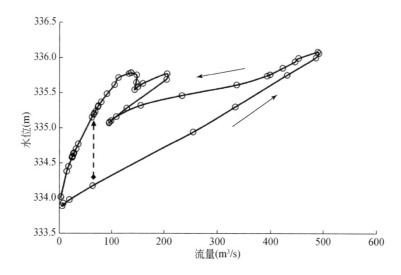

图 2-21　渭河华县 1981 年 6 月下旬洪水水位流量关系

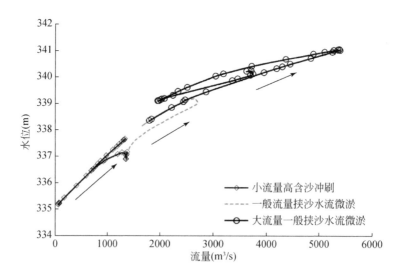

图 2-22　渭河华县 1981 年 8 月下旬洪水水位流量关系

规律趋势，而后发生干支流挟沙水流错峰交汇后，级配特征与含沙量、流量等水文物理量的相关性已经不满足稳态要求（此处稳态为泥沙中值粒径基本保持在某一数量级），基本还是处于级配沿程调整过程。

水沙条件与边界条件的相互影响与相互制约特征在黄河干流也是大量存在的，根据实测资料水沙输运规律的分析可知，同一河道断面，即使水位流量关系相近，随着流量和含沙量的不同，以及级配的不同，则可能会出现冲刷和淤积两种定性完全相反的河床调整趋势。同时，不同时期的河流断面特征，如果水沙条件适宜，均会发生高效输沙过程，则需要进一步定量探讨沙质河床形成高效输沙的水力条件。

2.2.3 挟沙水流的挟沙力双值特征

关于水流挟带泥沙能力的研究开展较早，人们最早集中于两个层面研究水流挟沙能力问题，一个是水流为何具有挟带泥沙的能力，其挟带泥沙的能量来自哪里；另一个是水流到底能够挟带多少泥沙。第一个问题主要是围绕泥沙悬浮的机理层面开展，从朴素意义上的流速与水体含沙量之间的定量关系，到泥沙颗粒受力分析以及泥沙颗粒周围水流紊动特征对泥沙悬浮过程的影响，目前研究正在不断深入，已经得到不少有意义的结论。第二个问题是河流研究以及河流工程师均比较关注的问题，然而水流以及河流挟沙能力的确定并非单一的物理过程，而是存在着多重尺度的复杂问题。挟沙力这个概念本身是对水流输沙能力一个具有统计平均意义的物理量，基于多沙河流实测资料的分析可知，在水流紊动剪切与悬沙团共同的作用下，在同一流量条件下，存在两个冲淤平衡的含沙量，即存在挟沙力的双值问题。

本研究搜集并整理了黄河下游河道历史高含沙洪水和一般洪水水沙冲淤观测资料，以及近年（2013 年汛前至 2018 年汛前）黄河干流和主要支流发生的洪水观测资料，围绕黄河下游有较完备水沙观测资料以来的典型场次洪水流量时间关系线、水位流量关系曲线、统测断面以及主流线、河势资料，对比分析了 "73.8" "77.7" "77.8" "82.8" 洪水。根据已搜集的黄河历史典型一般洪水和高含沙洪水的水沙实测资料，重点分析了黄河下游花园口水文站、利津水文站以及渭河下游华县水文站在一般洪水和高含沙洪水传播过程中，水位随时间过程线，对比了不同水沙条件下洪水传播过程中同流量水位的变化幅度。定量对比了冲积性河道在一般洪水和高含沙洪水条件下冲刷和淤积的历时、幅度、速率等指标，对存在巨大输沙潜能的高含沙洪水资料进行了较为详细的水沙因子定量计算。

关于"高含沙水流"的定义，目前仍存在一定争议，部分学者采用定量的标准，如 $70 kg/m^3$、$100 kg/m^3$；部分学者以流体的本构方程为判断依据，认为达到非牛顿流体时为高含沙水流，牛顿流体时属于一般含沙水流。已有研究表明，高含沙洪水不同于一般含沙水流，含沙量的显著提升已经影响到了水流，包括密度、水体黏性、水流阻力等。

（1）高含沙水流具有高效的输沙潜力

虽然黄河下游发生的高含沙洪水大多引起河道淤积，但不能忽视的是非漫滩的高含沙洪水在主槽内传播过程中，则可能引起强烈冲刷。随着洪水流量的增加，漫滩后，水流的流速及水流阻力较非漫滩洪水传播过程有着较大的差异，嫩滩淤积流速降低的同时，整个河道断面的输沙能力均将出现显著减小。

黄河下游发生的"77.7"高含沙洪水，漫滩较小，大部分时间为主槽内传播，其水位流量曲线如图 2-23 所示，在 35h 内，同流量水位降低了 1.3m。7 月 9 日 5 时，流量为 6130m³/s，含沙量约 200kg/m³，水位流量关系开始向冲刷趋势发展，至 7 月 10 日 16 时，流量为 4900m³/s，含沙量约 400kg/m³，水位流量关系趋于正常情况。这种高含沙洪水引起的强烈冲刷现象引起了不少治黄科研人员的重视，并从水动力条件、含沙量分布条件、水流阻力阈值特征等角度进行了一系列讨论。

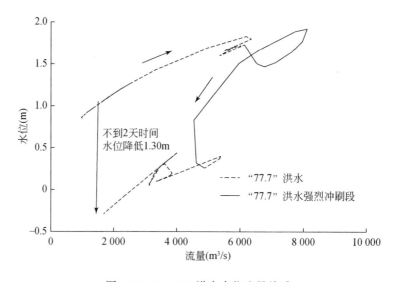

图 2-23 "77.7"洪水水位流量关系

潘贤娣（1991）曾对黄河汛期潼关高程的变化进行了实测资料统计分析（图 2-24），并将多年实测流量级在 2000～5000m³/s 的数据进行了点汇，结果显示，潼关高程的升降与洪峰的平均含沙量关系密切，并存在一个临界含沙量，约为 150kg/m³。小于该临界含沙量的洪水随着含沙量的增加，潼关高程不断缓慢抬升；超过该临界含沙量的洪水随着含沙量的增加，潼关高程迅速降低。这也表明，达到一定条件的高含沙洪水具有较为显著的输沙潜力，不但能够输送大量泥沙进入下游，同时能够不引起传播河段的河道淤积。部分实验研究表明，当含沙量超过 400kg/m³ 时，水流由牛顿流体转变为宾厄姆流体，具有一定的极限剪切力，实现远距离泥沙的输送。

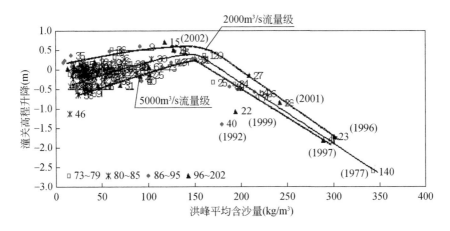

图 2-24　洪水期潼关高程与含沙量、流量的关系

洪峰流量 15 是指 1500m³/s，括号内标注为年份

（2）高含沙洪水的水沙动力及河道特征

钱宁和万兆惠（1985）认为黄河干支流的高含沙水流一般属于紊流型两相水流，在渭河流域和洛惠渠等细颗粒泥沙来量较多，可形成属于伪一相流的均质浆液。部分研究学者认为伪一相流发生的同时，底部床面往往出现动平床的状态；而保持着两相的水流其底部床面则由于水动力条件及床沙颗粒的制约，将形成沙纹或沙垄。含沙量的增加对水流的紊动强度及其分布也产生了显著的影响，部分研究学者认为，高含沙条件下水流紊动受泥沙颗粒的制紊效应影响，水流阻力显著减小，水体内悬沙浓度趋于均匀分布。受限于高含沙条件下直接对水体及近底床面进行观测，目前关于高含沙条件下床面形态的结论大多为根据实测资料采用公式倒推的计算方式得出。

在非漫滩高含沙洪水传播过程中，随着主槽的不断冲刷，逐渐形成"窄深型"河道断面。这种窄深主要是相对宽的黄河花园口断面而言，与需要考虑侧面边壁紊动影响的三维水流结构不同。如图 2-25 所示，"77.7"洪水汛期前后花园口断面嫩滩处由于漫滩洪水的水动力条件较弱，形成大量泥沙落淤；主槽则刷深 3m 左右，形成窄深断面，具有较为显著的输送能力。不少黄河科研工作者注意到高含沙洪水传播过程中，嫩滩和主槽强烈的泥沙冲淤差异，建议通过缩窄过流宽度的方式，使高含沙水流能够集中在主槽内，考虑到黄河下游已发生的高含沙水流大多为漫滩且引起大量淤积，满足什么条件的高含沙洪水能够实现不淤积或不显著淤积的远距离输送，成为当下泥沙研究工作者主要关注的问题之一。

为了能够对多沙河流的挟沙力的双值关系进行定量表达，不少学者对一般含沙水流和高含沙水流挟沙力公式开展了大量的研究，各公式建立的物理情景和控制方程的选取基本相似，但具体表征不同物理现象物理量的处理存在一定差异，特别是部分定量研究未能将不同方面的影响因素有效剥离，需要不断率定才能实现定量表达。本研究选取了同时适用

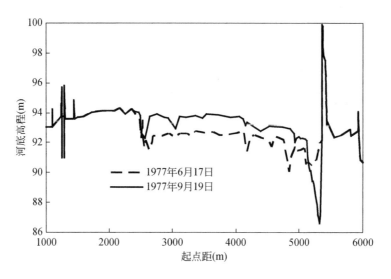

图 2-25 "77.7" 洪水汛期前后花园口断面

于不同含沙量级计算的挟沙力（S_v^*）公式，如费祥俊公式（费祥俊，1995）、舒安平公式（舒安平，2009）、张红武公式（张红武和张清，1992）等进行了对比计算，如表 2-6 所示，并以黄河下游 "77.7" 高含沙洪水为例，进行了对比。黄河天然河道中高含沙水流条件下满足冲刷状态的实测悬沙和床沙级配资料较少，无法满足韩其为公式（韩其为和何明民，1997）的需求，故此处未进行采用。

表 2-6 部分能够表达高含沙输沙能力的挟沙力公式

公式	公式表达式	备注
武汉水院	$S_v^* = k_w \left(\dfrac{U^3}{gR\omega} \right)^{m_w}$	U 为断面平均流速；R 为断面水力半径；ω 为泥沙群体沉速；h 为平均水深；K 为卡门常数；k_w 和 m_w 为综合系数，或查表，或率定
曹如轩	$S_v^* = k_c \left(\dfrac{\gamma}{\gamma_s - \gamma} \dfrac{U^3}{gR\omega} \right)^{m_c}$	γ 为水的容重；γ_s 为沙的容重；k_c 和 m_c 为待率定系数
张红武	$S_v^* = 2.5 \left[\dfrac{0.0022 + S_v}{\kappa} \ln \dfrac{h}{6D_{50}} \dfrac{\gamma_m}{\gamma_s - \gamma_m} \dfrac{U^3}{gR\omega} \right]^{0.62}$	$S_v^* = k_w \left(\dfrac{U^3}{gR\omega} \right)^{m_w}$，$S_v$ 为体积含沙量；γ_m 为清水容重；κ 为卡门常数；D_{50} 为悬沙中值粒径
费祥俊	$S_v^* = 0.0125 \left(\dfrac{n_{cao} U}{\omega_{90}} \right)^{1.5} \left(\dfrac{1}{R} \right)^{0.25}$	ω_{90} 为悬沙上限粒径；n_{cao} 为河道糙率；U 为断面平均流速
舒安平	$S_v^* = 0.3551 \left[\dfrac{\lg (\mu_r + 0.1)}{\kappa^2} \left(\dfrac{f_m}{8} \right)^{\frac{3}{2}} \dfrac{\gamma_m}{\gamma_s - \gamma_m} \dfrac{U^3}{gR\omega} \right]^{0.72}$	μ_r 为相对黏性；f_m 为阻力系数

注：武汉水院是武汉大学水利水电学院的前身。

考虑到舒安平公式的挟沙力结果与实测含沙量的伴随性较好，如图 2-26 所示，并未出现较为显著的数据抖动，同时该公式考虑了水流阻力系数与含沙水流黏滞系数对挟沙力的影响，此次选择该公式进行水流挟沙力的计算。

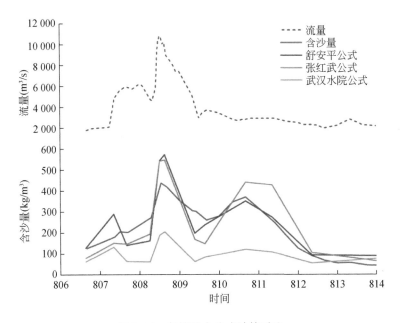

图 2-26　各挟沙力公式计算对比

张红武公式属于半经验半理论公式，其卡门常数的计算公式为

$$\kappa / \kappa_0 = 1 - 4.2 \sqrt{S_v} (0.365 - S_v) \tag{2-24}$$

而其公式中泥沙颗粒群体沉速（ω）的计算公式为

$$\omega = \omega_0 \left[\left(1 - \frac{S_v}{2.25 \sqrt{D_{50}}} \right)^{3.5} (1 - 1.25 S_v) \right] \tag{2-25}$$

尽管该计算公式结构存在量纲不和谐的问题，但其在黄河下游动床模型实验设计的估算中曾广泛使用。

舒安平公式中相对黏性（μ_r）的计算公式为

$$\mu_r = \mu / \mu_0 = \left[1 - k \frac{S_v}{S_{vm}} \right] \tag{2-26}$$

其中，极限体积含沙量（S_{vm}）为

$$S_{vm} = 0.92 - 0.2 \lg \sum \frac{P_i}{d_i} \tag{2-27}$$

式中，d_i 和 P_i 分别为某一粒径级的平均直径及其对应的质量百分比。

式（2-26）中的系数为

$$k = 1 + 2\left(\frac{S_v}{S_{vm}}\right)^{0.3}\left(1 - \frac{S_v}{S_{vm}}\right)^4 \qquad (2\text{-}28)$$

进一步结合实测资料对所采用计算公式（舒安平公式）进行结构分析，式中基础变量为流速、水深、含沙量，其中阻力系数按照水动力因素进行换算求出，此处暂以曼宁公式开展阻力系数的计算。

对比花园口断面与利津断面分别应用实测资料（本研究暂时不考虑含沙量对水流流速的影响）得到的流速及水深与流量可知，流量4000m³/s时，花园口断面与利津断面对应的流速、水深和挟沙因子如表2-7所示，从水流水动力条件来看，在悬沙级配与含沙量以及泥沙水力属性相同的来沙条件下，花园口断面的挟沙能力要优于利津断面。在舒安平公式中，挟沙因子所代表的水动力条件项随含沙量增加的趋势表明，以流速和水深为指标的物理量并无变化，如图2-27所示。

表2-7　流量4000m³/s时，花园口断面与利津断面对应的流速、水深和挟沙因子

指标	花园口断面	利津断面
流速（m/s）	2.610	2.579
水深（m）	2.461	4.198
挟沙因子	7.222	4.084

注：由于河道较宽，水力半径应用水深替代。

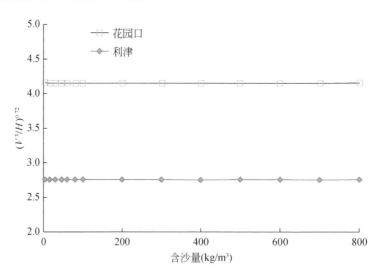

图2-27　花园口断面和利津断面挟沙因子随含沙量增加变化趋势对比

V^3/H 为挟沙因子

应用花园口断面与利津断面的实测泥沙资料及水力条件进行输沙能力计算的结果表明（图2-28），流量4000m³/s时，利津断面的输沙能力较花园口断面更强，说明水动力

条件并非水流输沙能力的唯一主导性因素。

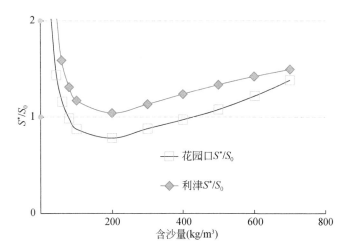

图 2-28　花园口断面和利津断面输沙能力与来流含沙量（S^*/S_0）的比随含沙量增加变化趋势对比

　　根据实测资料的分析，自然来水来沙条件下，悬沙中值粒径随着来流含沙量的增加而大体呈现指数型增加，考虑到单指数函数的拟合构建精度较低，采用双指数函数进行悬沙中值粒径与含沙量关系的定量表达。花园口断面和利津断面悬沙中值粒径随含沙量增加变化趋势对比如图 2-29 所示，同含沙量条件下花园口断面的悬沙中值粒径较利津断面略粗，虽然实测资料中部分时刻的实测资料同含沙量条件下利津断面的悬沙中值粒径较粗，但考虑到整体的分布趋势，依旧采用符合整体分布的双指数函数对悬沙中值粒径进行取值。

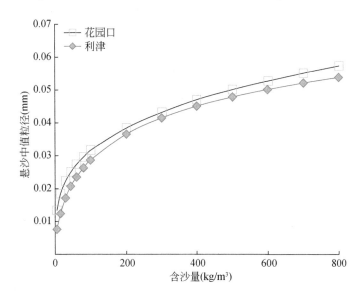

图 2-29　花园口断面和利津断面悬沙中值粒径随含沙量增加变化趋势对比

　　悬沙中值粒径对输沙能力的影响主要是水流黏性与泥沙颗粒的群体沉速,除含沙量对水流黏性有着显著的影响外,悬沙颗粒的比表面积对水流黏性也存在一定程度的影响,对比花园口断面和利津断面悬沙比表面积随含沙量增加变化,如图 2-30 所示,当含沙量小于 200kg/m³ 时,利津断面与花园口断面的悬沙颗粒比表面积并未存在明显的差异,而当含沙量超过 200kg/m³ 时,随着含沙量的增加,利津断面悬沙比表面积逐渐大于花园口断面,但整体来讲,两个断面比表面积的差距并不悬殊,当含沙量为 800kg/m³ 时,利津断面与花园口断面的悬沙颗粒比表面积分别为 65 和 52.5。

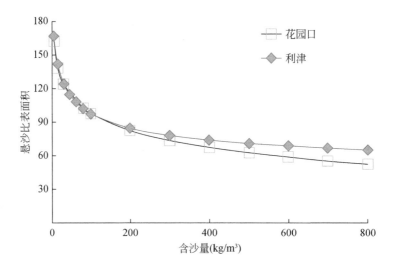

图 2-30　花园口断面和利津断面悬沙比表面积随含沙量增加变化趋势对比

　　悬沙中值粒径对输沙能力的另一个影响主要是泥沙颗粒的群体沉速,但此时影响的主要为将中值粒径作为悬沙代表颗粒的清水单颗粒沉速,即随着含沙量的增加,悬沙中值粒径的增大,清水单颗粒沉速不断变化的趋势。花园口断面和利津断面清水单颗粒沉速随含沙量增加变化趋势对比如图 2-31 所示,由图 2-31 可知,当含沙量约小于 200kg/m³ 时,清水单颗粒沉速急剧增大,导致输沙能力公式中清水条件下泥沙沉速项快速减小,同含沙量条件下,花园口断面的清水单颗粒沉速大于利津断面。由于舒安平公式中所推荐的悬沙颗粒群体沉速仅受到含沙量的影响,如图 2-32 所示,花园口断面与利津断面的沉速修正部分完全一致,即随着含沙量的增大,沉速修正部分大幅度增加,呈现严格单调增大。公式中比容重项主要受含沙量的影响,故在计算中,花园口断面与利津断面也是完全一致的。

　　在舒安平公式中,综合系数如式(2-29)所示,主要由卡门常数和相对黏性组成:

$$综合系数 = \frac{\lg(\mu_r + 0.1)}{\kappa^2} \tag{2-29}$$

式中,相对黏性和卡门常数的计算采用费祥俊(1982)推荐的计算公式,如式(2-30)和

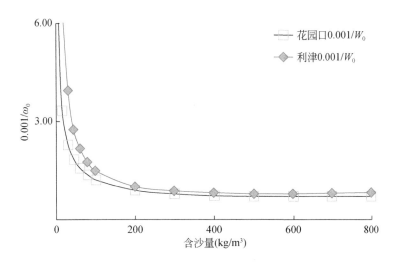

图 2-31 花园口断面和利津断面清水单颗粒沉速随含沙量增加变化趋势对比

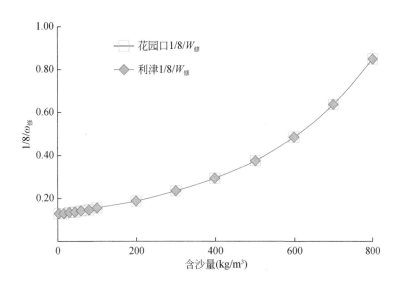

图 2-32 花园口断面和利津断面泥沙沉速修正随含沙量增加变化趋势对比

式（2-31）所示，相对黏性主要由体积比含沙量、极限含沙量与悬沙比表面积组成，式（2-30）中系数 K 由体积比含沙量和悬沙比表面积计算；卡门常数主要由相对黏性构成的公式计算得到。根据舒安平在其博士论文中设置的试验结果可知，卡门常数在含沙量不断增加的过程中会出现极小值。应用式（2-31）分别计算花园口断面和利津断面的卡门常数随含沙量增加的变化趋势，如图 2-33 所示，两个断面均在含沙量约 400kg/m³ 时，卡门常数达到极小值。将舒安平公式中的卡门常数项列于图 2-34 中，当含沙量大于 400kg/m³ 时，花园口断面的卡门常数项随着含沙量的增加越来越大于利津断面。

$$\mu_r = \left(1 - K\frac{S_v}{S_{vm}}\right) \qquad\qquad (2-30)$$

$$\kappa = 0.4\left(1 - 1.5\lg(\mu_r)\right)\left(1 - \lg(\mu_r)\right) \qquad\qquad (2-31)$$

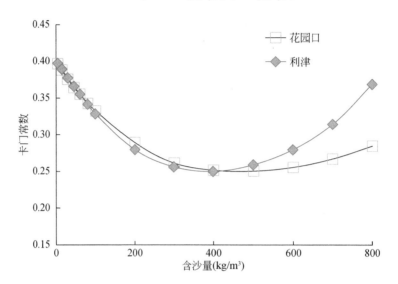

图 2-33　花园口断面和利津断面卡门常数随含沙量增加变化趋势对比

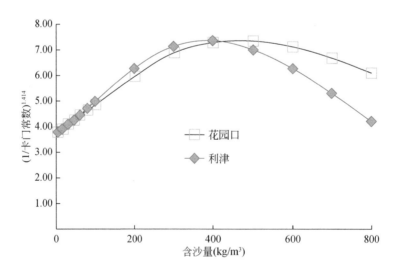

图 2-34　花园口断面和利津断面卡门常数项随含沙量增加变化趋势对比

　　对比花园口断面与利津断面的相对黏性（图 2-35）可知，利津断面的相对黏性较花园口断面更大，这是利津断面悬沙的比表面积较花园口断面更大引起的，同时随着含沙量的增加不断增大。

　　对比花园口断面与利津断面的综合系数（图 2-36）可知，当含沙量小于 600kg/m³

时，利津断面的综合系数较花园口断面略大，当含沙量大于 600kg/m³ 时，利津断面的综合系数开始明显小于花园口断面。

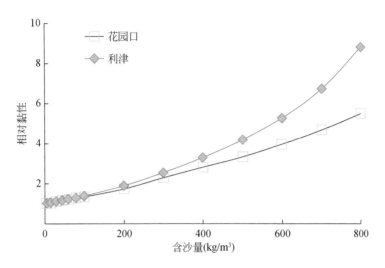

图 2-35　花园口和利津断面相对黏性随含沙量增加变化趋势对比

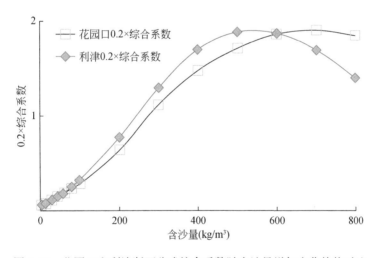

图 2-36　花园口和利津断面公式综合系数随含沙量增加变化趋势对比

在舒安平公式中，阻力系数是一个不能忽略的变量，在计算中采用流速与水深、比降应用曼宁公式计算得到，花园口断面和利津断面公式综合系数与阻力系数的乘积随含沙量增加变化趋势对比如图 2-37 所示，该项利津断面的值远大于花园口断面的值，主要原因为花园口断面与利津断面的阻力系数分别为 0.0085 和 0.0134。对比该阻力系数的差异可知，依照曼宁公式的结构，花园口断面与利津断面水深差异而引起的水流阻力的差异要小于 0.0085 和 0.0134 的差异，考虑到花园口断面与利津断面河床沙质组成的差异，即沙质组成与黏土组成的差异以及床面形态的差异，可知，相同条件下黏土河床的阻力系数较大。

$$综合系数 = \frac{\lg(\mu_r + 0.1)}{\kappa^2} \qquad (2\text{-}32)$$

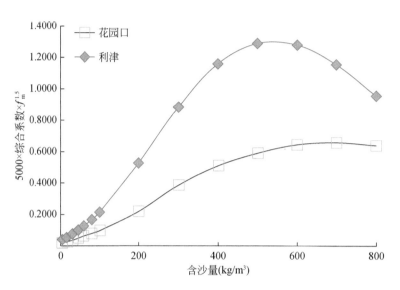

图 2-37 花园口断面和利津断面公式综合系数与阻力系数的
乘积随含沙量增加变化趋势对比

经过对比可知，水流床面阻力与底床切应力为作用力与反作用力的相互关系，即阻力系数越大，相同水流流速梯度条件下，底床切应力越大，则可起动和起悬的泥沙越多，同时保持悬浮状态的泥沙量也越大。考虑到同含沙量条件下，花园口断面的中值粒径较利津断面略粗，同时考虑到其他因素的综合作用，则基于河道断面输沙能力可知，4000m³/s流量时，利津断面处通过的对应级配的泥沙 200kg/m³ 可完全输送，而水流阻力系数引起的底床切应力较小的花园口断面处，通过较粗级配的泥沙 200kg/m³ 时则无法完全输送，将出现一定的淤积。

（3）黄河下游典型高含沙洪水输沙能力

根据搜集的黄河流域干支流历史实测高含沙洪水资料，天然洪水条件下，高含沙洪水中悬沙的中值粒径与含沙量呈现较为显著的单调递增现象。图 2-38 为水文站实测的黄河下游花园口断面发生高含沙洪水年份的实测资料。费祥俊（1998）也指出，黄河高含沙洪水沿程调节使得泥沙颗粒变粗，当含沙量在 200～300m³/s 时，D_{90} 在 0.05～0.08mm，而当含沙量增大至 700～800m³/s 时，D_{90} 达到 0.2～0.25mm。

窦国仁和王国兵（1995）从絮流理论推导了极限剪切力和极限含沙量，并认为受限于泥沙颗粒的薄膜水厚度，纯的细颗粒泥沙无法形成高含沙水流，则高含沙水流其悬沙中值

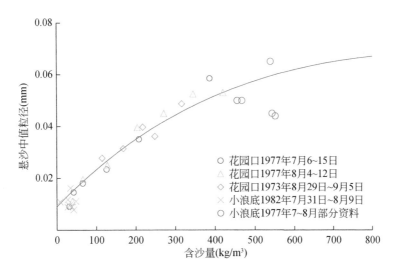

图 2-38 花园口断面悬沙中值粒径与含沙量的关系

粒径必然较同水动力条件下的一般含沙水流略粗一些。

考虑到悬沙级配的差别引起比表面积的差异，同样的中值粒径，由于累积曲线斜率的差别，计算得到的比表面积相差数倍。以"77.7"和"77.8"高含沙洪水花园口断面实测级配资料，进行比表面积的计算。根据数据分析结果，在来沙条件较为稳定的河段，比表面积与悬沙中值粒径大体呈现对数函数的关系，如图 2-39 所示。

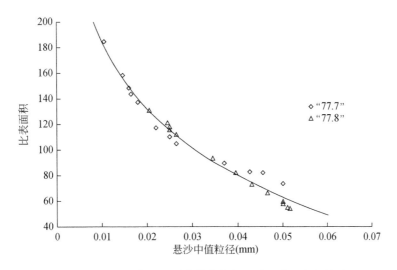

图 2-39 花园口断面悬沙中值粒径与悬沙比表面积的关系

以黄河下游"77.7"高含沙洪水为主要研究对象，根据实测水文泥沙资料，分别确定非漫滩高含沙洪水在花园口断面和利津断面主槽内传播过程中流量 3000m³/s、4000m³/s、

5000m³/s 时对应的流速和水深。以花园口断面为例，建立花园口站典型洪水流量与流速、水深以及水动力因子的定量关系（图2-40～图2-42）；考虑一定水动力条件下，随着含沙量不断增加，水流挟沙能力的改变规律。

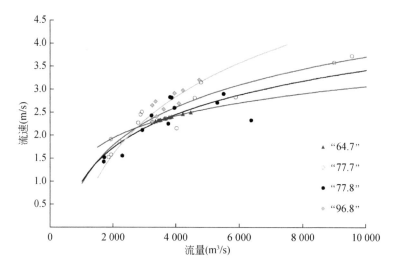

图 2-40　花园口站典型洪水流量与流速的关系

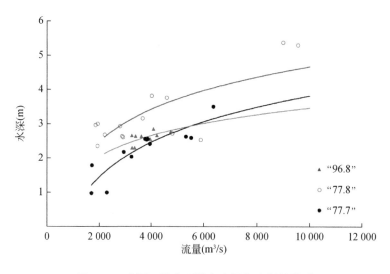

图 2-41　花园口站典型洪水流量与水深的关系

此时，悬沙的中值粒径由图2-31来确定，悬沙的比表面积由图2-31和图2-32来联合确定，进一步采用舒安平公式计算含沙量自清水条件即0开始不断增加，最大含沙量按照1000kg/m³ 来进行假定，计算不同流量和不同含沙量条件下水流挟沙力，计算结果如图2-43所示。

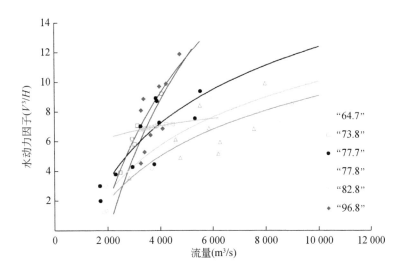

图 2-42　花园口站典型洪水流量与水动力因子的关系

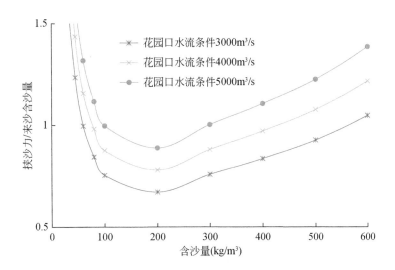

图 2-43　不同流量级条件下花园口断面含沙量与相对输送能力的关系

　　最不易输送（此处定义为水力驱动泥沙起悬并输运的浑水动力条件）的含沙量约在200kg/m³，这个结果与《泥沙手册》中黄河流域最不易输送的含沙量点绘资料结果相近，如图 2-44 所示（韩其为公式，水库淤积）。同时，得到两个临界含沙量，即一般含沙水流条件下的临界淤积含沙量，流量 4000m³/s 时含沙量约 63kg/m³；高含沙水流条件下的临界冲刷含沙量，流量 4000m³/s 时含沙量约 410kg/m³。这个结果也很好地说明了花园口断面"77.7"洪水的水动力条件下，具有哪些条件的挟沙水流能够实现冲淤平衡或是冲刷。

　　为了进一步说明高含沙水流输沙能力的普遍性特征，采用黄河一级支流渭河对沙质河床上挟沙水流挟沙力的双值特征进行分析计算。围绕渭河河段发生的典型场次洪水，搜集

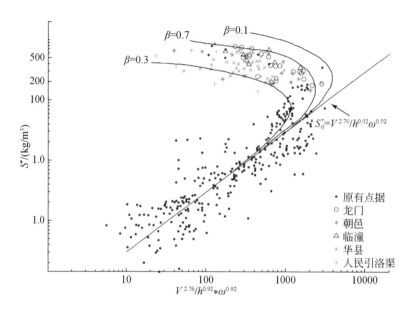

图 2-44　最不易输送的含沙量级

并分析计算各个实测悬沙级配的中值粒径以及比表面积，绘制不同年份悬沙中值粒径与含沙量定量关系对比图（图 2-45）、悬沙中值粒径与比表面积定量关系对比图（图 2-46），

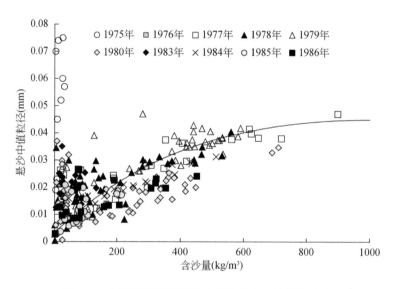

图 2-45　渭河华县断面悬沙中值粒径与含沙量的关系

以及流量与流速和水深的定量关系对比图（图 2-47 和图 2-48），比较特殊场次的洪水为 "75.7" 洪水，该洪水发生过程中河宽基本保持不变，说明其前期洪水过程塑造了较为窄深稳定的断面形态，其水深随河道流量变化响应关系及敏感性更强（图 2-47 和图 2-48）。

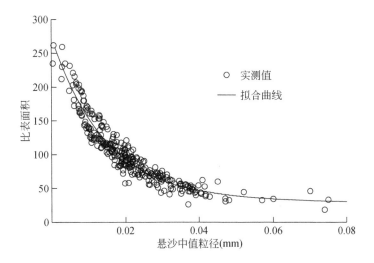

图 2-46　渭河华县断面悬沙中值粒径与比表面积的关系

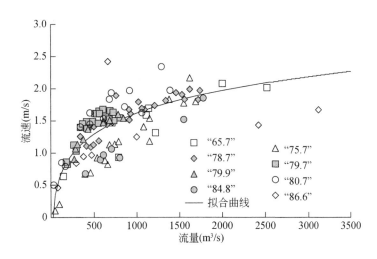

图 2-47　渭河华县断面流量与流速的关系

依旧采用舒安平公式作为挟沙力计算表达式，假定随着流量的变化，其他相关物理量的调整和变化规律遵循以上的统计趋势，取时段平均物理量作为输沙动力代表物理量，渭河下游高效输沙双值问题计算采用的断面平均流速和断面平均水深条件如表 2-8 所示。500 ~ 2000m³/s 量级的洪水在近年发生的相对较多，大流量过程（如超过 2500m³/s）近年发生的相对较少。

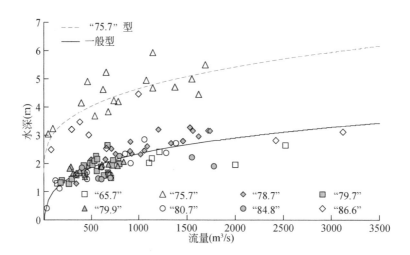

图 2-48 渭河华县断面流量与水深的关系

表 2-8 典型流量条件下断面平均流速和平均水深

流量（m³/s）	流速（m/s）	水深（m）
700	1.45	2.08
1000	1.62	2.34
1500	1.82	2.67

　　根据渭河华县断面洪水过程的综合水沙输运规律计算固定流量级条件下的河流阻力系数，并以多年典型洪水含沙量数据对舒安平公式中的待定系数进行率定，考虑到渭河的泥沙颗粒较细，所形成的高含沙水流与黄河干流存在一定量级上的差异，则最终完成计算并绘制不同流量级条件下渭河华县断面含沙量与相对输送能力的关系（图 2-49），得到最不易输送的含沙量级约为 146kg/m³，此结果与潘贤娣（1991）基于潼关多年实测统计分析资料的结果基本一致。典型流量条件下一般含沙水流挟沙力和高含沙水流挟沙力的平衡含沙量如表 2-9 所示，根据以上水力条件可得到流量 1500m³/s 时，来水来沙均可以冲刷状态完成传播；而流量为 700m³/s 时，一般含沙水流挟沙力和高含沙水流挟沙力的平衡含沙量分别为 55kg/m³ 和 330kg/m³；流量为 1000m³/s 时，一般含沙水流挟沙力和高含沙水流挟沙力的平衡含沙量分别为 78kg/m³ 和 251kg/m³。

表 2-9 典型流量条件下断面挟沙力计算值

流量（m³/s）	一般含沙水流挟沙力（kg/m³）	高含沙水流挟沙力（kg/m³）
700	55	330
1000	78	251
1500	—	—

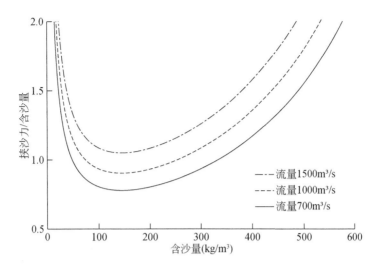

图 2-49 不同流量级条件下渭河华县断面含沙量与相对输送能力的关系

此结果是建立在来水来沙条件服从以上水沙典型洪水统计学规律条件下的定量计算结果，如果含沙量与级配或是比表面积规律发生变化，则该具体数值将存在一定幅度的调整。

2.3 沙质河床水沙输运过程制约因素

2.3.1 多沙河流河宽对输沙能力的影响分析

在多沙河流的研究和治理过程中，断面形态最为引人注意的形态特征量就是河宽，而人们进行河道治理过程中最常采用的方式就是通过改变河宽进而影响河流的水沙输送动力特征；近年随着水利枢纽类工程的运行，才能够进一步调整水沙过程，实现水沙条件的人工干预。

为了进一步明确河宽调整对沙质河床天然水沙过程水沙输送能力的影响，对比 2000 年小浪底运用以前，花园口断面汛期流量超过 4000m³/s 的洪水流量时间过程线作为数据来源，对比分析主槽和滩地过流情况，以主槽过流为主要研究区域，进行输沙能力的计算。围绕 1956～1999 年黄河水文泥沙资料，进行不同河宽条件下的挟沙能力计算，不同典型洪水条件下流量 4000m³/s 对应的主槽宽度如表 2-10 所示。

表 2-10　典型洪水条件下流量 4000m³/s 对应的主槽宽度　　　（单位：m）

指标	"73.8"	"96.8"	"77.7"	"94.8"	"64.7"	"82.8"
主槽宽度	414.8	534	622.8	741	820	1600

不同类型洪水动力特征时，相同含沙量条件下计算得到的水流挟沙力与来流含沙量之比大体呈线性分布，即来流含沙量固定时，按照花园口断面的级配关系，泥沙群体沉速和挟沙水流的黏性均能够确定，主槽宽度与输沙能力呈现非常明确的反比例关系，如图 2-50 所示，即主槽宽度越小，输沙能力越强，这种关系在一般含沙水流和高含沙水流中均存在，即使是最不易输送的 200kg/m³ 含沙量条件时，该规律依旧成立。

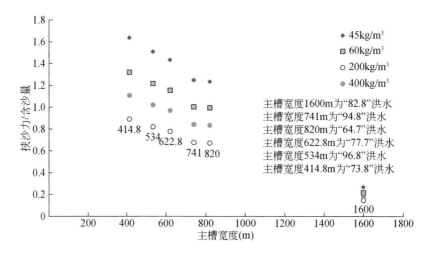

图 2-50　不同河宽条件下不同含沙量对输沙能力的影响

根据建立的花园口断面不同类型典型洪水平衡河宽与含沙量关系，确定不同含沙量条件下的平衡河宽固定流量条件下，达到河段冲淤平衡时对应的河道宽度，并将其绘制（图 2-51）。通过调整河宽的方式可以为高低两种含沙量的高效输沙过程提供边界条件，实测资料分析表明，高含沙水流条件下的高效输沙在河宽不满足动力驱动时不易达到。若花园口断面水沙动力条件服从以上统计学规律，则流量在 4000m³/s 时，河宽达到约 305m 时，即为不淤积的河道宽度，而一般含沙水流含沙量在 60 ~ 80kg/m³，平衡河宽在 600m 左右。

2.3.2　挟沙水流的高效输沙水力条件分析

随着小浪底水库运用，黄河下游河道的下泄水沙条件与 2000 年以前存在较大的差异，目前主要为非汛期小流量清水下泄，汛期择机采用大流量浑水下泄方式。2015 ~ 2017 年未

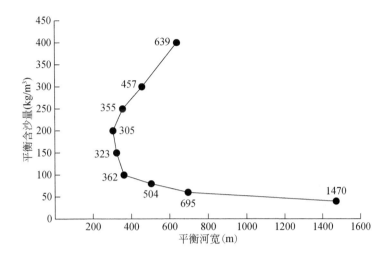

图 2-51　花园口断面平衡含沙量对应河宽

进行汛期的调水调沙，河道整体更加向冲刷型沙质河床特征的趋势演变和调整。以黄河下游 2017 年汛前和汛后花园口断面（图 2-52 和图 2-53）和高村断面（图 2-54 和图 2-55）

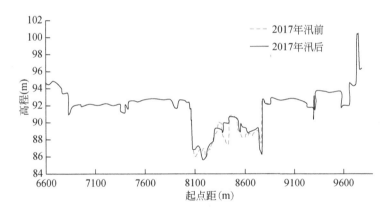

图 2-52　花园口全断面 2017 年汛期前后对比

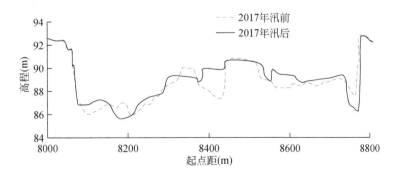

图 2-53　花园口断面主槽位置 2017 年汛期前后对比

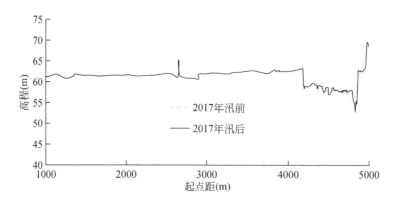

图 2-54　高村全断面 2017 年汛期前后对比

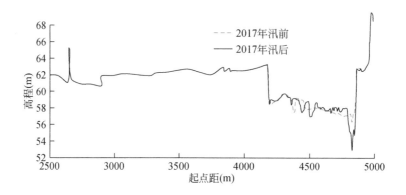

图 2-55　高村断面主槽位置 2017 年汛期前后对比

为例进行说明，通过对比可知，由于下泄流量为小于平滩流量的小流量清水过程，河道调整集中在主槽。离小浪底水库和西霞院较近的花园口断面主槽发生了一定幅度的调整，这种调整离河口区域越近幅度越小，高村断面的调整则更加集中在主槽的深槽区域。

根据现有水沙传播规律，计算比较了花园口断面、高村断面、孙口断面和利津断面水位高程与流量的关系及输沙水力因子断面通量（ $Q\bar{u}^3/(Bh)$ ）与流量的关系，并绘制了相关关系图（图 2-56 ～图 2-63）。

以流量为控制因素，以河流典型控制断面为分析单元，将输沙水力因子的断面通量作为衡量河道断面输沙能力的指标。计算采用断面定床和水力因子动态调整（流速横向分布随水深变化而导致分布调整）方式控制，计算得到各断面汛期前后水位流量关系对比；根据水位随流量变化响应速率，计算各断面的平滩流量和随水位增速最快流量（水位流量关系斜率曲线区间极大值）；但由于断面形态特别是主槽中深槽形态的不同，各断面在不同流量条件下横断面的水力因子通量在汛期前后存在一定的差异，通过计算对比确定输沙水力因子断面通量的流量极值，各典型断面水力特征汇总如表 2-11 所示。

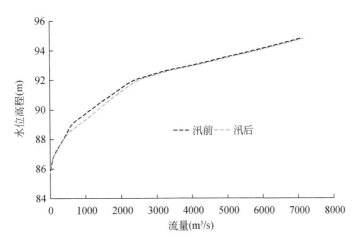

图 2-56 花园口断面水位高程与流量关系

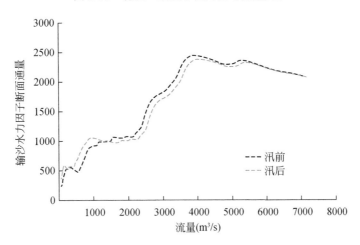

图 2-57 花园口断面输沙水力因子断面通量与流量关系

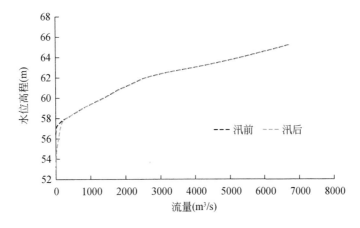

图 2-58 高村断面水位高程与流量关系

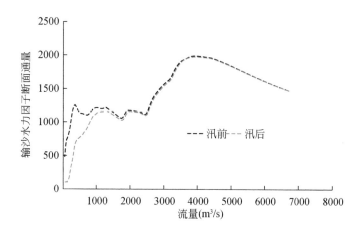

图 2-59 高村断面输沙水力因子断面通量与流量关系

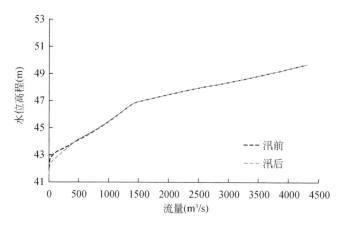

图 2-60 孙口断面水位高程与流量关系

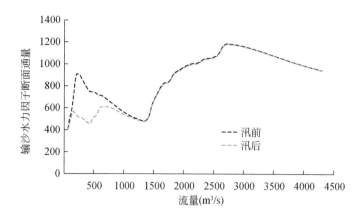

图 2-61 孙口断面输沙水力因子断面通量与流量关系

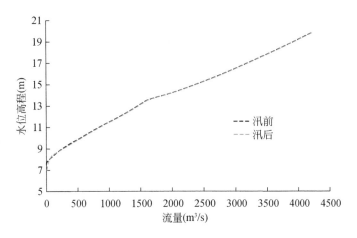

图 2-62　利津断面水位高程与流量关系

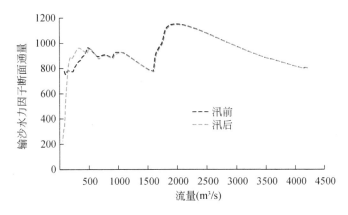

图 2-63　利津断面输沙水力因子断面通量与流量关系

表 2-11　各典型断面水力特征汇总　　　　　　（单位：m³/s）

水力特征	花园口	高村	孙口	利津
随水位增速最快流量	2418	2602	1421	1602
平滩流量	7160	5820	3845	4208
输沙水力因子断面通量最值流量	3817	3842	2681	1995

　　通过典型断面水位流量关系及流量对输沙水力因子断面通量约束特征的分析，在不显著影响河道防汛行洪水位控制的条件下，从输沙能力较强和输沙效率较高的角度考虑，推荐输沙流量级控制范围为 2500～3800m³/s，以控制输沙水流位于河道断面主槽内，避免输沙过程出现漫滩，以避免漫滩导致周界突增引起输沙效率大幅降低。

2.3.3　级配特征变化对输沙能力的影响

作为黄河下游峡谷段建坝的三门峡水库和小浪底水库，其运用方式在水库建成初始基本类似，三门峡水库在建成 4 年左右坝下河道典型水文站的粗化过程基本结束（赵业安等，1990）；小浪底水库在建成 6 年左右坝下河道典型水文站的粗化过程基本结束（《2008年黄河河情咨询报告》）。床沙级配在不断清水下泄过程中已完成分选和沙质床面可动层的调节，其可动层厚度内的泥沙级配基本相同。经历并完成粗化过程的沙质河床坝下河道在遇到天然洪水或含沙量较高的挟沙水流时，河道输沙特征与水沙条件的不匹配常引起快速的淤积，在淤积速率不断降低后，河道进入微冲微淤状态（图 2-64）。

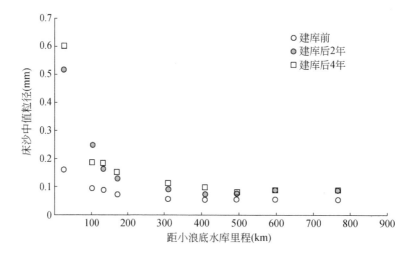

图 2-64　冲积性河流建库前后坝下河道床沙调整实测数据

考虑到水沙条件变化引起的河道床面级配和悬沙级配的调整，悬沙浓度中的级配特征和来水含沙量的关系已发生变化，其定量关系随着来水来沙条件的变化而进一步发生自适应调节。

若来流的流量与流速、水深、水动力因子（V^3/H）的关系未发生规律性变化，依旧符合 2.3.2 节中花园口断面多年特征，则确定流量 2600m^3/s 在固定级配，即悬沙中值粒径分别为 0.02mm、0.035mm 和 0.05mm 时，输沙能力与来流含沙量的关系（图 2-65 ~图 2-67），可知悬沙级配在输沙计算过程中的重要性。在河道水沙输送边界条件不变时，整体上，中值粒径较细的悬沙基本在流量 2600m^3/s 条件下可被顺利输送；而当悬沙中值粒径较粗时，则会引起河道的淤积。

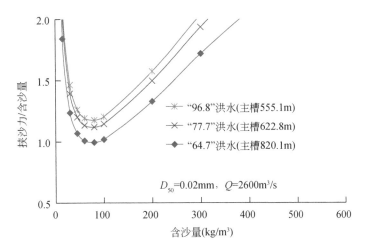

图 2-65　不同类型洪水在流量为 2600m³/s 且 D_{50} 为 0.02mm 时输沙能力与来流含沙量关系

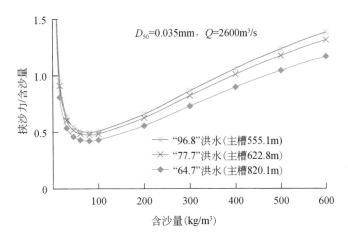

图 2-66　不同类型洪水在流量为 2600m³/s 且 D_{50} 为 0.035mm 时输沙能力与来流含沙量关系

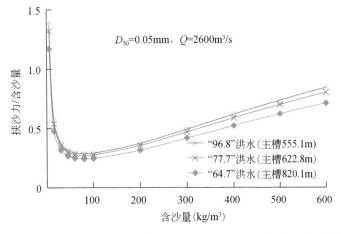

图 2-67　不同类型洪水在流量为 2600m³/s 且 D_{50} 为 0.05mm 时输沙能力与来流含沙量关系

根据不同工况的计算可知,在流量 2600m³/s 条件下,由于悬沙级配设定为黄河下游花园口站汛期和非汛期的多年平均级配,此时最不易输沙的区间与天然水沙条件不同,其区域含沙量为 80kg/m³ 左右,同时该区域与所采用的悬沙中值粒径无关,应该为人工干预水沙搭配后,黄河河道的一种固有属性的体现(在计算过程中,始终采用相同的实测悬沙中值粒径与比表面积关系,该关系由河道中不同含沙量对应的悬沙级配决定,这也直接反映了河道中悬沙组成特征)。同样在流量 4000m³/s 条件下,最不易输送的区域含沙量也为 80kg/m³ 左右。

2.4 小　结

本章分别从实测资料分析、经验公式拟合方法和基于水沙动力学的挟沙能力方法出发,对黄河下游高效输沙适宜水力驱动条件进行了定量研究。其中,2.1 节从多年水沙实测资料的统计分析出发,提出并确立了黄河下游的高效输沙洪水指标;2.2 节从多沙河流其沙质河床条件下水沙运动动力学机制出发,分析讨论了含沙量对浑水输沙能力的影响方式,对比分析了高低含沙量两种输沙模式所需动力条件和防洪风险;2.3 节则围绕河道形态、泥沙级配等底边界和侧边界条件对水流输沙能力的制约因素进行了计算分析,从理论上论述了黄河下游河道适宜的水沙输送动力条件和约束相关阈值的影响因素。

通过多工况计算得到的结果分析可知,洪水期下游河道淤积比和输沙水量均与洪水的平均含沙量关系最为密切。河道淤积比和输沙水量可以作为下游洪水适宜含沙量的控制指标。流量级为 4000m³/s、6000m³/s 和 8000m³/s 洪水的适宜含沙量分别为 41 ~ 53kg/m³、35 ~ 74kg/m³ 和 35 ~ 89kg/m³。为最大程度地输送泥沙,在满足适宜含沙量控制指标的条件下,选取适宜含沙量的上限值作为最优含沙量,那么流量级 4000m³/s、6000m³/s 和 8000m³/s 洪水的最优含沙量分别为 53kg/m³、74kg/m³ 和 89kg/m³。

输沙水量与排沙比的关系因含沙量大小的不同而分带分布,同一含沙量级洪水的输沙水量随着排沙比的增大而减小,当排沙比达到一定程度时,随着排沙比的增大输沙水量减小不再明显。高效输沙洪水的流量级相对分散,而含沙量级则比较集中。实测资料分析表明,90% 的高效输沙洪水的含沙量在 40 ~ 80kg/m³。可以用高效输沙洪水的平均情况来代表高效输沙洪水过程,即平均流量为 3200m³/s,平均含沙量为 64.7kg/m³ 的水沙搭配。

理论分析表明,在沿程不引水条件下黄河下游高效输沙洪水含沙量主要集中在 35 ~ 75kg/m³,引水引沙系数乘积为 0.07 条件下,高效输沙洪水含沙量主要集中在 50 ~ 60kg/m³。由于高效输沙洪水具有排沙比高、输沙水量低的特点,建议小浪底水库利用水库调节功能,优化进入下游的洪水过程达到高效输沙洪水的要求,平均含沙量在 50 ~ 60kg/m³,流量在 3000 ~ 4000m³/s,实现小浪底水库对下游河道的减淤作用,同时节约有限的水资源。

第3章 面向高效输沙的水沙过程塑造

输沙水量是流域水资源供需演变研究的核心问题之一,"变化环境下黄河动态高效输沙模式研究"课题是"黄河流域水量分配方案优化及综合调度关键技术"项目针对环境变化流域水资源供需演变的重要组成部分,是项目开展黄河梯级水库群水、沙、电、生态多维协同调度的重要支撑,也是项目提出适应环境变化的黄河流域水量分配与调度方案的重要依据。通过黄河下游高效输沙模式研究达到节约输沙用水量的目的。黄河水少沙多,水沙异源,水沙关系不协调,如何通过黄河中游水库群联合调度,塑造出满足下游高效输沙的洪水过程,是本章研究的重点,从而为黄河动态高效输沙模式提供技术支撑。

3.1 黄河中游水库群基本情况

从内蒙古的河口镇至河南郑州的桃花峪为黄河中游,干流河道长 1206km,流域面积 34.4 万 m²。黄河中游规划建设水库有万家寨、古贤、碛口、禹门口、三门峡、小浪底等,另外还有支流汾河水库、二级支流泾河东庄水库等诸多水库。其中中游干流上已经建成的水库有万家寨水库(1998 年 10 月蓄水运用)、三门峡水库(1960 年 9 月蓄水运用)、小浪底水库(1999 年 10 月蓄水运用)。黄河干流主要水库基本情况如下。

3.1.1 万家寨水库

万家寨水库位于黄河北干流河段入口处,工程开发任务主要是供水结合发电调峰,兼有防洪、防凌作用。水库最高蓄水位为 980m,正常蓄水位为 977m,汛限水位为 966m,死水位为 948m。水库泄水建筑物包括 8 个底孔、4 个中孔、1 个表孔,电站装有 6 台 18 万 kW 发电机组。水库水位–库容–泄流量关系见表 3-1。

表 3-1 万家寨水库水位–库容–泄流量关系

水位(m)	950	952	955	960	965	966	970	975	977	980
库容(亿 m³)	0.19	0.24	0.34	0.62	1.15	1.28	1.92	2.93	3.42	4.24
机组泄流量(m³/s,单机)	—	264	273	285	296	293	303	266	262	256

水位（m）	950	952	955	960	965	966	970	975	977	980
总泄流量（m³/s）	4 321	6 186	6 707	7 652	8 691	8 883	9 653	10 985	11 675	12 709

注：库容为2017年5月实测。

3.1.2 三门峡水库

三门峡水库是黄河干流上修建的第一座以防洪为主的综合利用大型水利枢纽，工程的任务是防洪、防凌、灌溉、供水和发电。水库非汛期蓄水位一般不超过318m，汛限水位为305m，汛期洪水期敞泄运用。泄水建筑物有12个深孔、12个底孔、2条隧洞、1条钢管，共27个孔、洞、管，发电机组有7台，2017年汛期5#机组实施增容改造，其余6台机组最大发电流量为1320m³/s。水库水位–库容–泄流量关系见表3-2。

表3-2 三门峡水库水位–库容–泄流量关系

水位（m）	290	300	305	310	315	318	320	325	330	335
库容（亿m³）	0.00	0.13	0.42	1.07	2.64	4.44	6.44	15.64	30.50	53.00
机组泄流量（m³/s，1#~5#单机）	200	213	210	197	205	200	179	157	142	142
总泄流量（m³/s）（不含机组）	1 188	3 633	5 455	7 829	9 701	10 594	11 153	12 428	13 483	14 350

注：库容为2017年4月实测，不含渭洛河部分。

3.1.3 小浪底水库

小浪底水库位于河南省洛阳市以北40km处的黄河干流上，开发任务以防洪（防凌）、减淤为主，兼顾供水、灌溉、发电。根据国家防汛抗旱总指挥部办公室《关于小浪底水库汛期限制水位调整的批复》（国汛〔2013〕9号）意见，前汛期（7月1日~8月31日）汛限水位为230m，后汛期（9月1日~10月31日）汛限水位为248m。安装有6台30万kW发电机组，总装机为180万kW，单机满发流量为296m³/s，最低发电水位1#~4#机组为210m，5#~6#机组为205m。

枢纽泄洪建筑物有3条明流洞、3条排沙洞、3条孔板洞和正常溢洪道。孔板洞进口高程175m，运行条件为水位超过200m，其中1#孔板洞在水位超过250m时停止使用（工程条件限制）。排沙洞进口高程175m，运行条件为水位超过186m，220m以上需局部开启（工程条件限制），一般控制单洞泄流量不超过500m³/s。1#、2#、3#明流洞进口高程分别为195m、209m、225m。正常溢洪道堰顶高程258m，运行条件为水位超过265m。水库水位–库容关系如表3-3所示，水位–泄流量关系如表3-4所示，小浪底水库泄洪建筑物上游立视示意如图 3-1 所示。

表 3-3　小浪底水库水位–库容关系

水位（m）	库容（亿 m³）	水位（m）	库容（亿 m³）
190	0.02	235	15.47
195	0.14	240	22.22
200	0.48	245	30.20
205	1.00	250	39.01
210	1.69	255	48.61
215	2.78	260	59.02
220	4.54	265	70.28
225	6.93	270	82.43
230	10.44	275	95.44

注：库容为 2017 年 4 月实测。

表 3-4　小浪底水库水位–泄流量关系

水位（m）	单孔泄流量（m³/s）							合计（m³/s）
	1#~3#排沙洞	1#孔板洞	2#、3#孔板洞	1#明流洞	2#明流洞	3#明流洞	正常溢洪道	
200	419	1 146	1 076	139				4 694
205	441	1 193	1 122	376				5 136
210	461	1 239	1 167	730	12			5 698
215	481	1 283	1 211	1 005	182			6 390
220	500	1 326	1 255	1 280	452			7 068
225	500	1 367	1 297	1 465	727			7 653
230	500	1 407	1 338	1 624	952	139		8 298
235	500	1 446	1 376	1 774	1 130	392		8 994
240	500	1 484	1 414	1 914	1 280	687		9 693
245	500	1 521	1 452	2 045	1 394	931		10 295
250	500	1 557	1 489	2 174	1 495	1 122		10 826
255	500		1 524	2 289	1 594	1 286		9 717
260	500		1 559	2 404	1 693	1 430	152	10 297
265	500		1 591	2 500	1 789	1 563	1 038	11 572
270	500		1 623	2 593	1 883	1 684	2 405	13 311
275	500		1 654	2 680	1 973	1 796	4 050	15 307

注：总泄流量为工程限制运用时的总泄流量。

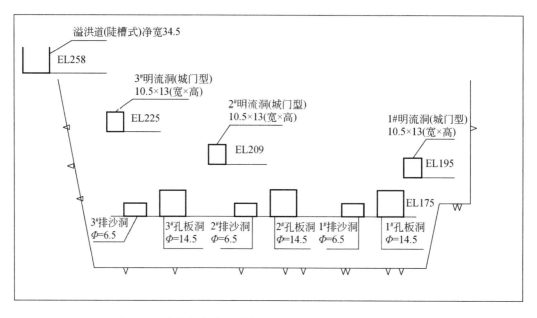

图 3-1　小浪底水库泄洪建筑物上游立视示意（单位：m）

3.1.4　西霞院水库

西霞院坝址位于小浪底水库下游 16km 处，是小浪底水利枢纽的配套工程。其开发任务以反调节为主，结合发电，兼顾灌溉和供水综合利用。

水库汛限水位为 131m，正常蓄水位为 134m。安装有 4 台机组，总装机容量为 14 万 kW，单机满发流量为 345m³/s；泄洪排沙系统由 21 孔泄洪闸、6 条排沙洞、3 条排沙底孔组成。水库水位–库容–泄流量关系见表 3-5。

表 3-5　西霞院水库水位–库容–泄流量曲线

水位（m）	126	127	127.6	128	129	130	131	132	133	134	135
库容（亿 m³）	0.05	0.09	0.12	0.14	0.23	0.37	0.56	0.77	0.99	1.22	1.46
总泄流量（不含底孔，m³/s）	2 662	3 538	4 000	4 355	5 379	6 589	7 970	9 509	11 168	12 947	14 777

注：库容为 2017 年 4 月实测。

3.1.5　古贤水库（拟建）

黄河古贤水利枢纽坝址位于黄河中游碛口—禹门口河段，壶口瀑布上游约 10km 处，左岸为山西省吉县，右岸为陕西省宜川县。枢纽可控制黄河流域总面积的 65%、控制黄河

80% 的水量和 66% 的沙量，特别是可控制黄河 80% 的粗沙量。该工程是黄河水沙调控体系的重要组成部分和黄河七大控制性骨干工程之一。工程开发任务以防洪减淤为主，兼顾发电、供水和灌溉等综合利用。水库总库容为 125.42 亿 m^3，其中，防洪库容为 12 亿 m^3，调水调沙库容为 20 亿 m^3，拦沙库容为 93.42 亿 m^3。电站总装机容量为 210 万 kW，多年平均年发电量为 70.83 亿 kW·h。古贤水利枢纽为一等工程、大（Ⅰ）型水库。防洪标准按 1000 年一遇洪水设计、10 000 年一遇洪水校核。设计洪峰流量为 38 500 m^3/s，校核洪峰流量为 49 400 m^3/s。水库正常蓄水位为 627m，死水位为 588m。枢纽主要建筑物包括 1 座混凝土面板堆石坝、5 条排沙洞、3 条明流泄洪洞、1 座开敞式溢洪道和引水发电系统等。

3.2 三门峡水库排沙规律分析

以三门峡水库实测资料为基础，分析不同水沙条件下的排沙规律。水库排沙过程从时机上可分为汛初小水期排沙、洪水期排沙和平水期排沙，排沙方式包括壅水排沙和敞泄排沙，水库冲刷方式包括沿程冲刷和溯源冲刷等。

3.2.1 不同模式的排沙规律分析

1. 汛初小水期排沙

汛初小水期排沙统计以出库输沙率大于入库输沙率为前提，分两种情况：①降低水位排沙——因坝前水位降低造成溯源冲刷而产生的排沙；②小洪水排沙——潼关有洪水但洪峰流量小于 2500 m^3/s，有时洪水过程中坝前水位仍为降低过程，这时产生沿程冲刷和溯源冲刷，增加出库沙量。降低水位排沙和小水期排沙的主要影响因素是坝前水位和出库流量，水位越低、流量越大，排沙量越大。若以 QJ（Q 为三门峡平均流量，J 为北村—史家滩的水面比降）表示汛初坝前河段的水流能量，与净排沙量的关系如图 3-2 所示。图 3-2 表明，随着水流能量的增加，净排沙量呈明显增加的趋势，但两种情况的增加趋势不同。

图 3-3 是排沙比与潼关站来沙系数、库区水面比降综合因子关系，相关性较好。降低水位冲刷的排沙比大于小洪水的排沙比。降低水位过程水库排沙是坝前水位直接作用的结果，其效果受坝前河床条件和水流条件的作用大，由于入库沙量少，在同样的条件下净排沙量和排沙比相对较大；小水期的排沙比受入库水沙条件和库区河床条件的影响相对较大，是沿程冲刷调整和溯源冲刷继续发展的结果。

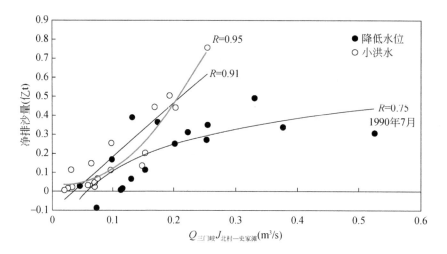

图 3-2 汛初小水期净排沙量与水流能量关系

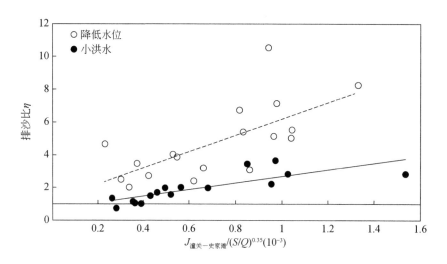

图 3-3 汛初小水期排沙比与潼关来沙系数和库区水面比降综合因子关系

2. 洪水期排沙

洪水期排沙主要取决于来水来沙条件及坝前水位，图 3-4 点绘了水库排沙量与入库水量的关系，可以看出，入库水量越大，排沙量也越大，一般洪水和高含沙洪水（$S>100\text{kg/m}^3$）分别呈两种明显的趋势关系，随水量的增加高含沙洪水的排沙量增幅更大。一般情况下，大流量时流速大，水流冲刷和输沙能力也大，但流量大到一定程度之后，受泄流能力影响，水库出现坝前壅水，水位抬高，水面比降随之减小，输沙能力降低。图 3-5 和图 3-6 为净排沙量和水流能量的关系，对于一般含沙洪水具有明确的趋势，随水流能量的增加净排沙量增加，当洪水期坝前平均水位大于 305m 时，同样的 $\gamma'WJ$（γ' 为浑水容重，W 为冲刷时段的入库水量，J 为潼关—大禹渡的比降）值净排沙量偏小，而高含沙洪水净排沙量变幅大，变化趋势不明显。

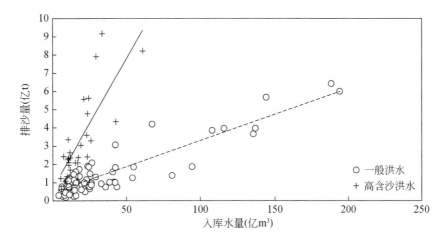

图 3-4　排沙量与入库水量的关系

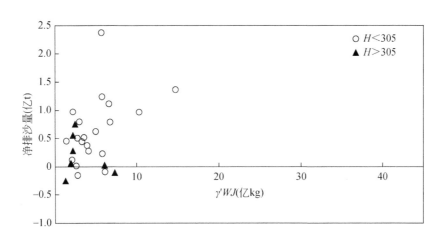

图 3-5　一般洪水净排沙量与水流能量的关系

H 为水库水位，下同

图 3-7 点绘了三门峡水库场次洪水累计入库水量与累计冲刷量的关系。可以看出，场次洪水期间随着入库水量的增加，库区冲刷量增加。洪水排沙初期随入库水量增加，冲刷量增幅较大，但是随着后续水量的增加，库区冲刷量增幅减小，即冲刷效率迅速减少。同时还可以看出，不同时段场次洪水累计冲刷量与入库水量变化关系出现两个关系带，2003～2011 年和 2012～2018 年两个时段，相同的入库水量冲刷量明显降低，如相同 10 亿 m³ 洪水水量，2003～2011 年累计冲刷 1.20 亿 t，而 2012～2018 年累计冲刷仅

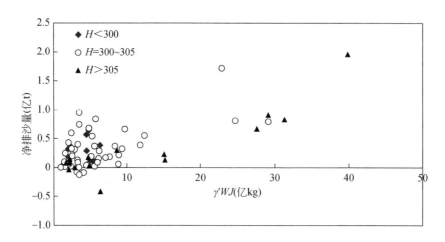

图 3-6   高含沙洪水净排沙量与水流能量的关系

0.80 亿 t；同是 20 亿 m³ 洪水水量，前一个时段累计冲刷 1.59 亿 t，后一个时段累计冲刷仅 1.00 亿 t。说明场次洪水累计冲刷量与前期淤积量和淤积物密实程度有关，累计冲刷量减少估计主要与近期库区淤积量减少和淤积物密实程度增加有关。图 3-8 也反映出冲刷初期的入库水量，冲刷效率最高，前 5 亿 m³ 洪水冲刷效率最高，之后冲刷效率较低。

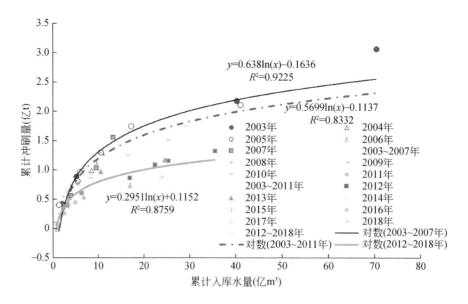

图 3-7   三门峡水库敞泄累计冲刷量与入库水量关系

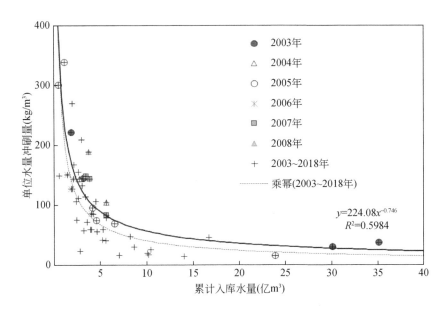

图 3-8　三门峡水库单位水量冲刷量与累计入库水量关系

3. 溯源冲刷

溯源冲刷的发展与入库流量和坝前水位等因素密切相关。入库流量大或坝前低水位持续时间长时，冲刷发展距离较远。三门峡水库敞泄期水位一般低于 300m，入库流量是溯源冲刷影响溯源冲刷发展距离的最主要因素。溯源冲刷由库水位的大幅下降引起，特点是冲刷强度自下而上递减，表现为河段冲刷量或同流量水位下降幅度自上而下减小。沿程冲刷主要受来水来沙条件作用，特点为自上而下冲刷强度或水位下降幅度变化不大或递减。当河道某一位置以上河段冲刷量或水位下降幅度不再具有溯源冲刷的特点，而表现为沿程冲刷特点时，该位置即可视为溯源冲刷和沿程衔接之处，该位置以下即为溯源冲刷发展范围。图 3-9 点绘了溯源冲刷发展范围与汛期平均流量的关系，流量越大，溯源冲刷发展的距离越远，当流量大于 1500m³/s 时，可以发展到黄淤 36 断面以上；当流量小于 1500m³/s 时，随着流量的增加，溯源冲刷范围变幅较大；同流量下冲刷发展的变化范围在 10 ~ 15km。

以流量大于 1000m³/s 的水量 $W_{Q>1000}$（亿 m³）、库区水面比降 J（‰）、黄淤 31 ~ 41 断面间的淤积量 $\Delta W_{s31 \sim 41}$（亿 t）为主要因子回归分析建立溯源冲刷距离的多元关系式：

$$L = 70.3 \left(W_{Q>1000} J \right)^{0.09} + 16.3 \Delta W_{s31 \sim 41} + 2.62 \tag{3-1}$$

其拟合情况如图 3-10 所示。

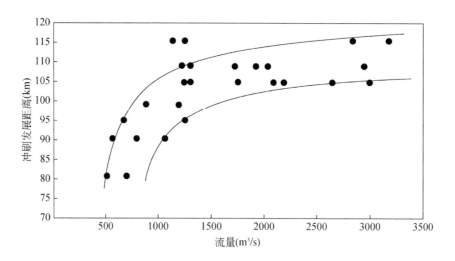

图 3-9　溯源冲刷发展距离与入库流量的关系

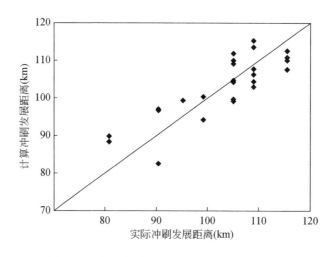

图 3-10　溯源冲刷范围（距坝里程）拟合对比

溯源冲刷及其发展取决于坝前水位的降低和进出库流量的大小。以 $\gamma'WJ$ 表示冲刷期水流总能量，建立古夺、大禹渡断面的冲刷厚度与水流能量的关系如图 3-11 所示。由图 3-11 可知，古夺和大禹渡的冲刷厚度与水流能量具有较好的相关性，相关系数分别达到 0.81 和 0.78，水流能量越大，溯源冲刷厚度也越大。

若以溯源冲刷期水库的净排沙量表示潼关以下的溯源冲刷量，与水流能量也具有较好的趋势关系，水流能量越大，溯源冲刷量越大，如图 3-12 所示。

图 3-13 和图 3-14 表明，溯源冲刷强度（以日均冲刷泥沙量表示）与入库流量和坝前水位具有明显的趋势性关系。由图 3-13 可以看出，冲刷期间入库流量越大，冲刷强度亦

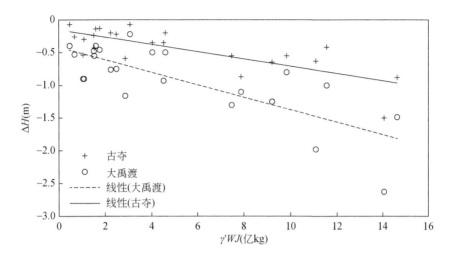

图 3-11 溯源冲刷厚度 ΔH 与水流能量 $\gamma'WJ$ 关系

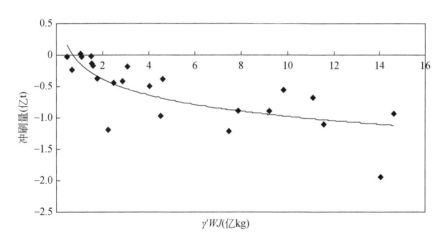

图 3-12 溯源冲刷量与水流能量 $\gamma'WJ$ 的关系

越大, 当流量小于 $800\text{m}^3/\text{s}$ 时, 溯源冲刷强度很弱。由图 3-14 可以看出, 冲刷期间坝前水位越低, 冲刷强度越大, 反之, 坝前水位越高, 溯源冲刷强度越小, 当坝前水位达到 305m 以上时溯源冲刷强度较弱。

3.2.2 水库全沙排沙比与不同粒径组泥沙排沙比的关系

根据三门峡水库滞洪排沙期 (1962~1973 年) 洪水期全沙排沙比与分组排沙比的关系 (图 3-15~图 3-17)。细沙排沙比随全沙排沙比增大而增大, 当全沙排沙比小于 0.6 时, 细沙排沙比增幅较大, 且细沙排沙比大于全沙排沙比; 当全沙排沙比大于 0.6 时, 细

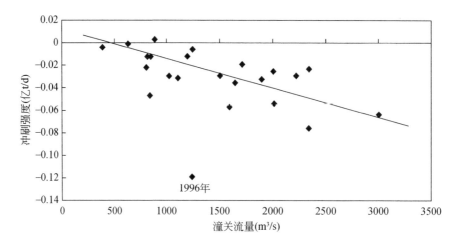

图 3-13　冲刷强度与入库流量的关系

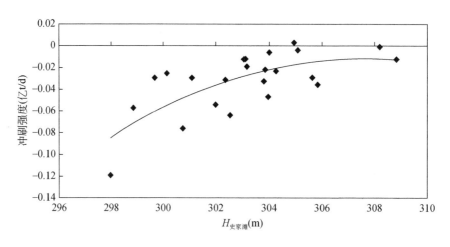

图 3-14　冲刷强度与坝前水位的关系

沙排沙比随全沙排沙比的增幅骤减；当全沙排沙比大于 1.0 时，细沙排沙比小于全沙排沙比。中粗沙排沙比同样随全沙排沙比增大而增大，但大多小于全沙排沙比。粗沙排沙比也随全沙排沙比增大而增大，当全沙排沙比小于 0.6 时，粗沙排沙比较小，且增幅也小；当全沙排沙比大于 0.6 时，粗沙排沙比增幅较大；当全沙排沙比小于 1.0 时，粗沙排沙比小于全沙排沙比；当全沙排沙比大于 1.0 时，粗沙排沙比大于全沙排沙比。

因此，在水库拦沙运用后期，排沙比按 0.6 控制时，细沙排沙比可达 0.8，中粗沙排沙比为 0.4，粗沙排沙比只有 0.2，可以起到拦粗排细、减少下游河道淤积的作用。

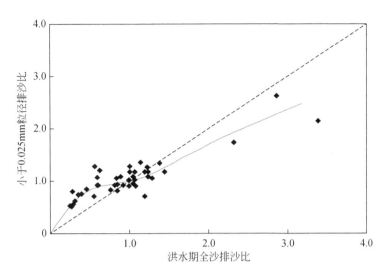

图 3-15 全沙排沙比与细沙排沙比的关系

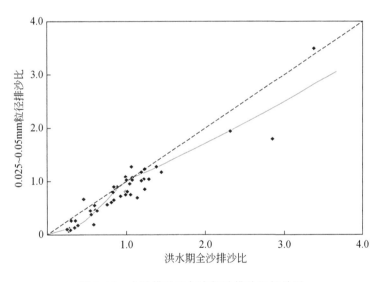

图 3-16 全沙排沙比与中粗沙排沙比的关系

在 1950~1960 年的天然条件下和 1973 年以后三门峡水库"蓄清排浑"运用时期，进入下游河道的泥沙组成基本一致，细、中、粗颗粒泥沙的比例分别为 53%、27% 和 20%。根据水库分组泥沙的排沙比与全沙排沙比的关系，假定来沙组成与上述的泥沙组成一致时，可以得到水库不同排沙比条件下，进入下游河道的泥沙组成（图 3-18）。例如，当全沙排沙比为 0.6 时，相应的细沙、中粗沙和粗沙的排沙比分别为 0.8、0.4 和 0.2。此时，进入下游河道的细沙含量可达到 75% 左右。

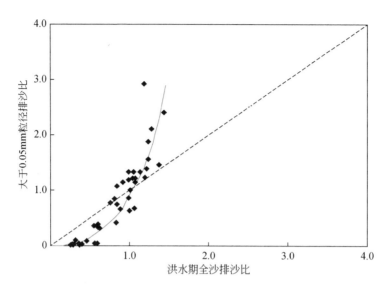

图 3-17　全沙排沙比与粗沙排沙比的关系

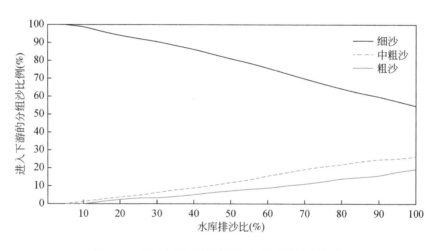

图 3-18　进入下游的泥沙组成与水库排沙比关系

3.2.3　出库水沙过程与多因素复杂响应关系

　　分析可知，三门峡出库含沙量大小既与入库和出库流量有关，又与入库含沙量和坝前水位高低有关。张翠萍等（2018）根据 1974～2013 年潼关水文站入库的场次洪水敞泄排沙资料，给出了三门峡出库含沙量与三门峡出库流量、入库含沙量以及坝前比降等复杂响应关系，如图 3-19 和式（3-2）所示。

$$S_{smx} = 0.228 Q_{smx}^{0.2} S_{tg}^{0.9} J_{b-s}^{0.8} + 10 \qquad (3-2)$$

式中，S_{smx} 为三门峡出库含沙量（kg/m³）；Q_{smx} 为三门峡出库流量（m³/s）；S_{tg} 为三门峡入库流量（m³/s）；J_{b-s} 为三门峡水库北村—史家滩水位比降（1/10 000）。

由图 3-19 可以看出，无论是洪水期还是平水期，在三门峡水库敞泄运用情况下，出库含沙量与出库流量、入库含沙量及库区坝前比降等因素成正比。

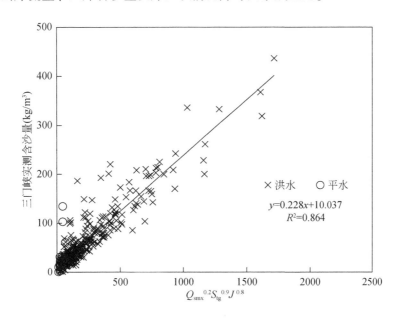

图 3-19　三门峡出库含沙量与出库流量、入库含沙量及库区比降复杂响应关系

利用 2000 年以来三门峡水库敞泄运用期间（不包括汛初降低水位时的排沙情况）较大洪水的场次洪水资料进行验证分析，计算的出库含沙量与实测的出库含沙量基本接近（图 3-20），根据入库潼关站含沙量大小、三门峡出库流量以及坝前比降，基本可以利用式（3-2）预测三门峡水库敞泄期间场次洪水出库含沙量。

基于三门峡水库目前的运用方式和淤积形态，当入库流量超过 1500m³/s 时敞泄运用，即出库流量基本等于入库流量，水库敞泄期间，北村至坝前平均比降基本在 3‰ 左右。因此可变的基本是入库流量和入库含沙量。为了塑造不同含沙量级的出库洪水过程，这里给出了不同入库含沙量级和不同出库流量过程，三门峡水库敞泄运用期间可能的出库含沙量过程（图 3-21）。由图 3-21 可以看出，要满足三门峡出库含沙量达到 200kg/m³ 以上，入库含沙量要超过 150kg/m³；要满足三门峡出库含沙量达到 300kg/m³ 以上，入库含沙量要超过 200kg/m³。也就是说，只有上游发生较大含沙量洪水时，三门峡水库才有可能塑造出较长历时的高含沙量洪水过程。同时，也可以看到，要满足出库含沙量达到 50～60kg/m³，入库含沙量要超过 25kg/m³。

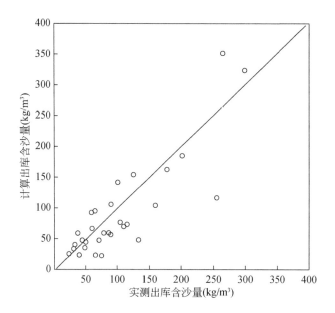

图 3-20   2000 年以来的场次洪水资料验证结果

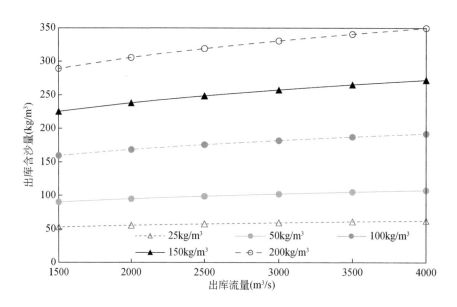

图 3-21   洪水期不同入库含沙量和不同出库流量下三门峡出库含沙量

　　另外，根据近期场次洪水资料，场次洪水三门峡敞泄期间，库区冲刷出库含沙量与累计出库水量具有较好的相关关系（图 3-22）。由图 3-22 可以看出，随着累计出库水量的增加，冲刷历时的延长，冲刷出库含沙量有减小的趋势。虽然不同时段相同出库水量出库含沙量不尽相同，但总体趋势是一致的。根据近期拟合的关系曲线，以及累计出库水量，可以估算三门峡水库敞泄期间冲刷出库含沙量。按 2012～2018 年场次洪水资料拟合的相关关系式估算，若累计出库水量 3 亿 m³，冲刷出库平均含沙量约 98kg/m³；若累计出库水量 5 亿 m³，冲刷出库平均含沙量约 76kg/m³；若累计出库水量 10 亿 m³，冲刷出库平均含沙量约 53kg/m³；若累计出库水量 20 亿 m³，冲刷出库平均含沙量约 37kg/m³。

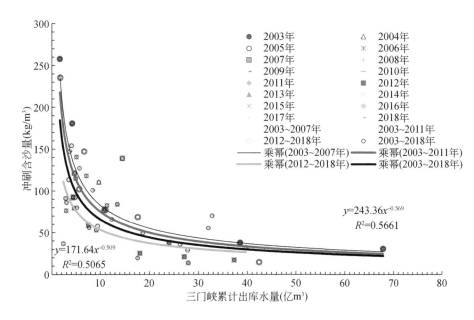

图 3-22　场次洪水三门峡敞泄期冲刷出库含沙量与累计出库水量关系

3.3　小浪底水库排沙规律分析

小浪底水库汛期排沙效果与入库水沙条件、水库调度运用方式、边界条件等因素密切相关。目前以实测资料分析的小浪底水库排沙时段主要分为汛前调水调沙和汛期调水调沙运用两个阶段，排沙规律以壅水排沙为主，排沙效率相对较低。

3.3.1　汛前调水调沙水库排沙影响因素分析

汛前调水调沙期间，小浪底水库人工塑造异重流一般分两个阶段：第一阶段为小浪底水库水位降至对接水位，三门峡水库下泄清水过程，对小浪底水库回水末端以上的淤积物进行冲刷，使得水流含沙量增加，浑水进入小浪底水库回水末端形成异重流并向库区下游运行。该阶段小浪底水库异重流运行及排沙情况主要取决于三门峡水库的前期蓄水量与泄流过程、潼关断面来水过程、小浪底水库对接水位、前期地形条件以及淤积物组成。第二阶段为三门峡库水位降至对接水位，万家寨水库下泄流量过程进入三门峡水库，在三门峡水库产生溯源冲刷和沿程冲刷，产生高含沙水流进入小浪底水库，为第一阶段形成的异重流提供后续动力。该阶段小浪底水库排沙及异重流运行情况主要取决于潼关来水情况、三门峡水库控制水位及小浪底水库运用水位。

由于受入库水沙条件、边界条件等因素的影响，汛前调水调沙期间，各年排沙效果差别较大，如 2013 年，小浪底出库沙量为 0.632 亿 t，排沙比为 164.4%，而 2004 年、2005 年、2009 年和 2015 年小浪底出库沙量和排沙比均较小，最小为 0.020 亿 t，排沙比最小为 4.4%。因此，本节将根据异重流排沙不同阶段的影响因素进行分析，以便更好地为今后人工塑造异重流提供借鉴。

1. 异重流排沙第一阶段

汛前调水调沙异重流第一阶段小浪底水库异重流运行及排沙情况主要取决于三门峡水库的前期蓄水量与泄流过程、潼关断面来水、小浪底水库对接水位、前期地形条件以及淤积物组成。下面主要从这几个方面对第一阶段排沙情况进行分析。

汛前调水调沙期小浪底水库排出的泥沙主要由两部分组成：一是异重流第一阶段排出的三门峡水库大流量清水冲刷小浪底库区的淤积物；二是异重流第二阶段排出的三门峡水库下泄的泥沙。两个阶段排出的泥沙与整个排沙期沙量密切相关。图 3-23 给出了汛前调水调沙期水库排沙比与第一阶段出库沙量关系。由图 3-23 可以看出，汛前调水调沙期水库排沙比与第一阶段出库沙量呈正相关关系，即随着第一阶段出库沙量的增加，水库排沙比增加。

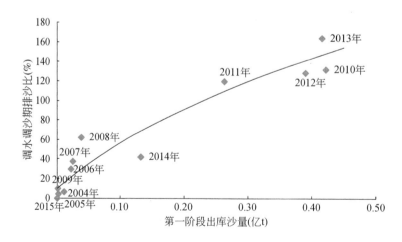

图 3-23　汛前调水调沙期水库排沙比与第一阶段出库沙量关系

汛前调水调沙人工塑造异重流期间，小浪底库区输沙流态一般分为明流均匀流输沙、壅水明流输沙和异重流输沙三种。排沙期水库回水长度是影响水库排沙的关键因素。三门峡水库下泄清水期间,小浪底水库回水长度越长,增加壅水明流输沙距离,弱化异重流潜入条件,加长异重流输沙距离,从而减小水库排沙效果,甚至不能排沙出库。图 3-24 给出了汛前调水调沙期异重流排沙第一阶段出库沙量与对接水位对应的回水长度的关系。由图 3-24 可以得到,两者呈负相关关系。

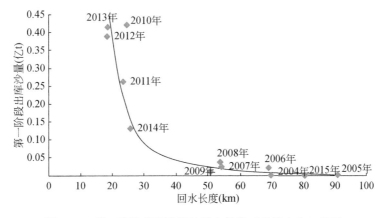

图 3-24 第一阶段出库沙量与回水长度(对接水位)关系

异重流排沙第一阶段排出的泥沙为小浪底库区前期淤积物,因此第一阶段出库沙量不仅与回水长度有关系,还与前期地形条件密切相关。而淤积物分布能够很清楚地展现地形情况,回水以上淤积量能够很好地反映异重流排沙第一阶段小浪底库区可冲刷的淤积物。图 3-25 给出了汛前调水调沙期异重流排沙第一阶段出库沙量与回水以上淤积量关系。由图 3-25 可以看出,两者呈正相关关系,即随着淤积量的增加,第一阶段出库沙量增加。

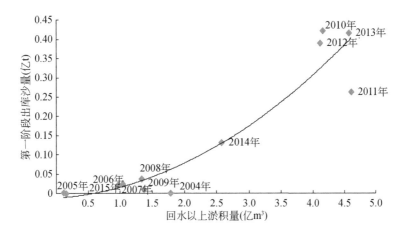

图 3-25 小浪底水库异重流第一阶段出库沙量与回水以上淤积量关系

除受回水长度、地形条件影响外，异重流第一阶段排沙还与来水密切相关。一般情况下，随入库水量增加，出库沙量增加。表 3-6 给出了汛前调水调沙第一阶段排沙相关参数。由表 3-6 可以看出，在回水长度与回水以上淤积量相当的 2007 年、2008 年与 2009年，以及 2012 年与 2013 年，随着入库水量的增加，出库沙量增加。同时还可以得到，出库沙量大于的 0.1 亿 t 的年份，入库水量均在 3.4 亿 m³ 以上。

表 3-6   汛前调水调沙第一阶段排沙相关参数

年份	回水长度 （km）	回水以上淤积量 （亿 m³）	入库水量 （亿 m³）	出库沙量 （亿 t）
2004	69.6	1.779	3.64	0.001
2005	90.7	0.113	1.89	0.002
2006	68.9	0.959	3.71	0.022
2007	54.1	1.035	1.77	0.025
2008	53.7	1.330	2.03	0.038
2009	50.7	1.366	1.37	0.011
2010	24.5	4.151	3.43	0.422
2011	23.3	4.598	3.61	0.263
2012	18.3	4.108	4.65	0.390
2013	18.5	4.559	6.56	0.416
2014	25.6	2.569	3.74	0.132
2015	80.23	0.150	4.02	0

因此，要想异重流排沙第一阶段取得较好的排沙效果，除缩短壅水输沙距离、增大回水以上淤积量外，还要尽可能增加第一阶段入库水量。

从表 3-6 中还可以看出，在入库水量相近的 2004 年、2006 年、2010 年、2011 年、2014 年与 2015 年，回水长度越短，回水以上淤积量越大，第一阶段出库沙量越大。对比 2010 年与 2011 年可以发现，两年的对接水位对应的回水长度、回水以上淤积量以及入库水量相近，但出库沙量相差较大。分析水位变化过程发现，2010 年第一阶段平均水位与对接水位比较接近，仅高于 0.28m，平均水位对应的回水长度变化不大；而 2011 年第一阶段平均水位高于对接水位 1.36m，平均水位对应的回水长度增加较大，回水长度由23.3km 增加至 31.85km，壅水输沙距离增大，导致排沙效果降低。

2. 异重流排沙第二阶段

汛前调水调沙异重流第二阶段小浪底水库异重流运行及排沙情况主要取决于三门峡水库泄空后的潼关来水过程、三门峡水库控制水位以及小浪底水库运用水位。下面主要从这几个方面对第二阶段排沙情况进行分析。

图 3-26 给出了汛前调水调沙期水库排沙比与异重流第二阶段排沙比的关系。可以得到，汛前调水调沙期水库排沙比与第二阶段排沙比也呈一定的正相关关系。即随着第二阶段排沙比的增加，调水调沙期排沙比增加。

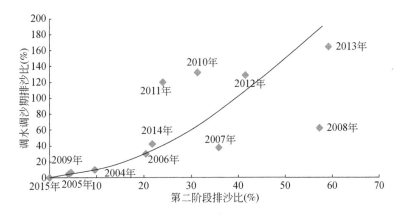

图 3-26　汛前调水调沙期水库排沙比与第二阶段排沙比关系

在三门峡水库排沙阶段，回水长度过长同样会增加壅水明流的输沙距离，延长异重流运移距离，最终减小水库排沙比或使异重流中途停滞。图 3-27 给出了汛前调水调沙期异重流排沙第二阶段排沙比与回水长度的关系。由图 3-27 可以看出，与第一阶段相似，第二阶段排沙比与回水长度呈负相关关系，即随着回水长度增加，排沙比减少。同时还可以得到，当回水长度超过 42km 时，排沙比均低于 20%，对应的出库沙量均小于 0.05 亿 t。

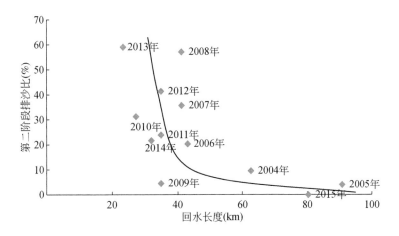

图 3-27　小浪底水库异重流第二阶段排沙比与回水长度关系

图 3-28 点绘了汛前调水调沙期异重流排沙第二阶段排沙比与第二阶段入库水量的关系。可以看出，随入库水量增加，排沙比增加。在排沙比大于 20%，且出库沙量大于 0.05 亿 t 的年份，入库水量一般均在 2.5 亿 m³ 以上。

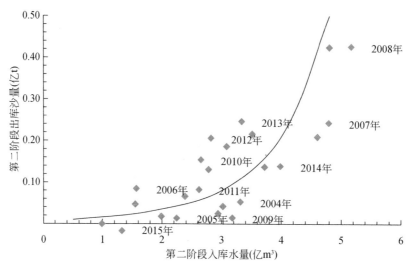

图 3-28　小浪底水库异重流第二阶段排沙比与入库水量关系

异重流排沙第二阶段排出的泥沙主要为冲刷三门峡库区淤积物形成的含沙水流，因此，第二阶段排沙比与入库沙量有较大关系。图 3-29 点绘了第二阶段排沙比与入库沙量关系。可以看出，除个别年份外，随着入库沙量的增加，第二阶段排沙比增加。2004 年、2005 年与 2015 年，回水长度较长，回水对排沙的影响远远超过其他因素，因此排沙比较小；与之相反的是 2013 年，回水较短，排沙比较高；而 2009 年和 2014 年第二阶段较大流量历时相对较短，致使出库沙量和排沙比相对较小。

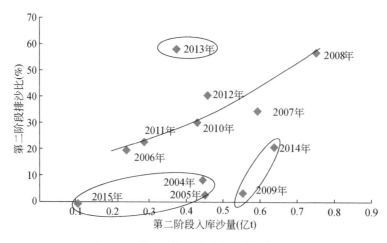

图 3-29　第二阶段排沙比与入库沙量关系

表3-7给出了汛前调水调沙第二阶段排沙相关参数。从已有资料统计可以得到，在第二阶段取得一定排沙效果的年份（排沙比大于20%，或者出库沙量大于0.05亿t），运用水位对应的回水长度均小于42km，入库水量均大于2.5亿 m^3，入库沙量均在0.25亿t以上。

表3-7 汛前调水调沙第二阶段排沙相关参数

年份	回水长度（km）	入库水量（亿 m^3）	入库沙量（亿t）	出库沙量（亿t）	排沙比（%）
2004	62.49	3.02	0.436	0.042	9.6
2005	90.7	1.99	0.441	0.018	4.1
2006	42.96	1.55	0.23	0.047	20.4
2007	41.1	4.6	0.583	0.209	35.8
2008	41.1	4.8	0.741	0.424	57.2
2009	34.8	2.94	0.545	0.025	4.6
2010	27.19	2.78	0.418	0.131	31.3
2011	34.8	2.38	0.275	0.066	24.0
2012	34.8	10.5	0.448	0.186	41.5
2013	23.3	3.51	0.365	0.216	59.2
2014	31.85	3.72	0.629	0.137	21.8
2015	80.23	0.99	0.099	0	0

总之，汛前调水调沙期小浪底水库排沙主要受水库回水长度、入库水量、入库沙量和回水以上淤积量等多种因素影响。一般情况与水库回水长度呈反比关系，与入库水量、入库沙量和回水以上淤积量成正比关系。

3.3.2 汛期洪水期水库排沙影响因素分析

小浪底水库汛期排沙效果与入库水沙、水库调度、边界条件等因素密切相关。表3-8、表3-9给出了2007年以来汛期5场洪水排沙的相关参数。可以看出，2007年7月29日~8月8日与2010年7月24日~8月3日，在入库水量、沙量相差不大，前者最大回水范围52.35km明显大于后者34.15km的情况下，前者出库沙量和排沙比分别为0.426亿t、51.02%，而后者分别为0.258亿t、28.61%，前者明显大于后者。分析发现，输沙率大于100t/s期间入库沙量占整场洪水入库沙量比例较大，两者分别为80.6%、96.3%；在此期间，虽然前者排沙水位与三角洲顶点高差4.43m大于后者2.40m，但在洪水过程中前者蓄水0.31亿 m^3，明显小于后者蓄水1.38亿 m^3，水库蓄水使得运行至坝前的浑水大量滞留，泥沙落淤，影响排沙效果。两场洪水在入库输沙率大于100t/s期间滞留泥沙分别为

0.441 亿 t、0.650 亿 t，排沙比分别为 34.4%、25.1%，前者排沙效果优于后者。

表 3-8　2007～2015 年洪水期间特征参数

特征参数			2007 年	2010 年	2010 年	2012 年	2013 年
时段（月.日）			7.29～8.8	7.24～8.3	8.11～21	7.24～8.6	7.11～8.5
历时（天）			11	11	11	14	26
三门峡站	水量（亿 m³）		13.008	13.275	15.456	23.337	59.556
	沙量（亿 t）		0.834	0.901	1.092	1.152	2.673
	流量（m³/s）	最大值	2150	2380	2280	3530	4740
		平均值	1368.7	1396.8	1626.3	1929.3	2651.2
	含沙量（kg/m³）	最大值	171.00	183.00	208.00	103.00	164.00
		平均值	64.12	67.87	70.67	49.38	44.89
小浪底站	水量（亿 m³）		19.739	14.376	19.824	30.491	48.127
	沙量（亿 t）		0.426	0.258	0.508	0.660	0.756
	滞留沙量（亿 t）		0.408	0.643	0.584	0.492	1.917
	流量（m³/s）	最大值	2930	2140	2650	3100	3590
		平均值	2076.9	1512.6	2085.8	2520.7	2142.4
	含沙量（kg/m³）	最大值	74.59	45.40	41.20	41.40	34.20
		平均值	21.56	17.93	25.61	21.657	15.70
小浪底库区	三角洲顶点	距坝里程（km）	33.48	24.43	24.43	16.93	10.32
		高程（m）	221.94	219.61	219.61	214.16	208.91
	三角洲比降（1/10000）	顶坡段	2.63	2.04		3.46	3.46
		前坡段	16.48	22.1		20.58	30.32
	水位（m）	最小值	218.83	217.53	211.60	211.59	216.97
		最大值	227.74	222.66	221.66	222.71	231.99
		洪水前	224.85	217.53	221.58	222.71	216.97
		洪水后	219.73	217.99	212.65	214.31	229.59
	最大回水长度（km）		52.35	34.15	33.70	46.32	71.7
	洲面最大明流壅水输沙距离（km）		18.87	9.72	9.27	29.39	61.38
小浪底水库排沙比（%）			51.02	28.61	46.48	57.29	28.28

表 3-9　2007～2015 年洪水期小浪底入库输沙率大于 100t/s 时的特征参数

特征参数	2007 年	2010 年	2010 年	2012 年	2013 年
时段（月.日）	7.29～31	7.26～29	8.12～16	7.24、7.29～8.1	7.14～15、7.19～20、7.23～30
历时（天）	3	4	5	4	12

续表

特征参数		2007 年	2010 年	2010 年	2012 年	2013 年
水量 （亿 m³）	入库	5.31	7.52	7.38	11.15	34.58
	出库	5.00	6.14	10.20	11.95	26.80
	蓄泄量	0.31	1.38	−2.82	−0.80	7.78
沙量 （亿 t）	入库	0.672	0.868	0.965	0.841	2.135
	出库	0.231	0.218	0.303	0.348	0.480
	冲淤量	0.441	0.650	0.662	0.493	1.655
水库排沙比（%）		34.4	25.1	31.4	41.4	22.5
入库沙量占整场洪水入库 沙量比例（%）		80.6	96.3	88.4	73.0	79.9
滞留量占整场洪水比例（%）		108.1	101.1	113.4	100.2	86.3
排沙水位（m）		226.37	222.01	219.49	217.8	230.07
回水长度（km）		43.85	33.94	24.23	31.12	58.0
洲面明流壅水输沙距离（km）		10.37	9.51	0	14.7	47.68
水位与三角洲顶点高差（m）		4.43	2.40	−0.12	3.64	21.16

对比 2010 年 7 月 24 日~8 月 3 日与 8 月 11~21 日两场洪水可以发现，在地形条件相差不大，后者入库水量、沙量相对较大一些的情况下，两个时段出库沙量分别为 0.258 亿 t、0.508 亿 t，排沙比分别为 28.61%、46.48%，后者排沙效果明显优于前者。分析发现，输沙率大于 100t/s 期间入库沙量占整场洪水入库沙量比例较大，两个时段分别为 96.3%、88.4%；在此期间，后者排沙水位低于三角洲顶点 0.12m，水库泄量大于入库；而前者排沙水位高于三角洲顶点 2.40m，水库处于蓄水状态，泥沙落淤严重。入库输沙率大于 100t/s 期间两场洪水排沙比分别为 25.1%、31.4%，后者排沙效果优于前者。

总体来看，虽然 2010 年 8 月 11~21 日洪水排沙效果优于 7 月 24 日~8 月 3 日，入库输沙率大于 100t/s 期间水库泄量大于入库，但在入库输沙率达到最大值 368t/s 的 8 月 12 日，进出库流量分别为 1770m³/s、1470m³/s，库区滞留沙量 0.307 亿 t。

2012 年 7 月 24 日~8 月 6 日洪水，是这几次洪水过程排沙效果最好的，出库沙量 0.660 亿 t，排沙比为 57.29%。分析发现，输沙率大于 100t/s 的水流入库期间，水库整体下泄水量大于入库水量，水库补水 0.80 亿 m³，滞留沙量 0.493 亿 t，排沙比 41.4%，而且本场洪水中后期，水库运用水位持续降低，提高了排沙效果。虽然如此，7 月 24 日入库输沙率为 254.4t/s，而出库为 0，造成库区滞留泥沙 0.220 亿 t，这也使入库输沙率大于 100t/s 的水流的排沙效果受到影响，从而也影响到整场洪水排沙效果。

2013 年 7 月 11 日~8 月 5 日入库水量、沙量为这 5 次洪水中最大，水量为 59.556 亿 m³，沙量为 2.673 亿 t。输沙率大于 100t/s 的水流入库期间，小浪底水库处于持续蓄水状态，蓄水量达到 7. 78 亿 m^3；水位高达 230. 07m，洲面明流壅水输沙距离达到 47. 68km，洲面泥沙落淤严重，滞留沙量 1. 655 亿 t、排沙比 22. 5%。由于本场洪水入库沙量大，排沙量也比较大，为 0. 756 亿 t，但排沙比仅 28. 28%，为这 5 场洪水中最小值。

分析以上 5 场洪水过程及水库调度情况可以发现，洪水初期，入库沙量较大，一般占整场洪水沙量的 80% 以上。而在此期间，5 场洪水排沙调度均存在库水位相对较高，下泄流量小于入库的现象。水位较高意味着高含沙洪水运行至坝前时壅水输沙距离较长，下泄流量小于入库流量，说明运行至坝前的高含沙洪水不能及时排泄出库，这种调度大大降低了水库排沙效果，从而使整场洪水的排沙效果受到影响。从表 3-9 还可以看出，入库输沙率大于 100t/s 期间，5 场洪水滞留沙量均较大，占整场洪水滞留沙量的 86% 以上，而在此期间，水库排沙比较小，最大为 41. 4%。

通过以上实测资料分析可知，要想增加小浪底水库汛期洪水期的排沙效果，首先在入库输沙率大于 100t/s 情况下，库水位应降低到 220m 以下，尽量缩短壅水输沙距离，同时出库流量都应大于入库流量，使运行至坝前的高含沙洪水及时排泄出库。

3.3.3 水库全沙排沙比与不同粒径组泥沙排沙比的关系

1. 水库运用年分组沙与全沙排沙关系

依据小浪底水库实测资料，点绘了运用年分组沙排沙比（分组沙排沙比是指各分组沙的出库沙量占该分组沙入库沙量的百分数）与全沙排沙比关系图（图 3-30），由图 3-30 可以看出，随着全沙排沙比的增加，各分组沙的排沙比也在增大。其中，细沙排沙比增大最快，中粗沙次之，粗沙增量缓慢。因此，要想减小库区细沙淤积量，需提高水库排沙效果。

图 3-31 给出了出库分组沙含量（出库分组沙含量是指各分组沙的出库沙量占总出库沙量的百分数）与全沙排沙比关系。由图 3-31 可以看出，随着全沙排沙比的增大，出库细沙含量呈减少的趋势，中粗沙和粗沙所占比例有所增大，当排沙比超过某一范围时，分组沙比例趋于稳定。

2. 洪水时段分组沙与全沙排沙关系

小浪底水库运用以来，主要排沙形式为异重流排沙或异重流形成的浑水水库排沙。这里涉及的洪水时段包括人造洪水和自然洪水。2004～2015 年汛前调水调沙累计入库沙量为 5. 292 亿 t，出库沙量为 3. 224 亿 t，水库排沙比 60. 9%，其中细沙排沙比为 123. 8%。2007～2014 年汛期洪水期间，进行过 5 次排沙调度，累计入库沙量为 4. 001 亿 t，出库沙

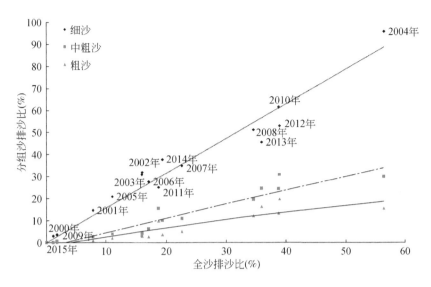

图 3-30　2000～2014 年全沙、分组沙排沙比关系

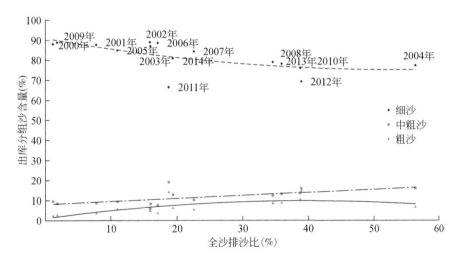

图 3-31　2000～2014 年出库分组沙含量与全沙排沙比关系

量为 1.864 亿 t，水库排沙比为 46.6%，其中细沙排沙比为 73.1%，如表 3-10 所示。

　　根据洪水时段排沙资料，点绘了小浪底水库分组沙排沙比与全沙排沙比的关系，如图 3-32 所示。由图 3-32 可以看出，洪水时段分组沙排沙比与全沙排沙比关系与全年排沙规律类似，即随着全沙排沙比的增加，分组沙排沙比也在增大，其中细沙排沙比增大最快，中粗沙次之，粗沙增量缓慢。

表3-10 小浪底水库2004~2014年调水调沙期排沙统计

汛前/汛期	年份(年)	时段(月.日)	入库沙量(亿t)				出库沙量(亿t)				排沙比(%)				分组泥沙百分数(%)		
			全沙	细沙	中沙	粗沙	全沙	细沙	中沙	粗沙	全沙	细沙	中沙	粗沙	细沙	中沙	粗沙
汛前调水调沙	2004	6.19~7.13	0.436	0.148	0.152	0.136	0.042	0.038	0.003	0.001	9.6	25.7	2.0	0.7	90.5	7.1	2.4
	2005	6.9~7.1	0.456	0.167	0.129	0.16	0.02	0.019	0.001	0	4.4	11.4	0.8	0.0	95.0	5.0	0.0
	2006	6.9~6.29	0.23	0.099	0.058	0.073	0.068	0.059	0.006	0.003	29.6	59.6	10.3	4.1	86.3	8.8	4.4
	2007	6.19~7.3	0.621	0.247	0.17	0.204	0.234	0.202	0.023	0.009	37.7	81.8	13.5	4.4	86.4	9.8	3.8
	2008	6.19~7.3	0.741	0.239	0.208	0.294	0.462	0.361	0.057	0.044	62.3	151.0	27.4	15.0	78.2	12.3	9.5
	2009	6.19~7.3	0.545	0.147	0.154	0.244	0.036	0.032	0.003	0.001	6.6	21.8	1.9	0.4	88.5	8.3	2.8
	2010	6.19~7.8	0.418	0.126	0.117	0.175	0.553	0.356	0.094	0.103	132.3	282.5	80.3	58.9	64.4	17.0	18.6
	2011	6.19~7.8	0.275	0.114	0.065	0.096	0.33	0.219	0.063	0.048	120.0	192.1	96.9	50.0	66.4	19.1	14.5
	2012	6.19~7.12	0.448	0.142	0.097	0.209	0.577	0.296	0.129	0.152	128.8	208.5	133.0	72.7	51.3	22.4	26.3
	2013	6.19~7.9	0.384	0.146	0.087	0.151	0.632	0.419	0.124	0.089	164.6	287.0	142.5	58.9	66.3	19.6	14.1
	2014	6.29~7.9	0.636	0.174	0.185	0.277	0.27	0.218	0.035	0.017	42.5	125.3	18.9	6.1	80.7	13.0	6.3
	合计		5.19	1.749	1.422	2.019	3.224	2.219	0.538	0.467	62.1	126.9	37.8	23.1	68.8	16.7	14.5
汛期调水调沙	2007	7.29~8.7	0.828	0.442	0.16	0.226	0.426	0.356	0.045	0.025	51.4	80.5	28.1	11.1	83.5	10.6	5.9
	2010	7.24~8.3	0.901	0.411	0.183	0.307	0.257	0.212	0.029	0.016	28.5	51.6	15.8	5.2	82.5	11.3	6.2
	2010	8.11~8.21	1.092	0.581	0.217	0.294	0.508	0.429	0.057	0.022	46.5	73.8	26.3	7.5	84.5	11.2	4.3
	2012	7.23~7.28	0.38	0.186	0.08	0.114	0.125	0.105	0.013	0.007	32.9	56.5	16.3	6.1	84.0	10.4	5.6

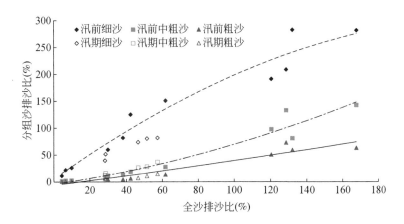

图 3-32　洪水期全沙、分组沙排沙比关系

图 3-33 给出了小浪底水库洪水期出库分组沙含量与全沙排沙比关系。由图 3-33 可以看出，洪水期随着出库排沙比的增大，细沙含量有减少的趋势，中粗沙和粗沙含量有所增大。

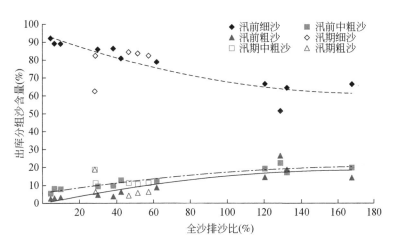

图 3-33　洪水期出库分组沙含量与全沙排沙比关系

3.3.4　小浪底水库出库水沙过程与多因素复杂响应关系

为了延长拦沙库容使用年限、保持水库长期有效库容，在水库壅水淤积达到一定量之后，在下游河道允许的程度下，水库进行降低水位排沙运用。根据水库降低水位幅度以及前期淤积量和淤积部位分布，水库一般会发生自下而上的溯源冲刷和自上而下的沿程冲刷。水库冲刷期间若水库基本不壅水，即属于敞泄排沙；若水库运用水位较高，坝前处于

壅水状态，即属于壅水排沙。

小浪底水库运用拦沙后期与拦沙初期最为明显的区别在于水库将进行相机排沙调度。主汛期库区上段河道脱离回水，基本呈天然河道状态；库区下段在调水调沙的蓄水期，呈壅水排沙或异重流和浑水水库输沙流态。当坝前淤积面达一定高程后，遇有利的水沙条件，水库将降低水位泄空冲刷排沙，恢复部分库容，以降低库容淤损的速率，延长水库拦沙期使用年限，较长时期发挥拦沙减淤作用。

随着小浪底水库的不断淤积，小浪底水库已经进入拦沙后期，库区淤积三角洲不断向坝前推进，拦沙后期推荐的运用方式为"多年调节泥沙，相机降水冲刷"。所谓的"相机降水冲刷"是指水库运用过程中，汛期遭遇较大洪水过程，适当降低水库运用水位，冲刷库区淤积物，恢复部分库容，以达到延长水库拦沙寿命的目的。待小浪底水库淤积平衡之后，水库采用蓄清排浑运用。因此，小浪底水库拦沙后期和正常运用期，水库排沙时机有两个：一是汛前大幅度降低水位的调水调沙运用；二是汛期洪水期的相机降低水位冲刷运用。

1. 汛前调水调沙出库含沙量与多因素复杂响应关系

汛前调水调沙运用一般是指黄河中游没有发生洪水过程，而是利用中游水库群的蓄水量，从非汛期过渡到汛期降低水位时泄放的大流量过程，接力冲刷，达到排沙效果。通过水库群接力冲刷塑造的出库水沙过程，一般初期为清水，后期才能排沙出库，属于壅水排沙。出库含沙量主要受水库水位降低幅度、出库流量大小和前期淤积量以及入库流量、含沙量大小等多种因素复杂影响。

对于水库壅水排沙众多学者开展了大量的研究工作，给出了一些壅水排沙经验公式。

涂启华 2001 年依据一些水库资料，确定了单次洪水排沙关系式，给出了当进出库流量相等时的排沙关系式：

$$\eta = \frac{S_出}{S_入} = f\left(\frac{Q_出}{V}\right) = f\left(\frac{Q_出}{V}\frac{\Delta H}{\omega}\right) \tag{3-3}$$

式中，η 为排沙比；$S_出$、$S_入$ 是出库、入库含沙量（kg/m³）；$Q_出$ 是出库流量（m³/s）；V 为蓄水库容（亿 m³）；ΔH 为坝前壅水高度（m）；ω 为泥沙平均沉速（m/s）。

陕西水利科学研究所和清华大学的学者 1992 年考虑在短时段内进出流量不相等和粗略地考虑了悬移质 D_{50} 的影响得到排沙关系公式：

$$\eta = \frac{Q_出}{Q_入}\frac{S_出}{S_入} = f\left(\frac{VQ_出}{Q_入^2}D_{50}\right) \tag{3-4}$$

式中，η 为排沙比；$S_出$、$S_入$ 是出库、入库含沙量（kg/m³）；$Q_出$、$Q_入$ 是出库流量（m³/s）；V 为蓄水库容（亿 m³）；D_{50} 为悬移质中值粒径（mm）。

焦恩泽和林斌文 1992 年给出了水库壅水排沙比公式：

$$\eta = 0.4635\left(\frac{Q_{出}}{Q_{入}} \cdot \frac{Q_{出}}{Q_{入}^{2/3}} \cdot \frac{J^2}{S_{入}^{2/3}} \cdot \frac{Q_{出}}{V}\right)^{0.6155} \tag{3-5}$$

式中，η 为排沙比；$Q_{出}$、$Q_{入}$ 是出库、入库流量（m^3/s）；V 为蓄水库容（亿 m^3）；$S_{入}$ 是入库含沙量（kg/m^3）；V 为蓄水库容（亿 m^3）；J 为坝前水面比降（1/10000）。

王平等 2005 年基于三门峡水库滞洪排沙期资料，建立了三门峡水库壅水排沙关系图（图 3-34）及出库排沙比计算公式：

$$\eta = 0.0213\left(\frac{Q_o}{V} \cdot \frac{Q_o}{Q_i}\right)^{0.4408} \tag{3-6}$$

式中，η 为排沙比 Q_o 为出库流量；Q_i 为入库流量；V 为蓄水库容。

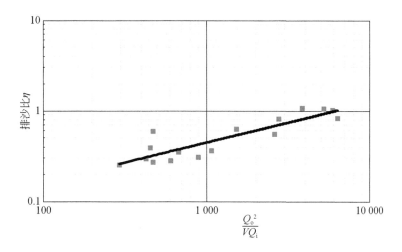

图 3-34　三门峡水库壅水排沙比 η 与 $\dfrac{Q_o^2}{VQ_i}$ 的关系

从以上诸多学者研究成果可以看出，水库壅水排沙主要考虑进出库流量、入库悬沙组成、水库蓄水库容（坝前水位或者坝前比降）等多种因素影响。由于各水库的情况差别很大，加上这些经验关系式考虑的因素并不是很全面，或者说各因素的主次作用并没有完全区分清楚，这些公式一般难以普遍使用。本次经过小浪底水库实测资料验证，发现排沙比相差较大，因此这些公式均不能直接应用于小浪底水库的排沙计算。

为此，参考各学者水库排沙关系中影响因素，根据小浪底水库近期 23 场洪水排沙资料，并通过对单个影响因素和多种影响因素组合因子的相关影响程度进行分析，最后得到适用小浪底水库壅水排沙的经验关系式，过程如下。

水库排沙比是指出库沙量与入库沙量之比，排沙比关系式可表达为

$$\eta = \frac{Q_{S_o}}{Q_{S_i}} = \frac{Q_o S_o}{Q_i S_i} \tag{3-7}$$

式中，η 为排沙比；Q_{S_o}、Q_o、S_o 为出库输沙率、流量和含沙量；Q_{S_i}、Q_i、S_i 为入库输沙率、流量和含沙量。

考虑到水库排沙比一般与进出库流量、蓄水体库容（或者坝前水位）以及入库含沙量等多个因素有关，可以表达为函数关系：

$$\eta = f\left(\frac{Q_o}{V}, \frac{Q_o}{Q_i S_i}\right) \tag{3-8}$$

式中，$\frac{Q_o}{V}$ 反映了泥沙在壅水段的停留时间，停留时间越长，泥沙淤积越多；出进库流量比 $\frac{Q_o}{Q_i}$ 越大，越有利于排沙；相同条件下入库含沙量 S_i 越大，淤积量越大，排沙比越小。因此，可以认为函数式（3-8）中 $\frac{Q_o^2}{V Q_i S_i}$ 是影响排沙比的主要因素。

根据小浪底水库运用以来有排沙的场次洪水资料统计分析，建立了小浪底水库排沙比与出库流量、蓄水库容以及入库流量和入库含沙量等影响因子之间的相关关系（图 3-35），给出回归经验公式为

$$\eta = 0.0428\left(\frac{Q_o^2}{V Q_i S_i}\right) + 0.2233 \tag{3-9}$$

式中，η 为排沙比；Q_o 为出库流量（m^3/s）；Q_i 为入库流量（m^3/s）；S_i 为出库含沙量（kg/m^3）；V 为蓄水库容（亿 m^3）。

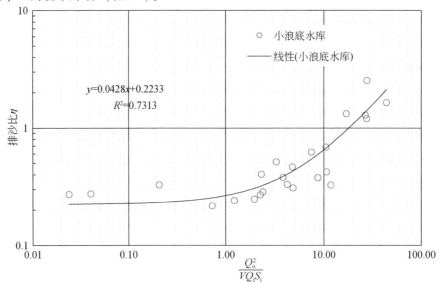

图 3-35　小浪底水库排沙比与入、出库水沙条件关系

根据建立的关系式对小浪底水库场次洪水排沙比进行验算（图 3-36），并依据排沙比计算出库含沙量（图 3-37），可以看出根据回归公式计算的水库排沙比和出库含沙量与实测值基本接近，说明利用该公式估算小浪底水库壅水排沙比和出库含沙量，其精度基本可以满足要求。

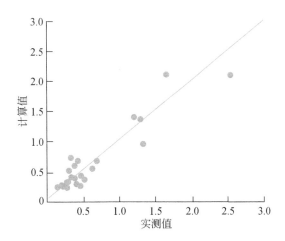

图 3-36　小浪底水库排沙比计算值与实测值对比

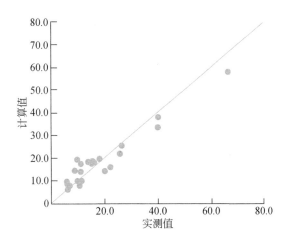

图 3-37　小浪底水库出库含沙量计算值与实测值对比

2. 汛期相机降低水位出库含沙量与多因素复杂响应关系

严格意义上的敞泄排沙是指水库基本不壅水时的排沙，而不是指单纯的全部泄水设备敞开的排沙。敞泄排沙由于水库不壅水，排沙效果最大，其排沙量主要取决于水流挟沙能力，当然也在一定程度上受不平衡输沙的影响。

对于水库敞泄排沙，众多学者也开展了大量的研究工作，根据不同的水库给出了一些经验和半经验排沙公式。

陕西水利科学研究所和清华大学学者 1992 年由挟沙力能力公式、曼宁公式、流量连续公式得到出库断面悬移质输沙率公式为

$$G = \Psi \frac{Q_{出}^{1.6} J^{1.2}}{B^{0.5}} \times 10^3 \tag{3-10}$$

式中，G 为输沙率（t/s）；$Q_{出}$ 为出库流量（m³/s）；J 为坝前水面比降（1/10000）；B 为河宽（m）；Ψ 为系数。

中国水利学会泥沙专业委员会（1992）强调了出库流量对挟沙能力的作用，而忽略了河宽的影响，根据三门峡和三盛公等水库资料得到敞泄排沙月平均含沙量公式：

$$S_{出} = K \left(\frac{S_入}{Q_入} \right)^{0.84} (Q_{出} J) \tag{3-11}$$

式中，$S_{出}$ 是出库含沙量（kg/m³）；$Q_入$ 是入库流量（m³/s）；$S_入$ 是入库含沙量（kg/m³）；$Q_{出}$ 是出库流量（m³/s）；J 为坝前水面比降（1/10000）；K 为系数。

张翠萍等（2018）认为水库敞泄排沙时出库流量和坝前水面比降是影响出库含沙量的关键因素，同时考虑黄河水流输沙有多来多排的特点，出库含沙量还与入库的含沙量有关。利用三门峡水库蓄清排浑运用之后 1974～2006 年 366 场入库洪水期排沙资料，回归分析确定了前文提到的水库洪水期敞泄时出库含沙量计算公式：

$$S_{smx} = 0.228 Q_{smx}^{0.2} S_{tg}^{0.9} J_{b-s}^{0.8} + 10 \tag{3-12}$$

式中，S_{smx} 为三门峡站含沙量（kg/m³）；Q_{smx} 为三门峡站流量（m³/s）；S_{tg} 为潼关含沙量（kg/m³）；J 为北村至坝前比降（1/10000）。

马怀宝等（2011）根据三门峡水库滞洪排沙期入库洪水流量大于 1500m³/s 的洪水时段，对水库降低水位冲刷时敞泄排沙情况进行分析，建立了出库输沙率与入库流量、含沙量以及坝前水面比降等主要影响因素之间的关系式，具体如下：

$$Q_{S出} = 1.1 Q_入^{0.32} S_入^{0.7} J^{0.3} \tag{3-13}$$

式中，$Q_{S出}$ 为出库输沙率（t/s）；$Q_入$ 是入库流量（m³/s）；$S_入$ 是入库含沙量，（kg/m³）；J 为坝前水面比降（1/10000）。

从以上诸多学者研究成果可以看出，水库敞泄排沙主要考虑与进出库流量、入库含沙量、坝前水面比降等多种因素影响。这些经验关系式均是根据特定水库运用时段建立起来的，都有一定的适用条件。

本研究通过对三门峡水库洪水期敞泄实测资料和小浪底水库模型试验资料以及2018年洪水实测资料的验证，发现张翠萍等（2018）建立的水库敞泄排沙公式不仅适用于三门峡水库敞泄排沙计算，而且也适用于小浪底水库的敞泄排沙计算，场次洪水出库沙量计算误差基本在 20% 以内。也就是说，张翠萍等（2018）建立的水库敞泄排沙公式基本可以适

用于小浪底水库排沙后期或者正常运用期的敞泄排沙估算。

3.4 黄河小北干流河段洪水演进规律

3.4.1 洪水演进一般规律

黄河古贤水利枢纽坝址位于黄河大北干流的末端,壶口瀑布上游约 10km 处,下距龙门水文站约 71.3km。黄河大北干流河段属于峡谷型河道,洪水传播较快,洪峰流量衰减不大。洪水从龙门进入黄河小北干流河段（即龙门—潼关河段,简称龙潼段）,该河段河道宽浅,流路散乱,洪水传播容易漫滩,串沟岔道繁多,漫滩洪水洪峰流量沿程衰减较多,传播时间有长有短,变化较大。本研究统计了 1974 年以来较大洪峰流量的场次洪水在小北干流河段传播时间和削峰率变化情况（图 3-38 和图 3-39）。

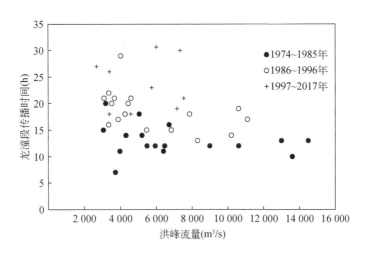

图 3-38 龙潼段洪峰传播时间与流量关系

由图 3-38 可以看出,洪水在龙潼段传播时间有随洪峰流量增大而减小的变化趋势。当洪峰流量大于 6000m³/s 时,这种变化趋势已不明显。1974~1985 年的洪水传播时间较短,点据位于关系带的最下方,1986~1996 年的洪水传播时间较长,点据位于关系带的中间区域,1997 年以后的洪水传播时间最长,点据位置偏于关系带上方,说明近期小北干流河段相同流量级的洪水传播时间有所延长。由图 3-39 可以看出,洪水从龙门演进到潼关,洪峰流量削峰率随流量增大而增大,但当洪峰流量超过当年的平滩流量之后,再随着洪峰流量的增加削峰率反而随之减少。

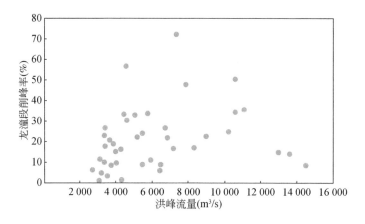

图 3-39　龙潼段削峰率与流量关系

3.4.2　非漫滩洪水沿程传播

　　古贤水库建成运用之后与小浪底水库联合调水调沙运用，下泄的洪水过程主要是满足黄河下游防洪减淤的要求，为了最大限度地发挥洪水造床作用和尽可能减少洪水漫滩造成的水资源损失，泄放的洪水流量不宜超过当年的平滩流量。古贤水库下泄的洪水过程从龙门传播到潼关，又经过三门峡水库调节传播到小浪底水库的过程中，洪水流量的变化和传播时间的长短，都关系到中游水库群联合调水调沙泄放流量大小和持续时间问题，关系到水库群之间的调度时序和衔接时机问题。因此，研究非漫滩洪水在黄河小北干流河段的传播规律对中游水库群联合调度十分必要。

3.4.3　非漫滩洪水流量沿程变化

　　根据小北干流非漫滩洪水资料，点绘场次洪水期间潼关站与龙门站以及三门峡站与潼关站之间洪峰流量和平均流量相关关系（图 3-40 和图 3-41）。从图 3-40 可以看出，洪峰流量从龙门站传播到潼关站，有增加的，也有衰减的，但是多数情况下，潼关站洪峰流量（没有扣除支流汇入流量）与龙门站洪峰流量基本相当，说明非漫滩场次洪水洪峰流量从龙门站传播到潼关站总体上变化不大。从图 3-41 可以看出，潼关站的场次洪水平均流量一般都大于龙门站，多数场次洪水平均流量增加 $0 \sim 500 \mathrm{m}^3/\mathrm{s}$，这主要与支流入汇有关。

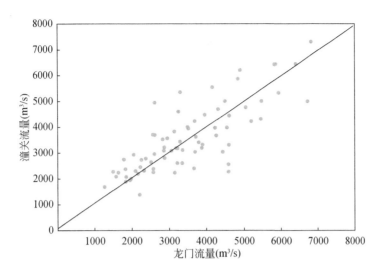

图 3-40　场次洪水潼关站洪峰流量与龙门站洪峰流量相关关系

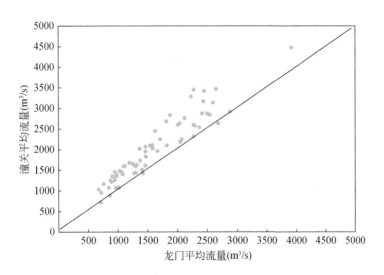

图 3-41　场次洪水潼关站平均流量与龙门站平均流量相关关系

3.4.4　非漫滩洪水传播时间分析

这里主要从以龙门来水为主非漫滩洪水中挑选出龙门站洪峰流量 2000 ~ 6000m³/s 的场次洪水，统计各个洪峰流量龙门—潼关传播时间和衰减情况（表 3-11）。从表 3-11 可以看出，这类洪水在扣除支流入汇影响，洪峰流量基本都有所衰减。一般传播时间在 11 ~

29h, 平均 20h, 削峰率在 0.9%～37.3%, 平均 16%。由于洪峰传播时间不仅与削峰大小有关, 而且与河道边界条件有关, 不同时段受边界条件影响, 相近洪峰流量其传播时间和削峰率也不尽相同。其中 1974～1986 年, 传播时间在 11～21h, 平均 16h, 削峰率在 0.9%～33.1%, 平均 11%; 1987～2002 年, 传播时间在 15～29h, 平均 21h, 削峰率在 6.2%～33.4%, 平均 20%; 2003～2018 年, 传播时间在 18～28h, 平均 23h, 削峰率在 1.5%～37.3%, 平均 15%。总之, 若考虑近期河道边界条件, 2000 年以来洪峰传播时间按 24h 计算, 削峰率按 15% 考虑基本合理。

表 3-11 龙门—潼关非漫滩洪水较大洪峰流量传播时间与削峰率

日期 （年.月.日）	龙门洪峰 （m³/s）	潼关洪峰（m³/s）		传播时间（h）	削峰率（%）
		实测值	扣除支流汇流		
1975.8.12	4310	4690	4255	14	1.3
1975.9.1	5940	5320	5285	12	11
1976.7.29	5480	5000	4996	12	8.8
1978.7.28	3970	3730	3371	11	15.1
1980.10.8	3190	3180	3036	20	4.8
1981.7.23	5200	4220	4046	14	22.2
1982.7.31	5050	4120	3378	18	33.1
1985.8.13	3060	3080	3033	15	0.9
1986.7.19	3520	3630	3411	20	3.1
1986.7.30	3100	2770	2740	21	11.6
1990.7.26	3670	3040	2907	21	20.8
1991.7.22	4430	3040	2950	20	33.4
1991.7.28	4590	3310	3199	21	30.3
1992.7.29	3360	3110	3023	22	10
1992.8.6	3350	2600	2577	16	23.1
1994.8.11	5460	4310	4144	15	24.1
1994.9.1	4020	3700	3641	29	9.4
1995.7.18	3880	3190	3149	17	18.8
1995.9.4	4260	3670	3570	18	16.2
1998.8.24	3390	3260	2486	18	26.7
1999.7.21	2690	2990	2524	27	6.2
2001.8.19	3400	3000	2800	26	17.6
2006.9.22	3670	2400	2300	24	37.3
2007.10.7	2330	2310	1910	28	18.0
2010.9.20	3900	3320	3090	28	20.8

续表

日期 （年.月.日）	龙门洪峰 （m³/s）	潼关洪峰（m³/s）		传播时间（h）	削峰率（%）
		实测值	扣除支流汇流		
2012.9.6	3300	4100	3250	22	1.5
2018.8.8	2700	2530	2370	20	12.2
2018.8.12	3680	3480	3210	18	12.8
2018.9.1	3250	3280	2930	27	9.8
2018.9.24	3810	3900	3620	19	5.0
1974~1986年	4282	3974	3755	16	11
1987~2002年	3875	3268	3081	21	20
2003~2018年	3330	3165	2835	23	15
1974~2018年	3865	3476	3240	20	16

3.5 古贤水库补水情况下中游水库群高效输沙的水沙过程塑造技术

本研究考虑古贤水库补水情况下，潼关入库流量保持4000m³/s，通过三门峡和小浪底水库冲刷补充沙源，塑造小浪底出库含沙量过程。采用三门峡水库和小浪底水库水动力学数学模型进行模拟，该模型重点完善了多目标调度模块、高含沙水库异重流输移模块、溯源与沿程冲刷耦合模块、干支流互灌淤积模块等，可实现高含沙河流水库在不同调度运行方式下复杂输沙和河床变形过程的动态模拟。

针对拦沙后期水库局部库段存在的溯源冲刷，模型重点解决了两大问题：①建立了能反映水库沿程不同输沙机制的计算模式，可以模拟水库进口段为一般沿程冲淤、中间段为溯源冲刷、近坝段为异重流的输沙过程；②修正了溯源冲刷段的底部泥沙交换条件（基于挟沙力沿程恢复模式不适用于间歇性滑塌的强冲刷），建立了考虑水流剪切（拖曳）作用、前期淤积物组成的物理化学特性以及河床土力学特性等的计算模式。

本研究设置3种情景方案，如表3-12所示。方案一为基础方案，仅考虑古贤水库补水作用，分析三门峡水库和小浪底水库的单库排沙特征；方案二为考虑古贤水库补水、三门峡水库补沙，两库沙峰错峰塑造小浪底水库最长历时的排沙过程；方案三为考虑古贤水库补水、三门峡水库补沙，两库沙峰同步叠加塑造小浪底水库最大含沙量的排沙过程。各方案中三门峡水库和小浪底水库进出库流量均按4000m³/s控制，小浪底水坝前水位按210m控制；三门峡水库按照敞泄运用，根据三门峡水库泄流能力，4000m³/s泄流量对应泄流曲线中的坝前水位约为302m，计算中按坝前水位300m控制。

表 3-12 计算方案设置

方案名称	计算方案说明	计算条件	备注
方案一	仅考虑古贤水库补水作用，分析三门峡水库和小浪底水库的单库排沙特征	三门峡水库和小浪底水库进出库流量均按 4000m³/s 控制，小浪底水库坝前水位按 210m 控制，三门峡水库坝前水位按 300m 控制。地形：三门峡水库为 2013 年汛前；小浪底水库为 2016 年汛前	
方案二	考虑古贤水库补水、三门峡水库补沙，两库沙峰错峰塑造小浪底水库最长历时的排沙过程（尽量控制小浪底水库出库含沙量为 50kg/m³）		根据方案一计算成果，将三门峡出库含沙量与小浪底水库出库含沙量错峰顺接
方案三	考虑古贤水库补水、三门峡水库补沙，两库沙峰同步叠加塑造小浪底水库最大含沙量的排沙过程		根据方案一计算成果，将三门峡出库含沙量与小浪底水库出库含沙量沙峰叠加对接

3.5.1 单库调度运用

方案一为仅考虑古贤水库补水作用，分析三门峡水库和小浪底水库的单库排沙特征。计算结果显示（图 3-42），三门峡水库单库运用最大日均出库含沙量为 160kg/m³ 左右，到第 4 天衰减至 50kg/m³ 左右。由图 3-43 可知，三门峡水库前 20 亿 m³ 入库水量出库含沙量约为 87.5kg/m³，计算值和实测值基本一致。

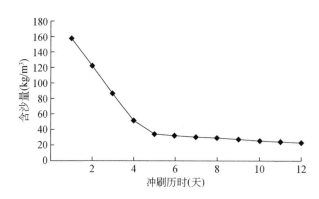

图 3-42 三门峡水库出库含沙量变化过程

由图 3-44 可知，随着敞泄期入库水量增加，冲刷量相应增加，但增幅逐渐减小。计算结果在实体模型试验的下包线以上，大体一致。

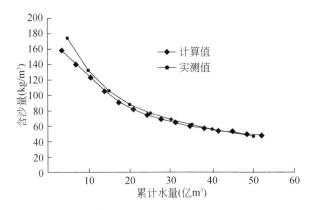

图 3-43　三门峡水库出库含沙量与入库水量关系对比

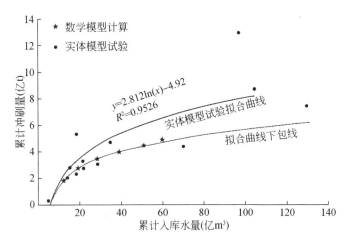

图 3-44　小浪底水库出库沙量与水量关系对比

3.5.2　双库沙峰错峰联合调度

方案二为考虑古贤水库补水、三门峡水库补沙，两库沙峰错峰塑造小浪底水库最长历时的排沙过程。计算中小浪底水库坝前水位自 220m 逐级下降至 210m，尽量使小浪底水库出库含沙量维持在 50kg/m³ 左右，当小浪底水库冲刷含沙量小于 50kg/m³ 时，使用方案一中三门峡水库出库含沙量过程顺接。

由图 3-45 可知，经三门峡水库和小浪底水库两库错峰配合，小浪底水库出库含沙量在 50kg/m³ 以上的天数约为 20 天，双库联合调度运用较单库运用含沙量大于 50kg/m³ 的天数增加 7 天。双库联合调度运用比单库运用的冲刷量增大约 0.9 亿 t（图 3-46）。

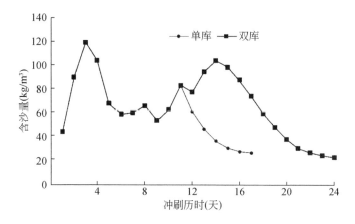

图 3-45　小浪底水库出库含沙量单双库对比

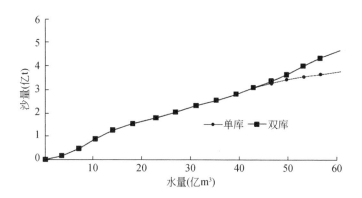

图 3-46　小浪底水库出库沙量与水量关系

3.5.3　双库沙峰叠加联合调度

方案三为考虑古贤水库补水、三门峡水库补沙，两库沙峰同步叠加塑造小浪底水库最大含沙量的排沙过程。由图 3-47 可见，经三门峡水库和小浪底水库沙峰叠加合理对接，小浪底水库最大出库含沙量可以达到 400kg/m³以上，日均含沙量在 200kg/m³以上的天数约为 3 天。双库联合调度运用比单库运用的冲刷量增大约 1.8 亿 t（图 3-48）。

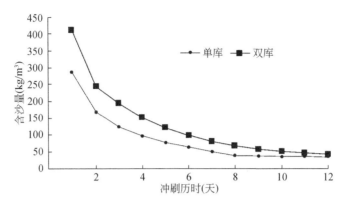

图 3-47 小浪底水库出库含沙量变化过程

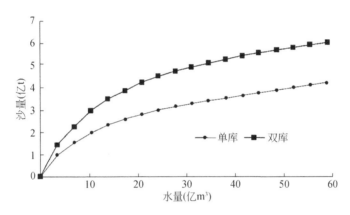

图 3-48 小浪底水库冲刷量单双库运用对比

3.6 塑造高效输沙的水沙过程水库调控指标

依据 3.1~3.5 节研究成果，满足黄河下游高效输沙的洪水过程平均流量为 2500~3500m³/s，平均含沙量为 40~80kg/m³。根据上游洪水情况，在不考虑古贤水库补水的情况下，适当调度三门峡水库和小浪底水库，尽量塑造满足黄河下游高效输沙的水沙过程，提高下游洪水输沙效率，从而达到节约水资源的目的。

利用中游水库群塑造洪水过程分为汛前调水调沙和汛期调水调沙运用两个阶段。其中汛前调水调沙塑造洪水过程中，水库运用在从非汛期运用水位向到汛限水位过渡过程中，需要事先泄放大量清水，后期才会有库区淤积的泥沙冲刷冲出库，一般属于壅水排沙；汛期调水调沙运用塑造洪水过程时，受水库蓄水量多少的影响，可以是壅水排沙，也可以是敞泄排沙。

在不考虑古贤水库补水的情况下，根据潼关典型洪水过程，考虑到三门峡水库汛期洪水期入库流量超过 1500m³/s 时敞泄运用，因此，利用建立的三门峡水敞泄排沙经验公式［式（3-1）］，计算三门峡出库洪水水沙过程；三门峡出库水沙过程作为小浪底水库入库水沙过程，考虑到小浪底水库拦沙后期以壅水排沙为主，根据水库壅水排沙经验公式，计算小浪底水库可能的出库水沙过程。给出一定入库水沙条件下，能塑造出满足黄河下游高效输沙的水沙过程的水库调度原则和调控指标。

目前小浪底水库处于蓄水拦沙运用后期，为了减少库区淤积，水库也可以适时采用敞泄排沙运用，等小浪底水库拦沙库容淤满之后，水库运用后期也是采用"蓄清排浑"运用方式，即非汛期相对清水情况下，蓄水拦沙运用，汛期洪水期敞泄排沙运用。因此，小浪底水库运用后期以及正常运用期，汛期洪水期敞泄排沙运用时，也可以采用式（3-1）对出库含沙量进行估算。

3.6.1 小浪底水库壅水排沙估算

根据小浪底水库壅水排沙建立的关系式［式（3-9）］，考虑进出库水量平衡，按出库流量 3500m³/s 估算不同入库含沙量和不同蓄水库容情况下，水库排沙比和出库含沙量，见图 3-49 和图 3-50。可以看出，在进出库流量一定和相同的入库含沙量情况下，蓄水库容越大，水库排沙比越小，出库含沙量越小；反之，蓄水库容越小，水库排沙比越大，出库含沙量越大。对于入库含沙量为 30~150kg/m³ 的洪水，在进出库流量 3500m³/s 情况下，保留 3 亿 m³ 的库容，水库排沙比可以达到 1.9~0.6，出库含沙量可以达到 57~83kg/m³，基本可以满足黄河下游高效输沙的洪水水沙指标要求。

同样若按出库流量 2500m³/s 估算不同入库含沙量和不同蓄水库容情况下，水库排沙比和出库含沙量，见图 3-51 和图 3-52。可以看出，对于入库含沙量为 30~150kg/m³ 的洪水，进出库流量 2500m³/s 情况下，只能保留 2 亿 m³ 的蓄水库容，水库排沙比才可以达到 2.0~0.6，出库含沙量才可以达到 60~87kg/m³，才基本可以满足黄河下游高效输沙的洪水水沙指标要求。

3.6.2 小浪底和三门峡水库联合运用塑造高效输沙洪水过程调控指标

本章根据实测资料回归建立的三门峡水库敞泄排沙和小浪底水库壅水排沙经验公式，并通过实测资料和实体模型试验资料进行了验证，场次洪水平均出库沙量计算结果误差基本在 20% 以下，认为这些公式基本可以作为场次洪水出库沙量的预估。当潼关入库流量超

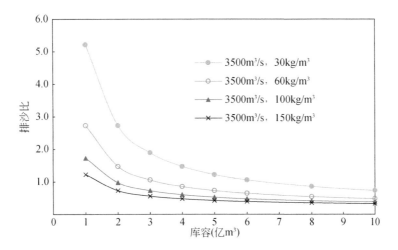

图 3-49 小浪底水库排沙比与出库流量、入库含沙量以及库容关系

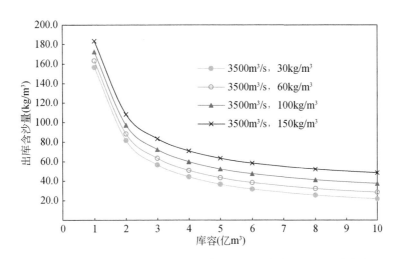

图 3-50 小浪底水库出库含沙量与出库流量、入库含沙量以及库容关系

过 1500m³/s，入库含沙量为 30～150kg/m³，且预估后期有明显的洪水上涨过程时，三门峡水库按 2600～4000m³/s 畅泄，按三门峡敞泄排沙公式预估出库含沙量，出库含沙量可以达到 60～200kg/m³；视小浪底水库前期输水量多少，需提前泄放水库蓄水量到合适的蓄水体，当蓄水体泄放至剩余 3 亿 m³ 时，若按 2600m³/s 流量出库下泄，出库含沙量基本可以达到 40～70kg/m³；若按 4000m³/s 流量出库下泄，出库含沙量基本可以达到 60～90kg/m³，基本可以满足下游河道高效输沙的洪水水沙过程。若小浪底水库入库含沙量超过 150kg/m³，为了满足下游高效沙的含沙量要求，水库蓄水体可以适当增加，降低出库含沙量；若小浪底水库入库含沙量小于 30kg/m³，为了满足下游高效沙的含沙量要求，水库蓄水体可以适

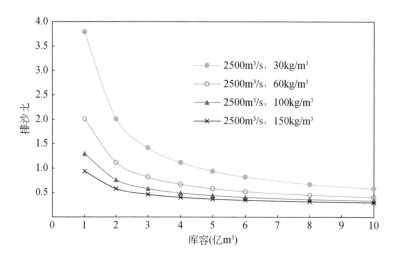

图 3-51 小浪底水库排沙比与出库流量、入库含沙量以及库容关系

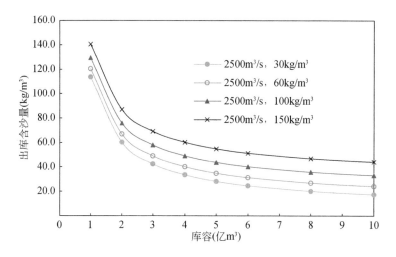

图 3-52 小浪底水库出库含沙量与出库流量、入库含沙量以及库容关系

当减少，增加出库含沙量。

3.7 小　　结

1）三门峡水库每年汛初降低水位排沙时，影响排沙的主要因素是坝前水位降低幅度和出库流量。坝前水位越低、出库流量越大，净排沙量越大；洪水期的排沙量主要取决于来水来沙条件及坝前水位，入库水量越大，排沙量也越大，相同洪水水量高含沙洪水的排

沙量大于一般洪水的排沙量。洪水排沙初期前 5 亿 m³ 入库洪水水量冲刷效率最高，之后冲刷效率较低。

2）在三门峡水库排沙规律分析的基础上，根据近期场次洪水资料对三门峡水库洪水期敞泄期间出库含沙量与进出库水沙因子以及坝前水面比降等复杂响应关系式 $S_{smx} = 0.228Q_{smx}^{0.2}S_{tg}^{0.9}J_{b-s}^{0.8}+10$ 进行了验证分析，认为该公式基本可以预测三门峡水库敞泄期间场次洪水出库平均含沙量。

3）小浪底水库运用以来主要排沙时段分为汛前调水调沙和汛期调水调沙运用两个阶段，均以壅水排沙为主，排沙效率相对较低。汛前调水调沙期间主要以异重流排沙，排沙量与水库回水长度成反比，与入库水量、入库沙量和回水以上淤积量成正比关系。汛期调水调沙期间要想增加小浪底水库排沙效果，在入库输沙率较大时，应尽量降低库水位，缩短壅水输沙距离，同时出库流量都应大于入库流量，使运行至坝前的高含沙洪水及时排泄出库。

4）在总结多家学者对水库壅水排沙规律研究成果的基础上，根据小浪底水库实测资料，建立小浪底水库壅水排沙比经验关系式 $\eta = 0.0428\left(\dfrac{Q_o^2}{VQ_iS_i}\right)+0.2233$，并对公式进行验证，认为利用该公式估算小浪底水库壅水排沙比和出库含沙量，其精度基本可以满足要求。

5）在对众多学者关于水库敞泄排沙主要影响因素分析的基础上，依据小浪底水库模型试验敞泄排沙资料以及 2018 年小浪底水库洪水敞泄实测排沙资料进行验证，发现张翠萍等（2018）建立的三门峡水库敞泄排沙公式不仅适用于三门峡水库敞泄排沙计算，而且也适用于小浪底水库的敞泄排沙计算，场次洪水出库沙量计算误差基本在 20% 以内。因此可以说，三门峡水库敞泄排沙经验公式也基本可以适用于小浪底水库排沙后期或者正常运用期的敞泄排沙估算。

6）在考虑古贤水库补水情况下，潼关入库流量保持 4000m³/s，通过三门峡和小浪底水库冲刷补充沙源，塑造小浪底出库含沙量过程。采用三门峡水库和小浪底水库水动力学数学模型进行模拟，该模型重点完善了多目标调度模块、高含沙水库异重流输移模块、溯源与沿程冲刷耦合模块、干支流互灌淤积模块等，可实现高含沙河流水库在不同调度运行方式下复杂输沙和河床变形过程的动态模拟。

根据模型计算，若利用古贤水库提供可调水量冲刷三门峡水库并与小浪底水库沙峰错峰，可塑造小浪底水库最长历时的排沙过程。此方案下小浪底水库出库含沙量在 50kg/m³ 以上的天数约为 20 天，双库联合运用较单库运用含沙量大于 50kg/m³ 的天数增加 7 天；冲刷量增加约 0.9 亿 m³。

若利用古贤水库提供可调水量冲刷三门峡水库并与小浪底水库沙峰对接，可塑造小浪底水库最大含沙量的排沙过程。此方案下小浪底水库最大出库含沙量在 400kg/m³以上，日均含沙量在 200kg/m³ 以上的天数约 3 天；冲刷量增加约 1.8 亿 m³。

7）在不考虑古贤水库补水的情况下，三门峡和小浪底水库联合调控，当三门峡入库流量超过 1500m³/s，入库含沙量为 30～150kg/m³，且预估后期有明显的洪水上涨过程时，三门峡水库按 2600～4000m³/s 畅泄，根据三门峡水库敞泄排沙公式预估出库含沙量为 60～200kg/m³；当小浪底水库蓄水体泄放至剩余 3 亿 m³时，若按 2600m³/s 流量出库下泄，出库含沙量基本可以达到 40～70kg/m³；若按 4000m³/s 流量出库下泄，出库含沙量基本可以达到 60～90kg/m³，基本可以满足下游河道高效输沙的洪水水沙过程。

8）研究表明，只有适宜的入库洪水水沙过程，通过三门峡和小浪底水库适当调节，才能塑造出黄河下游高效输沙的洪水过程，否则，仅靠中游三门峡、小浪底两座水库调节，很难塑造出满足黄河下游高效输沙的洪水过程。因为洪水初期蓄水库容较大，泄放较大流量过程时往往出库含沙量不高，满足不了高效输沙洪水需求；当水库蓄水体降低到一定值时，若入库流量不大，出库含沙量比较高，也满足不了高效输沙的洪水过程要求。因此，建议加快古贤水库建设，提高黄河中游水库群调节能力，为小浪底水库调水调沙提供后续动力。

第4章 中游水库群泥沙多年调节方式与下游动态输沙需水

4.1 中游水库群运用现状与效果

目前黄河中下游已形成了以中游水库群、下游堤防、河道整治、分滞洪工程为主体的"上拦下排,两岸分滞"防洪工程体系。其中,中游水库群主要为三门峡水库、小浪底水库、陆浑水库、故县水库和河口村水库。各水库特征指标如表4-1所示。

表4-1 三门峡、小浪底、陆浑、故县、河口村水库特征值

水库名称	控制流域面积 （km²）	总库容 （亿m³）	防洪库容 （亿m³）	汛期限制 水位（m）	蓄洪限制 水位（m）	设计洪水位 （m）	校核洪水位 （m）
三门峡	688 400	56.3	55.7	305	335	335	340
小浪底	694 000	126.5	40.5	254	275	274	275
陆浑	3 492	13.2	2.5	317	323	327.5	331.8
故县	5 370	11.8	5.0	527.3	548	548.55	551.02
河口村	9 223	3.2	2.3	238	285.43	285.43	285.43

1)三门峡水库。三门峡水库是黄河干流上修建的第一座以防洪为主的综合利用大型水利枢纽,工程的任务是防洪、防凌、灌溉、供水和发电。水库汛限水位305m。非汛期蓄水位一般不超过318m,防洪运用水位335.0m。发电系统安装有7台机组,总发电流量1550m³/s,其中1#~5#机组最低发电水位303m,6#、7#机组最低发电水位313m。

汛期7月1日~10月31日,汛限水位305m,相应库容0.17亿m³,10月21日起水库水位可以向非汛期水位过渡。

2)小浪底水库。小浪底水库的开发任务是以防洪(防凌)、减淤为主,兼顾供水、灌溉、发电。水库千年一遇设计洪水位274m,可能最大洪水(同万年一遇)校核洪水位、正常蓄水位均为275m。鉴于水库库周当前存在地质灾害等安全隐患,汛期原则控制防洪运用水位不超过270m。设计汛限水位254m。目前水库已淤积泥沙33.3亿m³,处于拦沙后期第一阶段(淤积量为22.0亿~42.0亿m³)。发电系统装有6台机组,单机满发流量

为296m³/s，最低发电水位1#~4#为210m，5#~6#为205m。

汛期7月1日~10月31日，前汛期（7月1日~8月31日）汛限水位230m，相应库容10.25亿m³，后汛期（9月1日~10月31日）汛限水位248m，相应库容34.19亿m³。8月21日起水库水位可以向后汛期汛限水位过渡；10月21日起可以向正常蓄水位过渡。

3）陆浑水库。陆浑水库位于河南省洛阳市嵩县田湖镇陆浑村附近，黄河二级支流伊河上，距洛阳市67km，控制流域面积3492km²，占伊河流域面积的57.9%。工程开发任务以防洪为主，兼顾灌溉、发电、供水等综合利用。校核洪水位331.8m（黄海标高），水库设计洪水位327.5m，蓄洪限制水位323m，正常蓄水位319.5m，移民水位325m，征地水位319.5m。前汛期（7月1日~8月31日）汛限水位317m，相应库容为5.68亿m³，后汛期（9月1日~10月31日）汛限水位317.5m。

4）故县水库。故县水库位于河南省洛宁县故县镇，黄河支流洛河中游，距洛阳市165km。工程开发任务是以防洪为主，兼顾灌溉、供水、发电等综合利用。万年一遇校核洪水位551.02m（大沽标高），水库设计洪水位548.55m，蓄洪限制水位548m，正常蓄水位534.8m，移民水位544.2m，征地水位534.8m。前汛期（7月1日~8月31日）汛限水位527.3m，后汛期（9月1日~10月31日）汛限水位534.3m。

5）河口村水库。河口村水库位于沁河干流最后峡谷段五龙口以上约9km处，控制流域面积9223km²，占沁河流域面积的68.2%，占黄河三门峡—花园口流域面积的22.2%。工程开发任务以防洪、供水为主，兼顾灌溉、发电、改善河道基流等综合利用。水库校核洪水位、设计洪水位和蓄洪限制水位均为285.43m（黄海标高），相应库容3.17亿m³，正常蓄水位275.0m。前汛期（7月1日~8月31日）汛限水位238.0m；后汛期（9月1日~10月31日）汛限水位275.0m。该水库于2007年12月18日前期工程开工，2014年9月通过下闸蓄水验收后开始下闸蓄水，2015年底主体工程基本完工，2017年10月通过竣工验收。

6）东庄水库。东庄水利枢纽工程坝址位于泾河干流最后一个峡谷段出口（张家山水文站）以上29km，左岸为陕西省淳化县王家山林场，右岸为陕西省礼泉县叱干镇，坝址距泾河入渭河口约87km，距西安市约90km，坝址控制流域面积4.31万km²，占泾河流域面积的95%，占渭河华县站控制流域面积的40.5%，几乎控制了泾河的全部洪水泥沙。工程开发任务以防洪减淤为主，兼顾供水、发电和改善生态等综合利用。水库防洪限制水位780m，防洪高水位796.22m，设计洪水位799.21m，校核洪水位803.29m。

4.1.1　防洪运用现状与效果

自2000年以来，黄河中下游分别于2003年、2005年、2007年、2010~2013年、

2018～2020 年发生了 14 场花园口站量级超过 4000m³/s（中游水库群还原后）的洪水，通过中游水库（群）科学调度，减轻了黄河下游防洪压力。表 4-2 是 2000 年以来洪水调度情况。

表 4-2　2000 年以来洪水调度情况统计

洪水编号	开始时间（年.月.日）	结束时间（年.月.日）	潼关实测		花园口洪峰流量		平滩流量 m³/s	
			最大含沙量（kg/m³）	洪峰流量（m³/s）	水库运用前（m³/s）	水库运用后（m³/s）	花园口	最小值
20030907	2003.8.27	2003.9.13	265	3270	6310	2770	3800	2080
20031004	2003.10.1	2003.10.28	43	4220	5980	2980	3800	2080
20051003	2005.9.30	2005.10.13	36.8	4480	6180	2780	5200	3080
20070731	2007.7.19	2007.8.19	85.2	2070	4360	4270	5800	3630
20100725	2010.7.24	2010.7.30	199	2750	7800	3100	6500	4000
20100825	2010.8.4	2010.8.29	364	2810	5290	3040	6500	4000
20110920	2011.9.2	2011.10.6	13.4	5800	7560	3220	6800	4100
20120904	2012.8.16	2012.9.18	28.9	5350	4020	2980	6900	4100
20130724	2013.7.12	2013.8.2	160	2730	4930	2900	6900	4100
20180715	2018.7.11	2018.7.24	21.5	4620	4380	4210	7200	4200
20190918	2019.9.11	2019.9.21	—	5060	5060	4290	7200	4300
20200807	2020.8.7	2020.8.10	40.9	5060	5060	2010	7200	4350
20200821	2020.8.16	2020.8.25	13.4	6300	6600	4350	7200	4350
20200827	2020.8.25	2020.8.30	22	6280	6250	4320	7200	4350

中游水库群防洪运用以小浪底水库为核心，防洪调度在确保防洪安全的前提下，兼顾了洪水资源利用，符合新时期以人为本、人水和谐的治水思想，在防洪运用中，对中小洪水进行适当控泄，减小了下游滩区的淹没损失。例如，2011 年 9 月，黄河中下游干支流发生了多年少见的秋汛，其中支流渭河、伊洛河发生超警戒洪水，黄河干流潼关站出现 1998 年以来最大洪水，洪峰流量 5720m³/s。通过中游干支流骨干水库联合调度，使黄河花园口站洪峰流量由自然 7560m³/s 左右的洪水（相当于"96.8"洪水量级）减小到 3220m³/s，大大减轻了下游地区防洪压力。2020 年 8 月黄河中游连续发生 3 场编号洪水，潼关站实测最大洪峰流量 6300m³/s，花园口还原后的洪峰为 6600m³/s。统筹考虑中下游防洪安全和水库河道减淤，经中游水库群联合拦洪运用后，花园口站的最大洪峰流量削减至 4350m³/s，削减洪峰 2250m³/s，河道洪水位降低 1.09m。初步估算，减少下游淹没面积 866km²，减少下游淹没耕地 5.08 万 hm²，减少下游淹没影响人口 11.85 万人。

4.1.2 防凌运用现状与效果

黄河下游防凌任务由三门峡、小浪底水库共同承担，目前处于以小浪底水库防凌运用为主的阶段。表4-3统计了小浪底水库运用以来凌汛期水库蓄水情况及下游河道封冻情况。可见2000~2019年凌汛主要阶段，有10年水库以放水为主，有10年水库以蓄水为主，最大蓄水量16.2亿 m³。水库动用的防凌库容未超过规定要求，水位处于规定运用范围内。

表4-3　小浪底水库运用以来凌汛期水库蓄水情况及下游河道封冻情况

凌汛期	凌汛期总蓄水量（亿 m³）	下游河道封冻情况				
		首封日期（月.日）	开河日期（月.日）	封河历时（天）	封河长度（km）	封河上首
2000~2001 年	−4	未封冻				
2001~2002 年	11.2	1.3	2.21	50	124.2	
2002~2003 年	16.2	12.9	12.18	10	10.25	垦利义和险工1号坝
		12.24	2.18	57	330.6	菏泽牡丹河道上界
2003~2004 年	−3	12.25	1.27	34	1.5	济阳托头船破冰
2004~2005 年	15.3	12.27	2.28	64	233.3	
2005~2006 年	5.1	12.22	12.22	1	3.15	垦利护林控导2号坝
		1.6	1.29	55	57.4	滨州滨城王庄子险工
		2.4	2.16	13	43.72	滨州滨城区
2006~2007 年	10.5	1.7	2.5	30	45.35	卞庄险工5号坝
2007~2008 年	−3.9	1.21	2.22	33	134.82	德州豆腐窝险工
2008~2009 年	−13.1	12.22	2.10	51	173.87	济南天桥泺口险口
2009~2010 年	−1.3	12.27	2.21	57	255.37	菏泽鄄城郭集控导
2010~2011 年	−3.2	12.16	2.23	70	302.32	菏泽鄄城杨集上延工程
2011~2012 年	−2.2	未封冻				
2012~2013 年	−15.7	未封冻				
2013~2014 年	11.6	未封冻				
2014~2015 年	−13.0	未封冻				
2015~2016 年	12.65	1.14	2.12	30	218	泺口
2016~2017 年	16.13	1.21	1.28	8	6.7	崔家控导工程
2017~2018 年	−1.96	未封冻				
2018~2019 年	8.98	1.2	1.25	23	31.3	河口垦利清四断面
2019~2020 年	24.65	未封冻				

总体来看，在小浪底水库运用下，黄河下游流量调控能力明显增强，出库水温升高使零温断面下移，凌情明显减轻。同时，水库防凌调度考虑了沿程引水对河道流量的影响，与沿程引水工程建立了密切的调控关系，保证了凌汛期内下游沿程水量平衡递减。另外，因来水整体偏少，供水配水量较大，冬季气温偏高，加之调水调沙运用等，逐步改善了主槽冰下过流能力，为控制与避免形成较严重凌汛壅水漫滩灾害提供了保证。加之河道工程（浮桥）管理以及人工破冰措施得到加强，近 15 年来黄河下游凌情总体形势比较平稳，封河期与开河期没有形成较严重冰塞、冰坝及其壅水漫滩造成灾害的情况。

4.1.3 减淤运用现状与效果

小浪底水库自 2002 年开始，共进行了 19 次调水调沙调度，其中 2002 年、2003 年、2004 年为调水调沙试验，2005 年起为生产实践。19 次调水调沙调度中，有 6 次为汛期调水调沙调度，其余为汛前调水调沙调度。黄河水沙调控在减轻下游河道淤积、调整库区淤积形态等方面起到了显著效果。

（1）下游河道冲淤变化

小浪底水库 1997 年截流，至 2020 年 4 月库区累计淤积泥沙 32.86 亿 m^3，水库蓄水拦沙和调水调沙使黄河下游河道全线冲刷，断面主槽展宽下切，河道平滩流量增加。1999 年 11 月～2020 年 4 月下游河道利津以上累计冲刷量达 28.29 亿 t，如表 4-4 所示。从冲刷量的沿程分布来看，高村以上河段冲刷较多，冲刷量为 19.56 亿 t，占利津以上河段总冲刷量的 69.14%。从冲刷量的时间分布来看，冲刷主要发生在汛期，利津以上河段汛期冲刷量为 16.81 亿 t，占该河段总冲刷量的 59.4%。

表 4-4 1999 年 11 月～2020 年 4 月下游河道各河段冲淤量统计 （单位：亿 t）

时间	花园口以上	花园口—高村	高村—艾山	艾山—利津	利津以上	全下游
汛期	-2.13	-4.65	-4.70	-5.33	-16.81	-18.32
非汛期	-5.12	-7.66	0.08	1.22	-11.48	-10.92
全年	-7.25	-12.31	-4.62	-4.11	-28.29	-29.24

下游河道最小平滩流量已由 2002 年汛前的 1800 m^3/s 增加至 2020 年汛前的 4350 m^3/s，普遍增加 1650～4700 m^3/s，如表 4-5 所示。其中高村以上河道平滩流量增加明显，增加量为 3600～4700 m^3/s，艾山—利津河段增加 1700 m^3/s 左右。

表 4-5　2002 年以后下游河道平滩流量变化情况　（单位：m³/s）

项目	花园口	夹河滩	高村	孙口	艾山	泺口	利津	最小值
2002 年汛前	3600	2900	1800	2070	2530	2900	3000	1800
2020 年汛前	7200	7100	6500	4400	4350	4700	4650	4350
累计增加	3600	4200	4700	2330	1820	1800	1650	2550

（2）调水调沙期间下游冲淤情况

黄河下游高村—艾山河段是制约黄河下游行洪输沙能力的"卡口"河段，也是"二级悬河"发育较为严重的河段，对下游河道防洪威胁较大，冲刷并扩大"卡口"河段过流能力是历次调水调沙的重要目标。历次调水调沙期间，进入下游河道的水量 716.0 亿 m³，沙量 6.245 亿 t，累计入海总水量 640.04 亿 m³，入海沙量 9.66 亿 t，下游河道共冲刷泥沙 4.082 亿 t，其中高村—艾山和艾山—利津河段冲刷 1.616 亿 t 和 1.113 亿 t，分别占水库运用以来相应河段总冲刷总量的 41.20% 和 30.37%，调水调沙期间上述两河段的冲刷效率（河道冲刷量和所需水量的比值）是其他时期的 3.1 倍和 1.9 倍。2018 年实施"一高一低"干支流水库群联合调度以来，部分泥沙暂存于下游河道，主要是位于高村以上河段。高村—艾山和艾山—利津河段发生冲刷，冲刷量分别为 0.464 亿 t 和 0.399 亿 t。历次调水调沙进入下游的水沙量及河道冲淤量统计如表 4-6 所示，2002～2020 年黄河下游各河段冲淤量统计如表 4-7 所示。

表 4-6　历次调水调沙进入下游的水沙量及河道冲淤量统计

序号	开始时间 (年.月.日)	历时 (天)	进入下游（小黑武）		河道冲淤量（亿 t）				
			水量 (亿 m³)	沙量 (亿 t)	花园口 以上	花园口— 高村	高村— 艾山	艾山— 利津	利津 以上
1	2002.7.4	11	26.6	0.319	-0.131	-0.060	0.054	-0.197	-0.334
2	2003.9.6	12	25.9	0.751	-0.105	-0.153	-0.163	-0.035	-0.456
3	2004.6.19	24	47.9	0.044	-0.170	-0.146	-0.198	-0.151	-0.665
4	2005.6.9	22	52.4	0.023	-0.219	-0.204	-0.169	-0.056	-0.648
5	2006.6.9	20	55.4	0.084	-0.101	-0.184	-0.192	-0.123	-0.600
6	2007.6.19	14	41.2	0.261	-0.052	-0.060	-0.101	-0.075	-0.288
7	2007.7.28	11	25.6	0.459	0.094	0.013	-0.076	-0.032	0.001
8	2008.6.19	15	44.2	0.462	0.019	-0.051	-0.119	-0.050	-0.201
9	2009.6.17	17	45.7	0.036	-0.093	-0.101	-0.114	-0.079	-0.387
10	2010.6.19	19	52.8	0.559	0.026	-0.035	-0.104	-0.095	-0.208
11	2010.7.25	7	21.7	0.261	0.051	-0.040	-0.043	-0.018	-0.050
12	2010.8.10	10	20.4	0.487	0.170	-0.033	-0.047	-0.038	0.052

续表

序号	开始时间 （年．月．日）	历时 （天）	进入下游（小黑武）		河道冲淤量（亿 t）				
			水量 （亿 m³）	沙量 （亿 t）	花园口 以上	花园口— 高村	高村— 艾山	艾山— 利津	利津 以上
13	2011.6.19	18	49.3	0.378	−0.017	−0.011	−0.057	−0.029	−0.114
14	2012.6.19	23	60.4	0.657	0.215	−0.062	−0.107	−0.093	−0.047
15	2012.7.23	6	13.7	0.106	−0.016	0.026	−0.007	0.007	0.010
16	2012.7.29	10	20.4	0.449	0.002	−0.015	−0.017	−0.012	−0.042
17	2013.6.19	20	59.0	0.645	0.244	−0.103	−0.080	−0.009	0.052
18	2014.6.29	10	23.2	0.264	0.087	−0.027	−0.030	0.009	0.039
19	2015.6.29	15	30.2	0.000	−0.025	−0.086	−0.046	−0.037	−0.194
19 次调水调沙合计		284	716.0	6.245	−0.021	−1.332	−1.616	−1.113	−4.082

表 4-7　2002~2020 年黄河下游各河段冲淤量统计

类别		小浪底— 花园口	花园口— 高村	高村—艾山	艾山—利津	利津以上
总冲淤量（2002 年 7 月~2020 年 4 月）	累计（亿 t）	−6.255	−10.456	−3.920	−3.665	−24.296
	年均（亿 t）	−0.417	−0.697	−0.261	−0.244	−1.620
调水调沙期间	累计（亿 t）	−0.021	−1.332	−1.616	−1.113	−4.082
	年均（亿 t）	−0.001	−0.095	−0.115	−0.080	−0.291
	占总冲淤量 比例（%）	0.34	12.74	41.22	30.37	16.80

4.1.4　下游引水运用现状与效果

2000~2017 年黄河下游沿程历年地表水供水量过程如图 4-1 所示。黄河下游多年平均引黄水量（包含河南、山东常规供水和河北、天津应急供水）为 124.4 亿 m³。其中，2000~2002 年引黄水量为 106.01 亿~124.18 亿 m³，2003~2004 年引黄水量有所减少，为 86.39 亿~91.66 亿 m³，2005~2011 年引黄水量呈上涨趋势，2011 年以后引黄水量则趋于稳定，有力支撑了下游及相关地区经济社会发展。

4.1.5　发电运用现状与效果

2000 年以来，三门峡 7 台机组总装机容量为 41 万 kW，"电调"服从"水调"。2004~

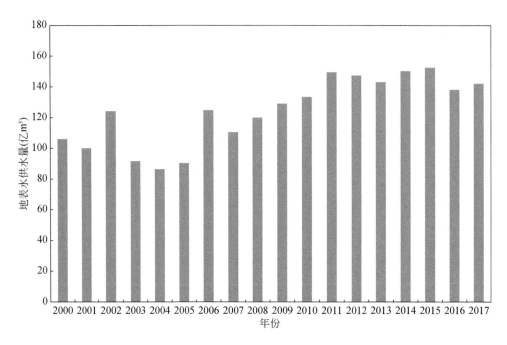

图 4-1　黄河下游历年地表水供水量过程

2016 年年均发电量为 14.91 亿 kW·h。小浪底电站 6 台机组，总装机容量为 180 万 kW，"电调"服从"水调"。2000~2015 年年均发电量为 51.37 亿 kW·h（表 4-8）。

表 4-8　三门峡、小浪底水库历年发电量统计　　（单位：亿 kW·h）

年份	三门峡	小浪底
2000		6.13
2001		21.09
2002		32.72
2003		34.82
2004	12.86	50.01
2005	12.67	50.26
2006	14.13	58.06
2007	14.95	58.87
2008	14.02	55.44
2009	14.01	50.14
2010	14.96	51.77
2011	15.56	62.26
2012	17.14	90.02

续表

年份	三门峡	小浪底
2013	18.04	77.79
2014	16.55	58.36
2015	16.14	64.17
2016	12.79	
平均	14.91	51.37

4.1.6 改善生态运用现状与效果

（1）水库防断流效果明显

小浪底水库运用以来，凭借其巨大的调蓄库容优势，通过水库调度，更加合理分配黄河下游水资源，非汛期下游河道水量较运用前有所增加，水体功能得到一定的满足，下游河道未出现断流现象。小浪底水库投入运用以来，黄河下游用水量是逐年增加的，但经水库调蓄后，下游河道连续21年未出现断流现象，防断流效果非常明显。以2002年为例，入库水量仅120.3亿 m³，比1997年的135.0亿 m³ 更枯，但2002年下游河道利津断面并未发生断流，与1997年断流226天相比，水库防断流作用巨大，效果明显。

（2）河口三角洲地区的水生态环境得到明显改善

自2008年开始，调水调沙考虑生态调度目标，并采用了相应的调度方案。其中，2008年河口湿地核心区水面面积增加3345亩[①]，入海口水面面积增加1.8万亩；2009年湿地核心区水面面积增加5.22万亩，入海口水面面积增加4.37万亩，地下水位抬高0.15m；2010年实现刁口河流路全线过水三角洲生态调度向现行流路南岸湿地补水2041万 m³，湿地核心区水面面积较调水调沙前增加4.87万亩；2011年向湿地补水2248万 m³，湿地核心区水面面积增加3.55万亩，刁口河流路再次实现全线过水，累计进水3625万 m³（表4-9）。

表4-9 汛前调水调沙生态补水情况统计

指标	2008 年	2009 年	2010 年	2011 年	2012 年	2013 年	2014 年	2015 年	均值
补水量（万 m³）	1 356	1 508	2 041	2 248	3 036	2 156	803	1 679	1 853
湿地核心区水面面积增加值（亩）	3 345	52 200	48 700	35 500	50 849	74 080	90 480	11 828	45 873

---

① 1 亩 ≈666.67m²。

4.2 变化环境下水库综合利用多目标需求

4.2.1 防洪需求

近年来，由于黄河中游洪水量级及频次减小、进入黄河下游水沙减少，下游滩区求发展的呼声渐高，洪水管理、洪水资源化观念的提出，黄河下游防洪不仅仅是防御洪水决堤，防止河道淤积尤其是主槽淤积，还要兼顾滩区防洪减灾。因此，水库群防洪运用应考虑以下几个方面要求。

（1）下游两岸保护区防洪要求

根据 2014~2015 年完成的《黄河流域洪水风险图编制》，黄河下游防洪保护区涉及河南、河北、山东、安徽及江苏 5 省，总面积 12 万 km²，人口 1.30 亿人，耕地 1.39 亿亩。黄河一旦决堤，水冲沙压，洪灾损失巨大。因此，小浪底水库应联合下游防洪工程体系，尽量控制进入下游洪水量级在大堤设防标准以内，花园口、高村、艾山断面堤防设防流量分别为 22 000m³/s、17 500m³/s、11 000m³/s。为了减小东平湖滞洪区分洪运用概率，应联合中游其他骨干水库，尽量控制花园口流量不超过 10 000m³/s。

（2）滩区防洪减灾要求

黄河下游滩区既是河道的重要组成部分，具有行洪、滞洪、沉沙的作用，也是区内约 189 万人赖以生存的家园。为保护黄河行洪安全，国家相关法律法规对滩区建设做出许多禁止性规定，工业项目不能落户滩区，基础设施项目不能在滩区安排等。滩区群众生活贫苦，长期受到洪水威胁。

据统计，1949~2005 年发生有灾害记录的漫滩洪水 32 次，洪水的淹没频次约为 1.8 年一遇。目前黄河下游最小平滩流量为 4000m³/s 左右，加上"二级悬河"发育，中常洪水上滩机遇增加。洪水漫滩概率之高，群众面临的洪水风险之大，高风险下居住的人口之多，在国内任何一个区域都是绝无仅有的。

2017 年 5 月 8 日，李克强总理在河南实地考察了黄河滩区居民迁建情况并主持召开现场会，指出黄河滩区居民迁建既是保障黄河长治久安的重大战略需要，也是实现滩区群众脱贫致富的治本之策，事关国家全局。要尊重群众意愿，落实地方主体责任，延续中央预算内投资支持力度，多渠道筹集资金，并在土地、脱贫、配套基础建设等方面给予支持，力争用 3 年时间优先解决地势低洼、险情突出的滩区群众迁建问题。

2018 年 9 月 18 日习近平总书记在郑州主持召开黄河流域生态保护和高质量发展座谈

会并发表重要讲话。他强调，要坚持绿水青山就是金山银山的理念，坚持生态优先、绿色发展，以水而定、量水而行、因地制宜、分类施策，上下游、干支流、左右岸统筹谋划，共同抓好大保护，协同推进大治理，着力加强生态保护治理、保障黄河长治久安、促进全流域高质量发展、改善人民群众生活、保护传承弘扬黄河文化，让黄河成为造福人民的幸福河。关于保障黄河长治久安。他指出，黄河水少沙多、水沙关系不协调，是黄河复杂难治的症结所在。尽管黄河多年没出大的问题，但黄河水害隐患还像一把利剑悬在头上，丝毫不能放松警惕。要保障黄河长久安澜，必须紧紧抓住水沙关系调节这个"牛鼻子"。完善水沙调控机制，解决九龙治水、分头管理问题，实施河道和滩区综合提升治理工程，减缓黄河下游淤积，确保黄河沿岸安全。

（3）防洪控制指标选取

综合各时期水库群防洪控制流量指标选取依据、水库实际调度运用效果及未来一段时期内的防洪需求，取花园口流量4000m³/s、10 000m³/s作为水库群的防洪控制指标，具体如下：

目前黄河下游平滩流量为4000m³/s以上，相关研究成果表明，下游河道适宜的中水河槽规模为4000m³/s，因此，为减小下游滩区淹没损失，对花园口4000~10 000m³/s量级中小洪水，水库可视来水来沙情况，控制花园口流量在4000m³/s。

对于大洪水，为保证黄河下游两岸防洪保护区防洪安全，同时为了减少东平湖滞洪区的运用机遇，应通过水库联合调度，尽量控制花园口流量不超过10 000m³/s。

4.2.2　防凌需求

综合黄河下游近期凌情变化特点、水库实际调度效果以及下游防凌形势，鉴于小浪底水库拦沙后期库容较大、防凌技术和信息化水平不断提高，认为未来一段时期水库仍保有较强的防凌调控能力，凌汛期（12月1日至次年2月底）通过三门峡、小浪底水库联合运用，预留防凌库容35亿m³，其中小浪底水库分担20亿m³，控制下游河段利津站封河流量不超过300m³/s，可基本满足防凌水量调节要求，控制下游凌汛威胁。

封河流量相应控制断面宜选取易于发生封冻河段上的控制水位站，近十几年来黄河下游封冻河段绝大多数出现在济南以下河段，滨州境内河段封冻概率较高，封河流量相应控制断面推荐采用利津站。

由此，确定防凌控制指标为利津站300m³/s。防凌调度具体要求为：凌汛期12月1日至次年2月底，水库按控制利津站封河流量300m³/s平稳下泄（未考虑区间加水及引黄用水），一旦封河，在开河期适时压减出库流量，为槽蓄水增量释放创造条件。

4.2.3　减淤需求

（1）以往研究工作基础

统计以往不同时期下游河道减淤研究成果，如表4-10所示。

表4-10　下游河道减淤以往研究成果汇总

研究阶段	水库调控要求
小浪底水库初步 设计阶段	避免下泄800～2000m³/s量级洪水
	入库为2000～8000m³/s时，出库流量等于入库
	调控库容为3亿m³
"八五"国家科技攻关	调控上限流量为2500m³/s或3500m³/s
	避免下泄800～2500m³/s流量
《小浪底水库拦沙 初期运用方式研究》	调控上限流量为2600m³/s，历时不少于6天
	避免下泄800～2600m³/s流量
	调控库容为8亿m³
《小浪底水库拦沙后期 防洪减淤运用方式研究》	调控上限流量为3700m³/s，历时不少于5天
	避免下泄800～2600m³/s流量
	调控库容为13亿m³
	2600m³/s以上高含沙非漫滩洪水，水库蓄水3亿m³，适当拦截

（2）黄河下游河道边界条件发生了显著变化

1999年10月小浪底水库投入运用以来，黄河下游河道持续冲刷，至2016年4月黄河下游河道累计冲刷泥沙28.14亿t，最小平滩流量从2002年汛前的1800m³/s增大至2016年汛前的4200m³/s，黄河下游适宜的中水河槽规模已经形成。由于长期清水冲刷，河道表层床沙粗化，D_{50}由0.05mm左右增大至0.15mm左右，水流冲刷效率下降，在此河道边界条件下，如何合理制定水库调度运用方式，充分发挥黄河下游河道输沙能力，长期维持4000m³/s左右的中水河槽规模，提高水库综合利用效益，成为当前及今后一个时期需要解决的重要问题。

（3）下游河道不同平滩流量规模下河道减淤对水库调度的要求

当平滩流量处于3500～4500m³/s时，水库调度以维持中水河槽规模，充分发挥河道输沙能力为目标。下游最小平滩流量和进入下游河道（小黑武站）平均汛期水量关系密切，维持4000m³/s中水河槽需要汛期水量180亿m³。最小平滩流量与三年滑动场次洪水平均流量相关性好，维持4000m³/s中水河槽需要的洪水流量在2600m³/s。进一步分析最小平滩流量与三年滑动场次洪水平均水量关系，维持4000m³/s中水河槽需要的场次洪水水量为 14.8 亿 m³，按调控流量 2600m³/s 推算，调控历时为 6.6 天，即 6～7 天。进一步研究不同流量级、不同含沙量级、不同历时的一般含沙量非漫滩洪水在下游河道的冲淤情况，当含沙量小于 60kg/m³ 时，2500m³/s 以上流量级表现为小幅冲刷，输沙效率高。当含沙量在 60～100kg/m³ 时，3000m³/s 以上流量级输沙效率高，全下游淤积减轻，高村以下基本不淤积。当含沙量大于 100kg/m³ 时，4000m³/s 以下各流量级淤积均较为严重。综合上述分析，为实现维持下游河道 4000m³/s 左右的中水河槽规模的目标，水库应塑造不小于 2600m³/s 以上的洪水过程，历时不小于 6 天。为充分发挥下游河道输沙能力的目标，当含沙量小于 60kg/m³ 时，水库适宜的造峰流量为 2500m³/s 以上；当含沙量在 60～100kg/m³ 时，水库适宜的造峰流量为 3000m³/s 以上；当含沙量大于 100kg/m³ 时，水库应适当拦截泥沙，避免下游河道淤积。

当平滩流量小于 3500m³/s 时，水库调度以减轻河道淤积，恢复河道中水河槽规模为目标。鉴于下游河道保滩要求，建议水库适时造峰，按不超过下游河道最小平滩流量进行下泄。

当平滩流量大于 4500m³/s 时，水库调度以减缓水库淤积，且避免下游河道集中淤积为目标。从充分发挥下游河道输沙能力且避免高村以下河段严重淤积角度出发，含沙量在 100～200kg/m³，流量大于 2500m³/s 时，输沙效率较高，排沙比大，高村以下河道淤积较轻，水库排沙流量应不小于 2500m³/s；含沙量大于 200kg/m³ 时，下游河道淤积较为严重，水库应适当拦截泥沙；含沙量大于 300kg/m³ 时，下游河道淤积严重，水库应适当拦截泥沙。

4.2.4 供水、灌溉需求

黄河小浪底以下干流河段各省引黄水量分配，按各河段统计取水许可水量占总取水许可量的比例，根据黄河流域水资源规划配置水量成果进行相应的缩放，得到逐河段的引黄水量，其中河北引黄水量 6.2 亿 m³，包括孙口—艾山河段。

黄河小浪底以下干流河段各省引黄过程设计，参考取水许可各河段逐月引水过程比例确定，其中汛期水量占 25.7%，非汛期水量占 74.3%（表 4-11 和表 4-12）。

表 4-11 黄河小浪底以下干流河段引黄水量过程（配置） （单位：万 m³）

时间	小浪底—花园口	花园口—夹河滩	夹河滩—高村	高村—孙口	孙口—艾山	艾山—泺口	泺口—利津	利津以下	合计
1 月	3 932	5 214	4 920	1 458	81	321	7 050	781	23 757
2 月	8 627	10 197	9 944	10 540	17 780	3 481	18 753	2 987	82 309
3 月	7 013	10 019	15 514	18 448	46 502	20 214	39 804	7 876	165 390

续表

时间	小浪底—花园口	花园口—夹河滩	夹河滩—高村	高村—孙口	孙口—艾山	艾山—泺口	泺口—利津	利津以下	合计
4月	8 049	13 375	17 936	14 926	43 449	30 668	38 328	8 152	174 883
5月	10 373	13 433	15 087	19 291	16 102	27 646	28 870	5 415	136 217
6月	10 217	11 806	14 213	16 683	11 878	8 874	17 984	3 209	94 864
7月	8 324	14 643	14 206	4 832	33	6 209	5 729	1 165	55 141
8月	7 409	9 629	8 837	4 348	1	1 895	7 335	919	40 373
9月	7 967	9 491	12 301	5 723	3 957	10 724	22 315	2 975	75 453
10月	7 265	7 209	7 288	8 501	15 952	13 173	22 260	3 740	85 388
11月	3 256	3 217	3 124	2 392	411	6 197	14 669	1 632	34 898
12月	3 447	2 613	3 021	2 643	0	4 291	12 599	1 315	29 929
汛期	30 965	40 972	42 632	23 404	19 943	32 001	57 639	8 799	256 355
非汛期	54 914	69 874	83 759	86 381	136 203	101 692	178 057	31 367	742 247
全年	85 879	110 846	126 391	109 785	156 146	133 693	235 696	40 166	998 602

表 4-12　黄河下游供水、灌溉要求小浪底水库下泄流量 （单位：m³/s）

指标	1月	2月	3月	4月	5月	6月	7月	8月	9月	10月	11月	12月
需求流量	89	307	617	653	509	354	206	151	282	319	130	112

4.2.5　发电需求

三门峡水库电站 1#~5# 机组单机泄流量为 213m³/s，6#~7# 机组单机泄流量为 230m³/s，非汛期最小下泄流量控制不小于 200m³/s。按单台机组考虑，三门峡水库发电要求出库最小流量不小于 200m³/s。

小浪底水库电站安装有 6 台 30 万 kW 发电机组，单机满发流量 296m³/s，最低发电水位 1#~4# 机组为 210m，5#~6# 机组为 205m。按单台机组考虑，小浪底水库发电要求小浪底出库最小流量不小于单机满发流量 296m³/s，最低水位不低于 205m。

4.2.6　生态环境需求

依据《黄河流域综合规划（2012—2030 年）》及历年黄河水量调度预案等相关成果，采用利津断面生态环境需水代表下游防断流和河口生态环境要求。综合考虑各研究成果，利津断面生态环境水量分月过程，汛期平均最小流量（不含输沙水量）为 280m³/s，非汛期 4 月为 75m³/s，5~6 月为 150m³/s，非汛期 11 月至次年 3 月则按照黄河水量调度年预案编制情况，按 100m³/s 控制。

4.3 近期水库运用条件变化

4.3.1 来水来沙条件

1. 水沙特点

黄河水沙具有以下特点。

（1）水沙异源，地区分布不均

黄河流经不同的自然地理单元，流域地形、地貌和气候等条件差别很大，受其影响，黄河具有水沙异源的特点。黄河水量主要来自上游，泥沙主要来自中游。

上游河口镇以上流域面积为 38 万 km²，占全流域面积的 51%，年水量占全河水量的 55.7%，而年沙量仅占 9.1%。上游径流又集中来源于流域面积仅占全河流域面积 30% 的兰州以上，其天然径流量占全河的 66.5%，是黄河水量的主要来源区；兰州以上泥沙约占头道拐来沙的 69%。

中游河口镇（托克托）—龙门区间流域面积 11 万 km²，占全流域面积的 15%，该区间有皇甫川、无定河、窟野河等众多支流汇入，年水量占全河水量的 13.3%，而年沙量却占 53.8%，是黄河泥沙的主要来源区；龙门—三门峡区间（简称龙三区间）面积 19 万 km²，该区间有渭河、泾河、汾河等支流汇入，年水量占全河水量的 21.7%，年沙量占 35.4%，该区间部分地区也属于黄河泥沙的主要来源区。河口镇—三门峡河段两岸支流时常有含沙量高达 1000~1700kg/m³ 的高含沙洪水出现。

三门峡以下的伊洛河和沁河是黄河的清水来源区之一，年水量占全河水量的 9.3%，年沙量仅占 1.7%。

（2）水沙年际变化大

受大气环流和季风的影响，黄河水沙特别是沙量年际变化大。以三门峡水文站为例，实测最大年径流量为 659.1 亿 m³（1937 年），最小年径流量仅为 120.3 亿 m³（2002 年），丰枯极值比为 5.5。三门峡水文站最大年输沙量为 37.26 亿 t（1933 年），最小为 0.50 亿 t（2015 年），丰枯极值比为 74.5。由于输沙量年际变化较大，黄河泥沙主要集中在几个大沙年份，20 世纪 80 年代以前各年代最大 3 年输沙量所占比例在 40% 左右；1980 年以来黄河来沙进入一个长时期枯水时段，潼关站最大年沙量为14.39亿t，多年平均沙量为5.22亿t，但大沙年份所占比例依然较高，潼关站年来沙量大于10亿t的1981年、1988年、1994年和1996年四年沙量占1980～2018年总沙量的24.3%。

黄河水沙年际变化大，一般枯水枯沙与丰水丰沙交替出现，丰枯段周期长短不一。潼关水文站在人类活动影响较小的20世纪60年代以前出现了1922～1932年枯水枯沙时段，年均水量为312.73亿m³，年均沙量为11.4亿t。其中1927～1931年年均水量为286.0亿m³，年均沙量为9.59亿t。1928年水量为198.98亿m³，沙量为4.83亿t。随后，1933年出现特大暴雨洪水，潼关断面输沙量高达37.26亿t（水文年），是有实测资料以来的最大值。随后的1936年与1937年、1941年与1942年，由于降水条件不同，相邻年份潼关断面沙量也差别较大，1936年潼关断面来沙量为8.64亿t，1937年达到25.30亿t，后者为前者的2.9倍；1941年潼关来沙量为9.12亿t，1942年为20.30亿t，后者为前者的2.2倍。20世纪50年代末的1958年、1959年潼关断面年沙量仍达到30.04亿t、26.13亿t，为1919～1969年系列均值的1.9倍、1.6倍。黄河潼关水文站历年实测径流量、输沙量过程如图4-2所示。

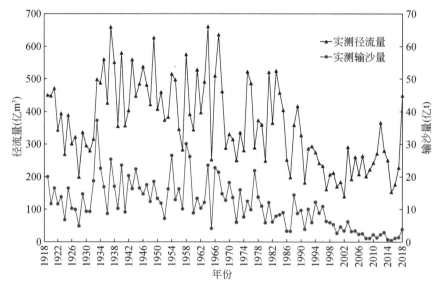

图4-2 潼关水文站历年实测径流量、输沙量过程

（3）水沙年内分配不均匀

水沙在年内分配也不均匀，主要集中在汛期（7～10月）。黄河汛期水量占年水量的60%左右，汛期沙量占年沙量的80%以上，集中程度更甚于水量，且主要集中在暴雨洪水期，往往5～10天的沙量可占年沙量的50%～90%，支流沙量的集中程度又甚于干流。例

如，龙门站 1961 年最大 5 天沙量占年沙量的 33%；三门峡站 1933 年 5 天沙量占年沙量的 54%；支流窟野河 1966 年最大 5 天沙量占年沙量的 75%；岔巴沟 1966 年最大 5 天沙量占年沙量的 89%。

（4）水沙关系不协调

来沙系数（含沙量与流量的比值）一般作为衡量水沙关系是否协调的重要参数。黄河中下游干流河道冲淤资料表明，较为协调的水沙关系，其来沙系数约为 $0.01\text{kg} \cdot \text{s/m}^6$。以潼关站为例，1986 年以来，尽管来沙量有所减少，但由于来水量也大量减少，使有利于输沙的大流量及历时大大减少，其多年平均来沙系数高达 $0.024\text{kg} \cdot \text{s/m}^6$。

2. 近期水沙变化

20 世纪 80 年代中期以来，由于人类活动的影响和气候条件的变化，黄河来水来沙条件发生了较大变化，尤其是 2000 年以来，水沙条件变化更加明显。

（1）年均径流量和输沙量大幅度减少

对黄河主要水文站实测径流量、输沙量资料的统计分析表明，由于气候降水和人类活动对下垫面的影响，以及经济社会发展使用水量大幅增加，进入黄河的水沙量逐步减少，20 世纪 80 年代中期以来发生显著变化，2000 年以来水沙量减少幅度更大，如表 4-13 所示。

黄河干流头道拐、龙门、潼关、花园口和利津站 1919～1959 年多年平均实测径流量分别为 250.71 亿 m³、325.44 亿 m³、426.14 亿 m³、479.96 亿 m³ 和 463.57 亿 m³，1987～1999 年分别为 164.45 亿 m³、205.41 亿 m³、260.62 亿 m³、274.91 亿 m³ 和 148.24 亿 m³，较 1919～1959 年偏少了 34.41%、36.88%、38.84%、42.72% 和 68.02%，2000 年以来水量减少更多，以上各站 2000～2018 年平均径流量仅有 171.11 亿 m³、192.43 亿 m³、239.07 亿 m³、263.68 亿 m³ 和 166.14 亿 m³，与 1919～1959 年相比，分别减少了 31.75%、40.87%、43.90%、45.06%、64.16%。支流渭河华县站 1956～1986 年平均径流量为 80.06 亿 m³，1987～1999 年平均径流量为 48.00 亿 m³，2000～2018 年平均径流量为 49.39 亿 m³，与 1956～2018 年相比，2000～2018 年平均径流量减少了 23.3%。沁河五龙口站 1960～1986 年平均径流量为 10.45m³，1987～1999 年平均径流量为 5.18m³，2000～2016 年平均径流量为 6.41m³，与 1960～2016 年相比，2000～2016 年平均径流量减少了 20.5%。

与径流量变化趋势基本一致，实测输沙量也大幅度减少。头道拐、龙门、潼关、花园口和利津站 1919～1959 年多年平均实测输沙量分别为 1.42 亿 t、10.60 亿 t、15.92 亿 t、15.16 亿 t 和 13.15 亿 t，1987～1999 年分别减至 0.45 亿 t、5.31 亿 t、8.07 亿 t、7.11 亿 t 和 4.15 亿 t，较 1919～1959 年偏少 68.31%、49.91%、49.31%、53.10% 和 68.44%，

表4-13 黄河主要干流水文站实测径流量和输沙量不同时段对比

时段	头道拐 水量(亿m³)	头道拐 沙量(亿t)	头道拐 含沙量(kg/m³)	龙门 水量(亿m³)	龙门 沙量(亿t)	龙门 含沙量(kg/m³)	潼关 水量(亿m³)	潼关 沙量(亿t)	潼关 含沙量(kg/m³)	花园口 水量(亿m³)	花园口 沙量(亿t)	花园口 含沙量(kg/m³)	利津 水量(亿m³)	利津 沙量(亿t)	利津 含沙量(kg/m³)
1919~1949年	253.71	1.39	5.48	328.78	10.20	31.02	427.18	15.56	36.42	481.75	15.03	31.20			
1950~1959年	241.40	1.51	6.26	315.10	11.85	37.61	422.93	17.04	40.29	474.41	15.56	32.80	463.57	13.15	28.37
1960~1969年	274.96	1.83	6.66	340.87	11.38	33.39	456.56	14.37	31.47	515.20	11.31	21.95	512.88	11.00	21.45
1970~1979年	232.40	1.15	4.95	283.12	8.67	30.62	353.88	13.02	36.79	377.73	12.19	32.27	304.19	8.88	29.19
1980~1989年	242.10	0.99	4.09	278.69	4.69	16.83	374.35	7.86	21.00	418.52	7.79	18.61	290.66	6.46	22.23
1990~1999年	153.73	0.39	2.54	194.08	5.06	26.07	241.54	7.87	32.58	249.57	6.79	27.21	131.45	3.79	28.82
2000~2018年	171.11	0.44	2.57	192.43	1.51	7.85	239.07	2.44	10.21	263.68	0.97	3.68	166.14	1.25	7.52
1919~1959年①	225.62	1.10	4.88	279.67	7.61	27.21	362.77	11.30	31.15	402.98	10.21	25.34	292.53	6.62	22.63
1960~1986年②	250.71	1.42	5.66	325.44	10.60	32.57	426.14	15.92	37.36	479.96	15.16	31.59	463.57	13.15	28.37
1987~1999年③	255.33	1.40	5.48	307.31	8.48	27.59	402.78	12.08	30.96	445.79	10.68	23.96	387.59	9.17	23.66
2000~2018年④	164.45	0.45	2.74	205.41	5.31	25.85	260.62	8.07	30.96	274.91	7.11	25.86	148.24	4.15	28.00
③较①少（%）	171.11	0.44	2.57	192.43	1.51	7.85	239.07	2.44	10.21	263.68	0.97	3.68	166.14	1.25	7.52
④较①少（%）	34.41	68.31	51.69	36.88	49.91	20.63	38.84	49.29	17.12	42.72	53.09	18.12	68.02	68.47	1.31
④较②少（%）	31.75	69.01	54.60	40.87	85.75	75.91	43.90	84.70	72.68	45.06	93.59	88.35	64.16	90.50	73.48
④较②少（%）	32.98	68.57	52.82	37.38	82.19	71.56	40.65	79.80	65.97	40.85	90.91	84.64	57.14	86.38	68.20

2000 年以来减少幅更大，2000～2018 年头道拐、龙门和潼关年均沙量仅有 0.44 亿 t、1.51 亿 t 和 2.44 亿 t，与 1919～1959 年相比，分别减少 68.78%、85.75%、84.70%，为历史上实测最枯沙时段。小浪底水库投入运用以来，由于水库拦沙作用，进入下游的沙量大大减少，2000～2018 年花园口和利津站年均沙量仅有 0.97 亿 t、1.25 亿 t。支流渭河华县站 1956～1986 年平均沙量为 3.96 亿 t，1987～1999 年平均沙量为 2.79 亿 t，2000～2018 年平均沙量为 1.02 亿 t，与 1956～2018 年相比，2000～2018 年平均沙量减少了 64.3%。沁河五龙口站 1960～1986 年平均沙量为 595.41 万 t，1987～1999 年平均沙量为 147.63 万 t，2000～2016 年平均沙量为 28.33 万 t，与 1960～2016 年相比，2000～2016 年平均沙量减少了 91.5%。

（2）径流量年内分配比例发生变化，汛期比例减少

由于龙羊峡、刘家峡等大型水库的调蓄作用和沿途引用黄河水，黄河干流河道内实际来水年内分配发生了很大的变化，表现为汛期比例下降，非汛期比例上升，年内径流量月分配趋于均匀。

统计黄河中游河口镇、龙门、潼关水文站不同时段汛期、非汛期径流量的比例，如表 4-14 所示，可以看出，1986 年以前上述各站汛期径流量一般可占年径流量的 60% 左右，1986 年以来普遍降到了 40% 左右。

表 4-14　黄河中游主要水文站不同时段汛期、非汛期径流量及其年内分配

水文站	时段	径流量（亿 m³）			占全年径流量比例（%）		
		汛期	非汛期	全年	汛期	非汛期	全年
河口镇	1919～1967 年	159.86	97.41	257.27	62.14	37.86	100.00
	1968～1986 年	133.04	107.32	240.36	55.35	44.65	100.00
	1987～1999 年	64.60	99.85	164.45	39.28	60.72	100.00
	2000～2018 年	71.92	99.19	171.11	42.03	57.97	100.00
龙门	1919～1967 年	199.72	130.78	330.50	60.43	39.57	100.00
	1968～1986 年	155.41	131.22	286.63	54.22	45.78	100.00
	1987～1999 年	86.80	118.61	205.41	42.26	57.74	100.00
	2000～2018 年	83.33	109.10	192.43	43.30	56.70	100.00
潼关	1919～1967 年	262.38	172.09	434.47	60.39	39.61	100.00
	1968～1986 年	209.62	161.87	371.49	56.43	43.57	100.00
	1987～1999 年	119.43	141.19	260.62	45.83	54.17	100.00
	2000～2018 年	113.13	125.94	239.07	47.32	52.68	100.00

4.3.2　下游河道边界条件

黄河下游河道的冲淤变化主要取决于来水来沙条件、河床边界条件以及河口侵蚀基准面。其中来水来沙是河道冲淤的决定因素。每遇暴雨，来自黄河中游的大量泥沙随洪水一起进入下游，使下游河道发生严重淤积，尤其是高含沙洪水，下游河道淤积更为严重，河道冲淤年际间变化较大。黄河下游河道呈现"多来、多淤、多排"和"少来、少淤（或冲刷）、少排"的特点。利用多年观测资料分析，天然情况下，黄河下游河道多年平均淤积 3.61 亿 t，河床每年以 0.05～0.1m 的速度抬升。

1950 年以来黄河下游水文观测站资料和大断面统测资料为分析黄河下游的冲淤特性提供了重要的科学依据。黄河下游各河段冲淤量统计如表 4-15 和表 4-16 所示。

表 4-15　黄河下游各河段年平均淤积量及其纵向分布

时间（年.月）	冲淤量（亿 t）					单位河长冲淤量（万 t/km）				
	铁谢—花园口	花园口—高村	高村—艾山	艾山—利津	铁谢—利津	铁谢—花园口	花园口—高村	高村—艾山	艾山—利津	铁谢—利津
1950.7～1960.6	0.62	1.37	1.17	0.45	3.61	56.4	76.0	63.8	16.1	47.9
1960.9～1964.10	-1.90	-2.31	-1.25	-0.32	-5.78	-172.9	-128.2	-68.2	-11.4	-76.8
1964.11～1973.10	0.95	2.02	0.74	0.68	4.39	86.5	112.1	40.4	24.3	58.3
1973.11～1980.10	-0.22	0.87	0.70	0.46	1.81	-20.0	48.3	38.2	16.5	24.0
1980.11～1986.10	-0.26	-0.58	0.41	-0.15	-0.59	-23.7	-32.2	22.4	-5.4	-7.8
1986.11～1997.10	0.50	1.36	0.40	0.30	2.55	45.5	75.5	21.8	10.7	33.9
1973.11～1997.10	0.11	0.74	0.49	0.24	1.58	9.1	40.5	26.2	8.2	20.5
1997.11～1999.10	0.08	0.34	0.18	0.13	0.72	7.3	18.6	9.8	4.5	9.6
1999.11～2017.10	-0.46	-0.68	-0.22	-0.20	-1.57	-42.0	-37.4	-12.0	-7.0	-20.9

表 4-16　黄河下游各河段平均淤积量及其横向分布

时间（年.月）		冲淤量（亿 t）					占全断面淤积量的比例（%）				
		铁谢—花园口	花园口—高村	高村—艾山	艾山—利津	铁谢—利津	铁谢—花园口	花园口—高村	高村—艾山	艾山—利津	铁谢—利津
1950.7～1960.6	主槽	0.32	0.30	0.19	0.01	0.82	51.6	21.9	16.2	2.2	22.7
	滩地	0.30	1.07	0.98	0.44	2.79	48.4	78.1	83.8	97.8	77.3
	全断面	0.62	1.37	1.17	0.45	3.61	100.0	100.0	100.0	100.0	100.0

续表

时间（年.月）		冲淤量（亿 t）					占全断面淤积量的比例（%）				
		铁谢—花园口	花园口—高村	高村—艾山	艾山—利津	铁谢—利津	铁谢—花园口	花园口—高村	高村—艾山	艾山—利津	铁谢—利津
1964.11 ~ 1973.10	主槽	0.47	1.25	0.58	0.64	2.94	49.5	61.9	78.4	94.1	67.0
	滩地	0.48	0.77	0.16	0.04	1.45	50.5	38.1	21.6	5.9	33.0
	全断面	0.95	2.02	0.74	0.68	4.39	100.0	100.0	100.0	100.0	100.0
1973.11 ~ 1980.10	主槽	-0.18	0.04	0.13	0.03	0.02	81.8	4.6	18.6	6.5	1.1
	滩地	-0.04	0.83	0.57	0.43	1.79	18.2	95.4	81.4	93.5	98.9
	全断面	-0.22	0.87	0.70	0.46	1.81	100.0	100.0	100.0	100.0	100.0
1980.11 ~ 1986.10	主槽	-0.21	-0.43	-0.09	-0.12	-0.86	80.8	74.1	-22.0	80.0	145.8
	滩地	-0.05	-0.15	0.50	-0.03	0.27	19.2	25.9	122.0	20.0	-45.8
	全断面	-0.26	-0.58	0.41	-0.15	-0.59	100.0	100.0	100.0	100.0	100.0
1986.11 ~ 1997.10	主槽	0.29	0.91	0.27	0.29	1.76	58.0	66.9	67.5	96.7	69.0
	滩地	0.21	0.45	0.13	0.01	0.79	42.0	33.1	32.5	3.3	31.0
	全断面	0.50	1.36	0.40	0.30	2.55	100.0	100.0	100.0	100.0	100.0
1973.11 ~ 1997.10	主槽	0.04	0.33	0.13	0.11	0.61	36.4	44.6	26.5	45.8	38.6
	滩地	0.07	0.41	0.36	0.13	0.97	63.6	55.4	73.5	54.2	61.4
	全断面	0.11	0.74	0.49	0.24	1.58	100.0	100.0	100.0	100.0	100.0
1997.11 ~ 1999.10	全断面	0.08	0.34	0.18	0.13	0.72	100.0	100.0	100.0	100.0	100.0
1999.11 ~ 2017.10	全断面	-0.46	-0.68	-0.22	-0.20	-1.57	100.0	100.0	100.0	100.0	100.0

1. 天然情况

1950 ~ 1960 年为三门峡水库修建前的情况，年均水沙量约为 480 亿 m^3 和 18 亿 t，平均含沙量为 37.5kg/m^3，黄河下游河道年平均淤积量为 3.61 亿 t。随着水沙条件的变化，淤积量年际间变化大。发展趋势是淤积的，但并非是单向的淤积，而是有冲有淤。总的来看，具有以下特性。

（1）沿程分布不均，宽窄河段淤积差异大

铁谢—花园口、花园口—高村、高村—艾山、艾山—利津淤积量分别为 0.62 亿 t、1.37 亿 t、1.17 亿 t、0.45 亿 t，淤积强度分别为 56.4 万 t/km、76.0 万 t/km、63.8 万 t/km、16.1 万 t/km，可见艾山以上宽河段淤积量和淤积强度均明显大于艾山以下窄河段，艾山以下窄河段年均淤积量占全下游淤积量 3.61 亿 t 的 12.5%；艾山以上淤积量占全下游淤积量 3.61 亿 t 的 87.5%。

（2）主槽淤积量小，滩地淤积量大，滩槽同步抬升

20 世纪 50 年代发生洪水次数多，大漫滩机遇多，大漫滩洪水一般滩地淤高，主槽刷深，不漫滩洪水、平水和非汛期主槽淤积。受来水来沙条件的影响，滩地年平均淤积量 2.79 亿 t，主槽淤积量 0.82 亿 t。该时期滩地淤积量大于主槽淤积量，但由于滩地面积大，淤积厚度基本相等，滩槽同步抬高。

2. 三门峡水库运用后

三门峡水库运用后至小浪底水库运用前，根据三门峡水库运用方式可分为如下三个时段。

（1）三门峡水库蓄水拦沙运用阶段

1960～1964 年为三门峡水库蓄水拦沙运用阶段，下游河道发生较为明显的持续冲刷，下游年均冲刷泥沙 5.78 亿 t，冲刷主要集中在主槽，其中高村以上游荡型河段年均冲刷达 4.21 亿 t，约占下游冲刷总量的 73%。从沿程的冲刷强度看，艾山以上宽河段，尤其是高村以上河段的冲刷强度，明显大于艾山以下窄河段的冲刷强度。

（2）三门峡水库滞洪排沙运用阶段

1964～1973 年为三门峡水库滞洪排沙运用阶段，由于前期淤积在三门峡库区的泥沙大量下排，成为下游河道淤积最为严重的历史时期。1964～1973 年下游年均淤积量达到 4.39 亿 t，约为 50 年代年均淤积量的 1.2 倍，主槽淤积量占全断面淤积量的 67%，高村以上游荡型河段的淤积量年均为 2.97 亿 t，约为 50 年代年均淤积量的 1.49 倍，约占下游淤积总量的 68%。

（3）三门峡水库蓄清排浑运用阶段

A. 1973～1986 年

水沙条件较为有利，汛期水量丰沛、来沙少、含沙量低，中常洪水较多，其中 1975 年、1976 年和 1982 年汛期洪水较大，下游河道发生了较大范围的漫滩，高村以上游荡型河段发生了以"淤滩刷槽"为主要特征的冲淤调整，河道淤积量不大甚至是冲刷的。其中，1973 年 11 月～1980 年 10 月高村以上游荡型河段只淤积 0.65 亿 t，并且全部集中在滩地上，主槽还略有冲刷；1980 年 11 月～1986 年 10 月游荡型河段年均冲刷泥沙 0.84 亿 t，其中主槽年均冲刷 0.64 亿 t，约占全断面的 76%。

B. 1986～1997 年

20 世纪 80 年代中期以来，进入下游的水沙条件发生了较大变化，主要表现在汛期来水比例减少，非汛期来水比例增加，洪峰流量减小，枯水历时增长，下游河道主要演变特性如下：

1）河道冲淤量年际间变化较大。1986 年 11 月～1997 年 10 月下游河道总淤积量 28.03 亿 t，年均淤积量 2.55 亿 t。与天然情况和三门峡水库滞洪排沙期相比，年淤积量相对较小，该时段淤积量较大的年份有 1988 年、1992 年、1994 年和 1996 年，年淤积量分别为 5.01 亿 t、5.75 亿 t、3.91 亿 t 和 6.65 亿 t，四年淤积量占时段总淤积量的 76.06%。1989 年来水 400 亿 m³，沙量仅为长系列的一半，年内河道略有冲刷，河道演变仍遵循丰水少沙年河道冲刷或微淤，枯水多沙年则严重淤积的基本规律。

2）横向分布不均，主槽淤积严重，河槽萎缩，行洪断面面积减少。该时期由于枯水历时较长，前期河槽较宽，主槽淤积严重。从滩槽淤积分布看，主槽年均淤积量 1.54 亿 t，占全断面淤积量的 60.39%。滩槽淤积分布与 20 世纪 50 年代相比发生了很大变化，该时期全断面年均淤积量为 20 世纪 50 年代下游年均淤积量的 68.57%，而主槽淤积量却是 20 世纪 50 年代年均淤积量的 1.88 倍。

3）漫滩洪水期间，滩槽泥沙发生交换，主槽发生冲刷，对增加河道排洪有利。近期下游低含沙量的中等洪水及大洪水出现概率的减少使黄河下游主河槽淤积加重，河道排洪能力明显降低。1996 年 8 月花园口洪峰流量 7860m³/s 的洪水过程中，下游出现了大范围的漫滩，淹没损失大，但从河道演变角度看，发生大漫滩洪水对改善下游河道河势及增加过洪能力是非常有利的。

4）高含沙量洪水机遇增多，主槽及嫩滩严重淤积，对防洪威胁较大。1986 年以来，黄河下游来沙更为集中，高含沙量洪水频繁发生。高含沙量洪水具有以下演变特性：①河道淤积严重，淤积主要集中在高村以上河段的主槽和嫩滩上；②洪水水位涨率偏高，易出现高水位；③洪水演进速度慢；等等。

3. 小浪底水库运用后

小浪底水库 1997 年截流、1999 年 10 月下闸蓄水运用，1997 年截流至 2018 年 4 月小浪底库区累积淤积泥沙 33.31 亿 m³，水库蓄水拦沙作用和调水调沙作用使黄河下游河道断面主槽展宽、冲深，河道平滩流量逐步得到了恢复。

（1）下游河道持续冲刷

小浪底水库下闸蓄水运用后，黄河下游发生了持续冲刷，如图 4-3 所示，1999 年 11 月～2017 年 10 月累计冲刷量达到 29.22 亿 t。黄河下各河段汛期、非汛期冲刷量统计结果如表 4-17 所示。

从冲刷量的沿程分布来看，高村以上河段冲刷较多，高村以下河段冲刷相对较少。其中高村以上河段冲刷 20.94 亿 t，占利津以上河段总冲刷量的 71.7%；高村—艾山河段冲刷 4.26 亿 t，占下游河道总冲刷量的 14.6%；艾山—利津河段冲刷 4.02 亿 t，占总冲刷量的 13.8%。

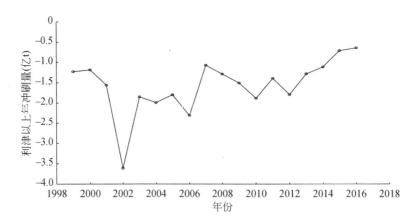

图 4-3　1999～2017 年黄河下游历年冲刷量过程

表 4-17　黄河下游 1999 年 11 月～2017 年 10 月各河段冲淤量统计　（单位：亿 t）

时间	花园口以上	花园口—高村	高村—艾山	艾山—利津	利津以上
非汛期	−3.29	−7.76	−0.14	1.13	−10.06
汛期	−4.58	−5.31	−4.12	−5.15	−19.16
全年	−7.87	−13.07	−4.26	−4.02	−29.22

从冲刷量的时间分布来看，冲刷主要发生在汛期。汛期下游河道共冲刷 19.16 亿 t，各河段均为冲刷；非汛期下游河道共冲刷 10.06 亿 t，艾山以上河段均呈现出冲刷，其中冲刷主要发生在高村以上河段，冲刷向下游逐渐减弱，艾山—利津则淤积 1.13 亿 t。

（2）下游河道平滩流量稳步增大，适宜的中水河槽基本形成

黄河下游河道适宜的中水河槽规模是 4000m³/s 左右。通过黄河中游水库群拦沙和调水调沙，下游河道发生全线冲刷，河道最小平滩流量由 2002 年汛前的 1800m³/s 增加至 4300m³/s。其中，2002～2010 年，最小平滩流量由 1800m³/s 增大到 4000m³/s，适宜的中水河槽基本形成。2010～2017 年，最小平滩流量由 4000m³/s 增大到 4300m³/s，较 2010 年仅增加了 300m³/s，如表 4-18 所示。

表 4-18　2002～2017 年汛前下游河道平滩流量变化　（单位：m³/s）

项目	花园口	夹河滩	高村	孙口	艾山	泺口	利津	最小值
2002 年	3600	2900	1800	2070	2530	2900	3000	1800
2010 年	6500	6000	5300	4000	4000	4200	4400	4000
2017 年汛前	7200	7100	6500	4350	4300	4600	4650	4300
累积增加	3600	4200	4700	2280	1770	1700	1650	1650

（3） 下游河道河床粗化，抗冲性增大

长期清水冲刷导致黄河下游河道床沙粗化，下游河道中值粒径 D_{50} 由小浪底运用以前 1999 年的 0.05mm 左右增大至 2017 年的 0.15mm 左右，河道抗冲性增大（图 4-4）。黄河下游河道上段的河床粗化程度大于下段。

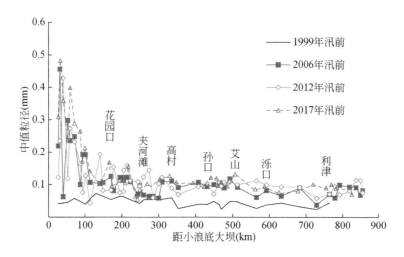

图 4-4　小浪底水库运用后下游河道断面床沙中径变化

（4） 下游河道冲刷效率降低

受河床粗化影响，下游河道汛期冲刷效率降低，由 2002 年的 7.32kg/m³ 减小到 2017 年的 0.50kg/m³，如表 4-19 所示。

表 4-19　2002 ~ 2017 年汛前下游河道汛期冲刷效率变化

年份	下游河道最小平滩流量（m³/s）	冲刷效率（kg/m³）	年份	下游河道最小平滩流量（m³/s）	冲刷效率（kg/m³）
2002	1800	7.32	2010	4000	6.42
2003	2080	19.94	2011	4100	6.86
2004	2730	11.31	2012	4100	3.97
2005	3080	11.24	2013	4100	4.86
2006	3500	7.17	2014	4200	2.72
2007	3630	10.35	2015	4200	4.39
2008	3810	4.94	2016	4200	2.25
2009	3880	7.32	2017	4300	0.50

（5）河势整体向好，局部河段河势仍变化较大

A. 近期下游河道河势变化

a. 白鹤—京广铁路桥河段

该河段 2015 年、2016 年、2017 年汛后分别有 16 处、17 处和 18 处工程靠河。其中靠河较好的有白坡、铁谢、赵沟、化工、大玉兰、孤柏嘴、枣树沟、东安等工程；靠河较差的有逯村、开仪、裴峪、神堤、驾部等工程。不靠河的为铁炉护滩工程。

该段河势基本流路为：白鹤—白坡—铁谢—逯村—花园镇—开仪—赵沟—化工—裴峪—大玉兰—神堤—金沟—驾部—枣树沟—东安—桃花峪—京广铁路桥。

近三年白鹤—京广铁路桥河段出现河势下挫、横河，受洛阳黄河公路大桥和二广高速洛阳黄河大桥的影响，河出铁谢险工后，在逯村工程前坐弯，逯村工程靠河位置偏下首，仅 27# 坝以下靠河，开仪工程、裴峪工程仅下首一道坝靠河，河出裴峪工程后，河势右摆坐弯后折向北流，形成横河，主流顶冲大玉兰工程上延 1# 坝，入流角接近 90°，大玉兰工程前有河心滩出现，主流出工程后基本沿直线下行，神堤工程仅最后一道坝（29# 坝）靠河。受伊洛河口来水的影响，河出神堤工程后分两股，主流居右，张王庄和沙鱼沟工程均不靠河；金沟—孤柏嘴工程河段河势稳定，主流靠邙山山根下行；河出孤柏嘴工程后，孤柏嘴工程对河势控导不力，驾部工程前河势散乱，主流分汊，靠流位置较为偏下；东安—桃花峪工程河段河势稳定性较差，东安工程靠河位置偏下，送流力度较小，致使大河水流不能平顺进入桃花峪工程的迎流段，主流北移坐弯，形成 Ω 形河弯，顶冲新修嘉应观工程，至桃花峪黄河大桥后顺桥墩南行，主流直冲桃花峪工程，入流角较大。

b. 京广铁路桥—东坝头河段

该河段 2015 年、2016 年、2017 年汛后分别有 32 处、30 处和 36 处工程靠河。其中靠河较好的有南裹头、双井、马渡险工及下延、武庄、赵口险工及控导、九堡下延、黑下延、顺河街、王庵、古城控导、府君寺、曹岗控导、欧坦、东坝头控导、东坝头险工等工程；靠河较差的有老田庵、毛庵、花园口险工、大张庄等工程。不靠河有保合寨控导、马庄工程、韦滩控导、曹岗险工。

该段河势基本流路为：京广铁路桥—老田庵—南裹头—花园口险工—东大坝—双井—马渡—武庄—赵口—毛庵—九堡—三官庙—黑石—大张庄—三教堂—黑岗口—顺河街—柳园口—大宫—王庵—古城—府君寺—曹岗—欧坦—贯台—夹河滩—东坝头控导—东坝头险工。

该河段近几年河势变化较大，工程靠河不稳定，受桃花峪工程送流能力偏弱和京广铁路桥（包括老桥和新桥）桥墩梳篦作用的影响，主流到达老田庵工程前右摆坐弯，致使老田庵工程仅尾部 4 道坝靠河；河出老田庵工程后直线下行，保合寨和马庄工程全部脱河；花园口险工和东大坝下延工程前河势分汊，主流居左，右汊靠东大坝下延工程，河出东大

坝下延工程后坐弯北行至双井工程,双井工程靠河在工程的中下部;双井以下至九堡河段工程间迎送流关系良好,水流走向基本符合规划流路,河势稳定。河出九堡下延工程后流向三官庙工程上首,三官庙工程的-1#~10#坝靠河,-10#~-2#坝和尾部11#~42#坝均不靠河;主流出三官庙工程后呈横河之势南行,在韦滩工程上首前又坐弯北行,直冲陡门乡仁村堤,而后又坐弯南行,滑过韦滩工程下首后坐弯转向大张庄工程;大张庄工程仅尾部靠河,主流顶冲大张庄工程下游的三教堂村,而后转向至黑岗口下延工程;顺河街—王庵工程靠河位置偏下;王庵—府君寺工程河段河势归顺,工程间迎送流关系良好,工程靠河位置偏上,府君寺工程前河分两股,主流居右;曹岗下延工程4#坝以下靠河,欧坦工程靠河较为偏上,贯台工程仅尾部靠河,夹河滩工程靠河位置偏下,东坝头控导工程和东坝头险工靠河稳定。

c. 东坝头—陶城铺河段

该河段2015年和2016年汛后有24处工程靠河,2017年汛后靠河工程增加至36处。其中靠河较好的有禅房、蔡集、周营上延及周营、连山寺、龙常治、马张庄、邢庙险工、杨楼、吴老家、梁路口、影唐险工、枣包楼、张堂险工等工程;靠河较差的有青庄险工、南上延、彭楼、李桥、韩胡同等工程。不靠河有三合村控导工程、南小堤险工。

该段河势基本流路为:东坝头—禅房—蔡集—王夹堤—大留寺—王高寨、辛店集—周营—老君堂—于林—西堡城—三合村、青庄—高村—南小堤—刘庄—连山寺—苏泗庄—尹庄、龙常治、马张庄—营房—彭楼—老宅庄、桑庄、芦井—李桥、邢庙—郭集—吴老家—苏阁—杨楼、孙楼—杨集—韩胡同—伟庄、程那里—梁路口—蔡楼—影唐—朱丁庄—枣包楼—国那里、十里堡—张堂工程—丁庄—战屯—肖庄—徐巴士—陶城铺。

东坝头—陶城铺河段河势基本稳定,河势主流线位置变化不大。

东坝头—高村河段,河出东坝头险工后稍外摆,与禅房工程迎送流平顺,主流顶冲禅房工程12#~18#坝,禅房工程前有心滩分布;蔡集工程65#坝以下靠河,主流顶冲位置在60#~65#坝;其下沿王夹堤工程送流至大留寺工程的30#坝附近,王高寨、辛店集工程迎送流平顺,主流顶冲辛店集工程1#~5#;周营上延工程5#坝以下全线靠河稳定,工程前有心滩;老君堂工程靠河位置稍偏下,主流顶冲23#~27#坝,致使河出老君堂工程后外摆;于林工程靠河位置偏下,主流顶冲28#~33#坝;西堡城工程靠河较好,河出西堡城险工后直线下行,河道工程和三合村工程脱河,河走中下行至河道至青庄工程之间河右摆,青庄工程9#坝以下靠河,主流顶冲8#~12#坝;高村险工16#坝以下靠河,主流顶冲20#~25#坝段。

高村—孙口河段,河出高村险工后顺势下行,南小堤上延工程-6#坝开始靠河,从9#坝处河势右摆,9#坝以下至南小堤险工均脱河,南小堤险工26#和27#坝离河较近;刘庄险工36#坝以下靠河,贾庄工程仅与张闫楼连接处24#~25#坝靠河和张闫楼工程1#~2#坝靠河，连山寺上延工程靠河，连山寺工程靠河位置偏下，且入流角度较小；苏泗庄险工迎流位置靠上，向下送流至龙常治工程，龙常治工程上首有河心滩出露，主流居右顶冲 15# ~ 20# 坝，马张庄工程中部 12# 坝以下靠河后转弯南行，垂直顶冲营房工程 23# ~ 28# 坝，在安庄险工的共同作用下，送流至彭楼工程中下部；老宅庄工程上首 1# 坝开始靠河，20# 坝至桑庄险工 19# 坝不靠河，新建的桑庄险工潜坝靠河稳定，降低了抄芦井工程后路的危险；李桥上延工程 30# 坝以下靠河，其下至孙楼工程河段河势平顺稳定；杨楼和孙楼工程靠河位置偏上，上首 1# 坝开始靠大溜，其下至伟庄险工河段河势平顺，于楼工程脱河，程那里—蔡楼河段河势稳定。

孙口—陶城铺河段，河出蔡楼工程后送溜至影唐工程上首，影唐上延 1# 垛以下靠河，影唐工程对河势有效控导，与朱丁庄工程一起将主流送向枣包楼工程，枣包楼与路那里、国那里险工靠河较好，撇开十里堡险工，将溜送向张堂险工；张堂—陶城铺工程河段，除丁庄工程脱河外，其余工程靠河较好，河势较为平顺。

d. 陶城铺以下河段

陶城铺以下河段，河道整治工程较完善，河势整体比较稳定。局部河段由于近期持续小水作用，出现河势上提下挫，如荫柳科、娘娘店等控导工程前河势上提，有抄工程后路风险，马家、段王等工程下首河势下挫，岸滩持续坍塌，局部不利河势若继续发展，可能威胁两岸堤防安全。

B. 近期河势演变特点

通过上述分析可以看出，近期河势演变具有以下特点：

1）东坝头以上河道整治工程布局完善的游荡型河段，心滩有所减少，河道变得相对单一，主流流路基本与规划流路一致，如赵沟—化工、金沟—孤柏嘴河段，但是，在长期的中小水作用下，主溜在上下工程控制的弯道之间容易坐弯，从而影响其下河势的稳定，如开仪—赵沟、赵沟—化工。

2）工程不完善、未完成布点的游荡型河段，河势仍呈现游荡、散乱的特点，与规划流路相距较远，如神堤—金沟、桃花峪—东大坝、三官庙—大张庄等河段。

3）近期持续小水作用下，水流动力不足，造成部分工程脱河或半脱河，如张王庄、保合寨、马庄、河道、三合村、南小堤险工、于楼等工程相继脱河；逯村、开仪、裴峪、东安、老田庵、大张庄、柳园口、顺河街、大宫、王庵、贯台等工程仅下首靠溜，不能有效控导河势。

4）局部河段河势上提下挫，如陶城铺以下河段荫柳科、娘娘店等控导工程上首河势上提后，岸滩持续淘刷坍塌，存在抄工程后路的风险；畸形河势仍然存在，且有所发展，如裴峪、大玉兰、驾部、桃花峪、韦滩工程前出现横河、Ω 形等畸形河湾。

4.4 泥沙多年调节方式论证

4.4.1 中游水库群河道串联模型构建

研究提出了水库群河道串联模型总体框架，包括调度模块、水库模型和河道模型，水库包括古贤、三门峡和小浪底，河道包括黄河下游河道与河口河段，调度模块根据水库冲淤、河道冲淤和来水来沙条件，确定古贤、三门峡和小浪底水库的调控指标，作为水库、河道冲淤计算的边界条件，实现水库、河道冲淤互馈。水库群河道串联模型总体框架和互馈方法如图 4-5 和图 4-6 所示。

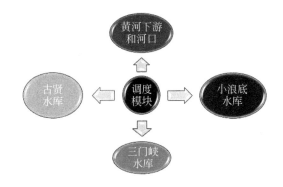

图 4-5 串联模型总体框架

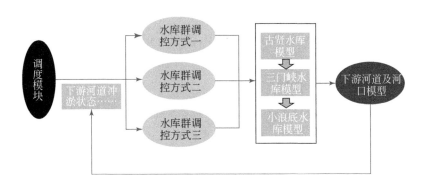

图 4-6 水库群调控与河道冲淤互馈方式

水库、河道冲淤计算均采用一维水动力学模型，模型计算范围如下：①古贤水库。碛口坝下—古贤坝址，支流三川河、屈产河、无定河、清涧河、昕水河、延河毛沟按虚拟水库考虑。②三门峡水库。黄河干流龙门—三门峡坝前、渭河华县以下，汾河、北洛河按点源考虑。③小浪底水库。三门峡坝下—小浪底坝前，支流按虚拟水库考虑。④下游河道及河口。铁谢—河口，支流伊洛河、沁河按点源考虑。模拟按天计算。

水库、河道模型包括输入模块、主程序模块、水流计算模块、泥沙计算模块和输出模块。目前已经完成了模型框架搭建；完成了水库、河道模型（古贤、三门峡、小浪底和下游河道）的调试和初步验证。

4.4.2 黄河中游水库群泥沙多年调节方式论证

当前，进入黄河下游的水沙发生了较大变化，下游河道 4000m³/s 左右适宜的中水河槽规模已经形成，在此河道边界条件下，如何长期维持 4000m³/s 左右中水河槽规模，充分发挥黄河下游河道输沙能力输沙入海，对当前及今后一个时期内黄河中游水库群调度提出新的要求，基于此开展黄河中游水库群泥沙多年调节方式论证。

1. 计算水沙条件

20 世纪 80 年代中期以来，黄河水沙发生了显著变化，径流量和输沙量显著减少，径流量减少主要集中在头道拐以上区域，输沙量减少主要集中在头道拐—龙门区间；汛期径流量占年径流量的比例减少，洪峰流量减小，有利于输沙的大流量天数及相应水沙量减少。目前对人类活动影响较小时期黄土高原侵蚀量的研究成果存在一定差异，一般在 6 亿~10 亿 t。黄河未来水沙量变化既受自然气候因素的影响，又与流域水利工程、水土保持生态建设工程和经济社会发展等人类活动密切相关，长时期总体来看，降水影响有限，水沙变化仍以人类活动影响为主，相对 1919~1959 年天然情况，未来水沙量将有较大幅度的减少。目前对未来黄河输沙量的认识范围一般为 3 亿~8 亿 t，具体数字尚有分歧。

（1）未来黄河来沙 8 亿 t 情景

结合《黄河古贤水利枢纽工程可行性研究报告》（黄河勘测规划设计研究院有限公司，2018 年 12 月）相关研究成果，未来黄河来沙 8 亿 t 情景方案（表 4-20 和图 4-7），龙门站多年平均水量、沙量分别为 213.7 亿 m³、4.86 亿 t，其中汛期水量为 104.3 亿 m³，占全年总水量的 48.8%；汛期沙量为 4.17 亿 t，占全年总沙量的 85.8%，汛期、全年含沙量分别为 40.0kg/m³ 和 22.7kg/m³。

四站多年平均水量为 272.1 亿 m³，其中汛期水量为 140.3 亿 m³，占全年总水量的 51.6%；年平均沙量为 8.00 亿 t，汛期沙量为 7.11 亿 t，占全年总沙量的 88.8%。汛期、全年含沙量分别为 50.7kg/m³ 和 29.4kg/m³。

表 4-20　未来黄河来沙 8 亿 t 情景各站水沙特征值（1956~2010 年系列）

水文站	径流量（亿 m³）			输沙量（亿 t）			含沙量（kg/m³）		
	汛期	非汛期	全年	汛期	非汛期	全年	汛期	非汛期	全年
下河沿	133.6	152.8	286.4	0.76	0.18	0.94	5.7	1.2	3.3
龙门	104.3	109.4	213.7	4.17	0.69	4.86	40.0	6.3	22.7
华县	28.5	17.1	45.6	2.41	0.18	2.59	84.6	10.5	56.8
河津	4.6	3.4	8.0	0.10	0.01	0.11	21.7	2.9	13.8
状头	2.9	1.9	4.8	0.43	0.02	0.45	148.3	10.5	93.8
四站	140.3	131.8	272.1	7.11	0.90	8.01	50.7	6.8	29.4
黑石关	13.2	6.7	19.9	0.06	0	0.06	4.5	0	3.0
武陟	3.9	2.3	6.2	0.02	0	0.02	5.1	0	3.2

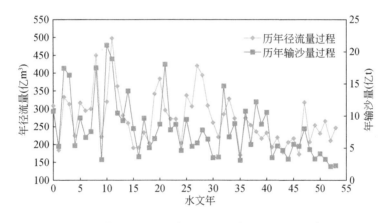

图 4-7　四站（龙华河状）历年径流量、输沙量过程（8 亿 t 情景）

该系列下河沿站最大年水量为 461.95 亿 m³，最小年水量为 220.53 亿 m³，两者比值为 2.1；最大年沙量为 2.55 亿 t，最小沙量为 0.34 亿 t，两者比值为 7.5。龙门站最大年水量为 416.9 亿 m³，最小年水量为 142.8 亿 m³，两者比值为 2.92；最大年沙量为 15.78 亿 t，最小沙量为 0.80 亿 t，两者比值为 19.73。四站最大年水量为 497.8 亿 m³，最小年水量为 169.9 亿 m³，两者比值为 2.93；最大年沙量为 21.04 亿 t，最小沙量为 2.13 亿 t，两者比值为 9.88。

（2）未来黄河来沙 6 亿 t 情景

结合《黄河古贤水利枢纽工程可行性研究报告》（黄河勘测规划设计研究院有限公司，2018 年 12 月）相关研究成果，未来黄河来沙 6 亿 t 情景方案（表 4-21 和图 4-8），龙门站多年平均水量、沙量分别为 205.8 亿 m³、3.64 亿 t，其中汛期水量为 100.4 亿 m³，占

表 4-21　未来黄河来沙 6 亿 t 情景各站水沙特征值（1956～2010 年系列）

水文站	径流量（亿 m³）			输沙量（亿 t）			含沙量（kg/m³）		
	汛期	非汛期	全年	汛期	非汛期	全年	汛期	非汛期	全年
下河沿	133.6	152.8	286.4	0.76	0.18	0.94	5.7	1.2	3.3
龙门	100.4	105.4	205.8	3.12	0.52	3.64	31.1	4.9	17.7
华县	27.5	16.5	44.0	1.81	0.13	1.94	65.8	7.9	44.1
河津	4.4	3.2	7.6	0.08	0.01	0.09	18.2	3.1	11.8
状头	2.8	1.8	4.6	0.32	0.02	0.34	114.3	11.1	73.9
四站	135.1	126.9	262.0	5.33	0.68	6.01	39.5	5.4	22.9
黑石关	13.2	6.7	20.0	0.06	0	0.07	4.5	0	3.0
武陟	3.9	2.3	6.2	0.02	0	0.02	5.1	0	3.2

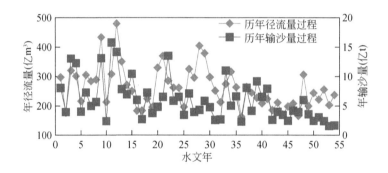

图 4-8　四站（龙华河状）历年径流量、输沙量过程（6 亿 t 情景）

全年总水量的 48.8%；汛期沙量为 3.12 亿 t，占全年总沙量的 85.7%，汛期、全年含沙量分别为 31.1kg/m³ 和 17.7kg/m³。

四站多年平均水量为 262.0 亿 m³，其中汛期水量为 135.1 亿 m³，占全年总水量的 51.6%；年平均沙量为 6.01 亿 t，汛期沙量为 5.33 亿 t，占全年总沙量的 88.7%。全年及汛期平均含沙量分别为 39.5kg/m³ 和 22.9kg/m³（表 4-21 和图 4-8）。

该系列龙门站最大年水量为 401.6 亿 m³，最小年水量为 137.6 亿 m³，两者比值为 2.92；最大年沙量为 11.83 亿 t，最小沙量为 0.60 亿 t，两者比值为 19.72。四站最大年水量为 479.5 亿 m³，最小年水量为 163.6 亿 m³，两者比值为 2.93；最大年沙量为 15.78 亿 t，最小沙量为 1.60 亿 t，两者比值为 9.86。

（3）未来黄河来沙 3 亿 t 情景

对于黄河来沙量 3 亿 t 情景，该沙量体现黄河近一时期来沙量，可选取 2000 年以后实测水沙资料组成设计代表系列。2000 年以来主要测站实测水沙量如表 4-22 所示。2000 年以来四站实测径流量、输沙量过程如图 4-9 所示。

表 4-22　2000 ~ 2015 年黄河来沙 3 亿 t 情景各站水沙特征值

水文站	水量（亿 m³）			沙量（亿 t）			含沙量（kg/m³）		
	汛期	非汛期	全年	汛期	非汛期	全年	汛期	非汛期	全年
下河沿	113.0	149.4	262.4	0.29	0.09	0.38	2.6	0.6	1.4
龙门	77.9	106.3	184.2	1.2	0.3	1.5	15.4	2.8	8.1
华县	30.7	19.7	50.4	1.01	0.08	1.09	32.9	4.1	21.6
河津	2.6	2.0	4.6	0	0	0	0	0	0
状头	3.1	1.8	4.9	0.15	0.01	0.16	48.4	5.6	32.7
四站	114.3	129.8	244.1	2.36	0.39	2.75	20.6	3.0	11.3
黑石关	10.1	8.5	18.6	0.01	0	0.01	1.0	0	0.5
武陟	3.5	1.4	4.9	0.01	0	0.01	2.9	0	2.0

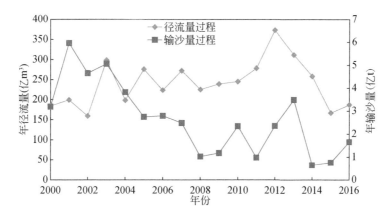

图 4-9　四站（龙华河状）2000 年以来实测径流量、输沙量过程

（4）计算采用水沙条件

本研究采用中游来沙 8 亿 t、6 亿 t、3 亿 t 三种情景方案，分析未来黄河中游水库及下游河道冲淤变化趋势，论证黄河中游水库群泥沙多年调节方式（表 4-23）。

表 4-23　黄河中游不同水沙情景方案径流量、输沙量特征值

情景方案	径流量（亿 m³）			输沙量（亿 t）		
	汛期	非汛期	全年	汛期	非汛期	全年
8 亿 t	140	132	272	7.02	0.91	7.93
6 亿 t	135	127	262	5.27	0.68	5.95
3 亿 t	112	131	243	2.6	0.43	3.03

2. 泥沙多年调节方式拟定

基于近期水库运用条件变化,在黄河中游水库群现状泥沙调节方式基础上,提出了优化的泥沙调节方式进行比选。

(1)现状运用方案

A. 三门峡水库

三门峡水库现状"蓄清排浑"运用,处于冲淤平衡状态。汛期水库控制305m水位运用,洪水期敞泄排沙,非汛期平均运用水位315m,不超过318m。

B. 小浪底水库

当前小浪底水库处于拦沙后期第一阶段,现状运用以蓄水运用为主,视蓄水和来水情况进行造峰,泄放流量3700m³/s、历时5天以上的大流量过程冲刷下游河道,塑造下游河道中水河槽。

(2)优化运用方案

A. 三门峡水库

三门峡水库仍按现状运用方式。

B. 小浪底水库

当前,黄河下游河道4000m³/s左右适宜的中水河槽规模已经形成,水库运用应在现状下游河道中水河槽规模的基础上,考虑未来下游河道河槽规模变化,从以下三个角度提出下游河道减淤对水库调度的要求:①当平滩流量处于3700~4300m³/s时,以维持中水河槽规模,充分发挥河道输沙能力为目标;②当平滩流量<3700m³/s时,以减轻河道淤积,恢复河道中水河槽规模为目标;③当平滩流量>4300m³/s时,以减缓水库淤积,且避免下游河道集中淤积为目标。根据变化环境下提出的水库群综合利用调控指标,水库可泄放含沙量不超过200kg/m³的较高含沙量洪水,尽量多排沙减缓水库淤积,在维持下游河道中水河槽规模的前提下,提高下游河道输沙效率。基于此提出小浪底水库泥沙调节的优化方式,如表4-24所示。

表4-24 小浪底水库泥沙多年调节方式

调度类型	现状方案	优化方案		
		平滩流量<3700m³/s	平滩流量3700~4300m³/s	平滩流量>4300m³/s
造峰	视蓄水和来水情况,3700m³/s、5天以上	同现状	同现状	同现状
高含沙调度	蓄水运用	同现状	$Q_入 \geq 2600$m³/s, $S_入 \geq 200$kg/m³ 蓄水3亿m³, $Q_出 = Q_入$	$Q_入 \geq 2600$m³/s, $S_入 \geq 60$kg/m³ 蓄水2亿m³, $Q_出 = Q_入$

续表

调度类型	现状方案	优化方案		
		平滩流量<3700m³/s	平滩流量 3700~4300m³/s	平滩流量>4300m³/s
泄空冲刷	$Q_{出}=300\text{m}^3/\text{s}$	同现状	$(Q_{潼}+Q_{三})/2\geqslant2600\text{m}^3/\text{s}$ 提前泄空，$Q_{出}=Q_{入}$	$(Q_{潼}+Q_{三})/2\geqslant2600\text{m}^3/\text{s}$ 提前泄空，$Q_{出}=Q_{入}$

4.4.3 水库及河道泥沙冲淤趋势

基于 2017 年河道边界条件，利用数学模型，开展了黄河来沙 8 亿 t、6 亿 t、3 亿 t 小浪底水库及下游河道泥沙冲淤计算。数学模型采用黄河勘测规划设计研究院有限公司研发的黄河中游水库群与中下游河道联动模型。该模型利用小浪底水库 2000 年以来水库实测冲淤资料和 1964 年以来下游河道实测冲淤资料进行了验证，模型计算值与实测值误差在 10% 以内，符合模型计算精度要求。

1. 小浪底水库冲淤变化

黄河来沙 8 亿 t 情景方案，小浪底水库泥沙冲淤计算结果如图 4-10 所示。现状方案，小浪底水库拦沙期结束时间为 2025 年，计算期 50 年末水库累计淤积量为 77.14 亿 m³。优化方案，小浪底水库拦沙期结束时间为 2030 年，计算期 50 年末水库累计淤积量为 75.09 亿 m³。与现状方案相比，优化方案延长水库拦沙年限 5 年。

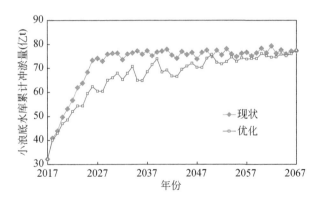

图 4-10 来沙 8 亿 t 小浪底水库泥沙冲淤计算结果

黄河来沙 6 亿 t 情景方案，小浪底水库泥沙冲淤计算结果如图 4-11 所示。现状方案，小浪底水库拦沙期结束时间为 2027 年，计算期 50 年末水库累计淤积量为 77.57 亿 m³。优化方案，小浪底水库拦沙期结束时间为 2037 年，计算期 50 年末水库累计淤积量为

77.89 亿 m³。与现状方案相比，优化方案延长水库拦沙年限 10 年。

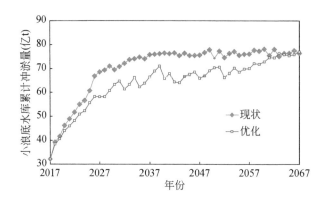

图 4-11　来沙 6 亿 t 不同运用方案小浪底水库泥沙冲淤计算结果

　　黄河来沙 3 亿 t 情景方案，小浪底水库泥沙冲淤计算结果如图 4-12 所示。现状方案，小浪底水库拦沙期结束时间为 2047 年，计算期 50 年末水库累计淤积量为 76.85 亿 m³。优化方案，小浪底水库拦沙期结束时间为 2060 年，计算期 50 年末水库累计淤积量为 72.20 亿 m³。与现状方案相比，优化方案延长水库拦沙年限 13 年。

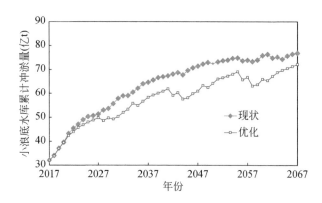

图 4-12　来沙 3 亿 t 小浪底水库泥沙冲淤计算结果

2. 下游河道冲淤变化

　　未来黄河来沙 8 亿 t，现状方案，拦沙期小浪底水库以蓄水拦沙为主，库区运用水位高，淤积速率快，相应的下游河道冲刷大；拦沙期结束后，下游河道快速回淤。优化方案，小浪底水库拦沙使用年限长，拦沙结束后，下游河道也快速回淤，但淤积量小于现状方案。计算期 50 年末，现状方案下游河道累计淤积泥沙 93.46 亿 t，优化方案下游河道累计淤积 80.98 亿 t，少 12.48 亿 t。淤积变化过程如图 4-13 所示。

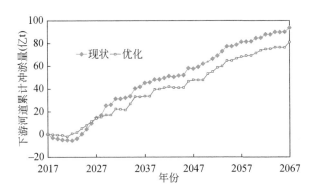

图 4-13　来沙 8 亿 t 下游河道泥沙冲淤计算结果

未来黄河来沙 6 亿 t，下游河道泥沙冲淤计算结果如图 4-14 所示。计算期 50 年末，现状方案下游河道累计淤积 58.63 亿 t，优化方案下游河道累计淤积 47.82 亿 t，少10.81 亿 t。

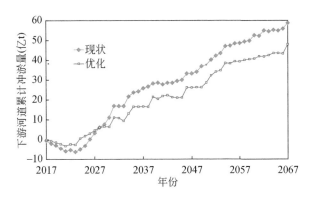

图 4-14　来沙 6 亿 t 下游河道泥沙冲淤计算结果

未来黄河来沙 3 亿 t，下游河道泥沙冲淤计算结果如图 4-15 所示。计算期 50 年末，现状方案下游河道累计淤积 2.16 亿 t，优化方案下游河道累计冲刷 3.27 亿 t，少 5.43 亿 t。

3. 利津站输沙量

（1）8 亿 t 情景

来沙 8 亿 t 利津站输沙入海量如表 4-25 所示，现状方案，拦沙期内（以计算期前 10 年为统计时段）利津站年均输沙入海量为 4.82 亿 t，计算期前 20 年利津站年均输沙入海量为 4.97 亿 t。

图 4-15　来沙 3 亿 t 下游河道泥沙冲淤计算结果

表 4-25　来沙 8 亿 t 不同方案利津站输沙入海量　　　　（单位：亿 t）

方案	2017～2027 年（前 10 年）		2017～2037 年（前 20 年）	
	年均	累计	年均	累计
现状	4.82	48.2	4.97	99.4
优化	5.96	59.6	5.81	116.2
差值（优化-现状）	1.14	11.4	0.84	16.8

优化方案，计算期前 10 年利津站年均输沙入海量为 5.96 亿 t，比现状方案年均输沙入海量多 1.14 亿 t；计算期前 20 年利津站年均输沙入海量为 5.81 亿 t，比现状方案年均输沙入海量多 0.84 亿 t。与现状方案相比，优化方案提高了下游河道输沙效率。

（2）6 亿 t 情景

来沙 6 亿 t 利津站输沙入海量如表 4-26 所示，现状方案，计算期前 10 年利津站年均输沙入海量为 3.59 亿 t，计算期前 20 年利津站年均输沙入海量为 3.68 亿 t。

表 4-26　来沙 6 亿 t 不同方案利津站输沙入海量　　　　（单位：亿 t）

方案	2017～2027 年（前 10 年）		2017～2037 年（前 20 年）	
	年均	累计	年均	累计
现状	3.59	35.9	3.68	73.6
优化	4.54	45.4	4.47	89.4
差值（优化-现状）	0.95	9.5	0.79	15.8

优化方案，计算期前 10 年利津站年均输沙入海量为 4.54 亿 t，比现状方案年均输沙入海量多 0.95 亿 t；计算期前 20 年利津站年均输沙入海量为 4.47 亿 t，比现状方案年均输沙入海量多 0.79 亿 t。与现状方案相比，优化方案提高了下游河道输沙效率。

（3）3 亿 t 情景

来沙 3 亿 t 利津站输沙入海量如表 4-27 所示，现状方案，拦沙期内（以前 30 年统计）利津站年均输沙入海量为 1.66 亿 t，计算期 50 年利津站年均输沙入海量为 1.82 亿 t。

表 4-27　来沙 3 亿 t 不同方案利津站输沙入海量　　　（单位：亿 t）

方案	2017～2047 年（前 30 年）		2017～2067 年（前 50 年）	
	年均	累计	年均	累计
现状	1.66	49.8	1.82	91
优化	2.18	65.4	2.32	116
差值（优化–现状）	0.52	15.6	0.50	25

优化方案，前 30 年利津站年均输沙入海量为 2.18 亿 t，比现状方案年均输沙入海量多 0.52 亿 t；计算期 50 年利津站年均输沙入海量为 2.32 亿 t，比现状方案年均输沙入海量多 0.50 亿 t。与现状方案相比，优化方案提高了下游河道输沙效率。

4. 综合分析

经计算对比，本次提出的水库群泥沙多年调节优化方式，考虑了下游河道不同冲淤状态对水库调度的需求，水库运用不再以蓄水拦沙为主，通过增加泄放含沙量不超过200kg/m^{3}的较高含沙量洪水，延长了水库拦沙年限，在较长时间内维持了下游河道中水河槽规模，减少了下游河道淤积量，提高了下游河道输沙效率，运用效果优于现状方案。

4.5　黄河下游动态输沙需水方案

4.5.1　适宜的河道淤积比例及河槽形态分析

根据《黄河流域综合规划（2012—2030 年）》防洪减淤目标，近期（2020 年）塑造下游 4000m^3/s 左右的中水河槽，逐步恢复主槽行洪排沙能力；远期（2035 年）维持下游 4000m^3/s 的中水河槽。

根据历史上下游河道淤积时期淤积量与来沙量的关系，下游河道淤积比例一般在 15%～30%，且具有汛期淤积、非汛期冲刷的一般性特点，从保障下游防洪安全、实现黄河下游长治久安的战略目标出发，小浪底水库投入拦沙期结束后，下游河道合理淤积比宜不超过 20%。

4.5.2 汛期输沙水量分析

1. 输沙水量计算方法

(1) 方法一

下游河道冲淤量与进入下游的来水量（三黑小站代表进入下游的水沙条件）、来沙量、来水来沙系数等因子关系密切，根据 1950～2002 年水沙及河道冲淤资料，建立控制断面来沙量、河道淤积度与控制站汛期输沙水量的关系，计算公式如下：

$$W = k_1 W_S - k_2 \Delta W_S + C \tag{4-1}$$

式中，W 为利津站输沙塑槽用水量（亿 m³）；W_S 为三黑小沙量（亿 t）；ΔW_S 为下游河段冲淤量（亿 t）；k_1、k_2 为系数；C 为常数。

(2) 方法二

利用汛期进入下游单位水量冲淤量与汛期来水来沙系数建立两者线性关系，如图 4-16 所示，得关系式如下：

$$\frac{S}{Q} = k_1 \cdot \Delta W_S / W + C \tag{4-2}$$

由式（4-2）可以推导出输沙水量表达式如下：

$$W = \frac{(10^6 \cdot k_1^2 \cdot \Delta W_S^2 + 425 \cdot C \cdot W_S)^{0.5} - 10^3 \cdot k_1 \cdot \Delta W_S}{2 \cdot C} \tag{4-3}$$

式中，S 为汛期三黑小含沙量（kg/m³）；Q 为汛期三黑小流量（m³/s）；W 为汛期三黑小水量（亿 m³）；ΔW_S 为汛期下游河道冲淤量（亿 m³）；k_1、C 为系数。

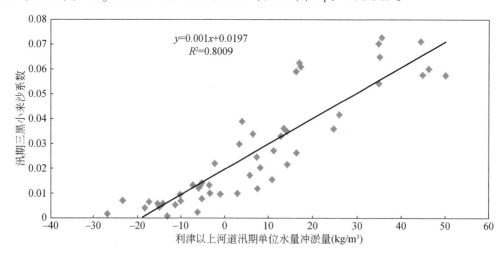

图 4-16 三黑小单位水量冲淤量与汛期来水来沙系数关系

通过建立三黑小单位水量冲淤量与汛期来水来沙系数关系,求得汛期三黑小输沙水量表达式。分别建立汛期花园口、高村、艾山、利津水量与三黑小水量的关系,求得各主要站输沙水量。

花园口: $W = 1.1411 W_{三黑小} - 2.978$

高村: $W = 1.1402 W_{三黑小} - 13.908$

艾山: $W = 1.1831 W_{三黑小} - 22.156$

利津: $W = 1.1954 W_{三黑小} - 38.764$

用指数关系式 [式 (4-3)] 建立输沙水量与水沙因子之间的关系,计算汛期在不同的来沙条件和淤积水平状态下黄河下游主要控制站花园口、高村、艾山、利津的输沙水量。

(3) 方法三

在中国水利水电科学研究院完成的《黄河输沙水量和不同情景方案对相关河段水沙关系及冲淤变化分析》成果中,建立了冲淤修正法利津站输沙水量关系 (图4-17) 及公式:

$$W' = 60.168 W_{S}^{0.5788} - 60 \Delta W_{S} \qquad (4-4)$$

式中,W' 为汛期利津站输沙水量 (亿 m^3);W_{S} 为汛期进入下游的沙量 (亿 t);ΔW_{S} 为汛期下游河道冲淤量 (亿 m^3)。

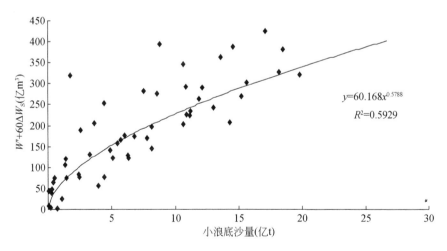

图 4-17 利津汛期输沙水量与小浪底沙量及下游淤积量关系

2. 非汛期冲刷量分析

小浪底水库正常运用期,非汛期下泄清水,全年沙量集中在汛期下泄。参考 2000 年以来下游河道非汛期冲刷情况确定冲刷量,三黑小多年平均非汛期水量为167.3 亿 m^3,利津断面多年平均非汛期水量为 79.0 亿 m^3,下游河道非汛期平均冲刷量 0.51 亿 t。

3. 输沙水量计算结果

利用三种方法计算的下游河道汛期输沙水量如表 4-28 所示。由表 4-28 可知，三种方法计算结果有一定差异。总的来说，下游来沙量越大，同样淤积度的输沙水量越小；来沙量一定的情况下，淤积度越小，输沙水量越大。当下游来沙 7.5 亿 t，控制下游河道淤积度 20%，利津断面汛期需要的输沙水量在 107 亿～135 亿 m³。下游河道除了控制淤积之外，还需要维持一定的中水河槽规模。

表 4-28　黄河下游不同方法计算汛期输沙水量

不同情景方案来沙量（亿 t）	淤积度（%）	下游淤积量（亿 t）		利津输沙水量（亿 m³）		
		汛期	全年	方法一	方法二	方法三
5.6	4.5	0.8	0.3	138	134	131
	9.1	1.0	0.5	129	128	120
	18.2	1.5	1.0	111	116	98
7.5	6.7	1.0	0.5	172	157	150
	13.3	1.5	1.0	152	146	129
	20.0	2.0	1.5	133	135	107

在"黄河下游河道改造与滩区治理研究"中，选择 1956～1999 年和 1977～1982 年共计 50 年设计系列黄河龙门、华县、河津、状头四站来沙量 8 亿 t 方案（对应小浪底、黑石关、武陟三站来沙量 7.70 亿 t），中国水利水电科学研究院、黄河水利科学研究院、黄河勘测规划设计研究院有限公司、清华大学四家单位基于 2012 年起始边界条件，采用数学模型计算现状工程条件下黄河下游河道冲淤及中水河槽变化，如表 4-29 所示。

表 4-29　三黑小设计来沙 7.7 亿 t 下游河道冲淤及中水河槽变化

单位	小浪底+黑石关+武陟		利津		年均冲淤量（亿 t）			平滩流量	
	年水量（亿 m³）	年沙量（亿 t）	年水量（亿 m³）	年沙量（亿 t）	主槽	滩地	全断面	最小（m³/s）	小于 4000m³/s 百分数（%）
中国水利水电科学研究院	272.8	7.70	178.5	4.80	1.03	0.56	1.59	2275	70
黄河水利科学研究院	272.8	7.70	160.4	4.69	1.16	0.53	1.69	2058	95
黄河勘测规划设计研究院有限公司	272.8	7.70	181.1	5.23	1.16	0.46	1.62	2919	60
清华大学	272.8	7.70	176.9	5.24	1.09	0.57	1.66	2410	90

注：利津断面多年平均汛期水量 125 亿～130 亿 m³。

由表 4-29 可知，设计进入下游河道年沙量 7.70 亿 t，相应水量 272.8 亿 m³，现状工程条件 2012 年起始边界条件下，四家单位计算得到未来 50 年下游河道年均淤积量 1.59 亿~1.69 亿 t，最小平滩流量 2058~2919m³/s，虽然河道淤积量与本次考虑的黄河下游淤积量基本相当，但是中水河槽过流能力不能维持 4000m³/s，因此，要维持黄河下游河道中水河槽过流能力 4000m³/s 左右，还需增加汛期输沙水量尤其是大流量过程。

4.5.3 维持中水河槽的塑槽水量分析

（1）汛期水量–平滩流量关系

利用 1965~1999 年利津断面汛期水量和下游最小平滩流量建立相关关系，经分析，两者 4 年滑动平均值相关性相对较好，如式（4-5）和图 4-18 所示。

$$W = 0.000\,41 Q_{\mathrm{pt}}^{1.543\,12} \tag{4-5}$$

式中，W 为利津断面汛期输沙水量（亿 m³）；Q_{pt} 为黄河下游平滩流量（m³/s）。

黄河下游需要维持的最小平滩流量为 4000m³/s，代入式（4-5），经计算，相应的塑槽水量为 150 亿 m³。

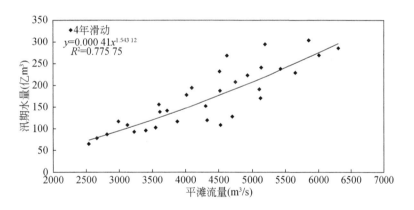

图 4-18 利津断面汛期水量和下游平滩流量关系（4 年滑动平均）

（2）大于 2000m³/s 水量–平滩流量关系

利用 1965~1999 年利津断面汛期流量大于 2000m³/s 的水量和下游最小平滩流量建立相关关系，经分析，同样两者 4 年滑动平均值相关性相对较好，如式（4-6）和图 4-19 所示。

$$W = 1.197\,65 \times 10^{-9} Q_{\mathrm{pt}}^{2.987\,91} \tag{4-6}$$

式中，W 为利津断面汛期流量大于 2000m³/s 的水量（亿 m³）；Q_{pt} 为黄河下游平滩流量（m³/s）。

黄河下游需要维持的最小平滩流量为 4000m³/s，代入式（4-6），经计算，相应汛期流量大于 2000m³/s 的水量为 69 亿 m³。

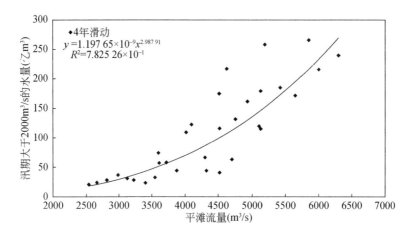

图 4-19　利津断面汛期流量大于 2000m³/s 的水量和下游平滩流量关系 4 年滑动平均

4.5.4　黄河下游输沙需水量

（1）《黄河水资源利用》成果（1986 年）

该成果预测 2000 年水平年均进入黄河下游泥沙为 13 亿～14 亿 t，并经过三门峡水库的调节，集中在汛期下泄。在河道淤积 4.0 亿 t 左右的水平下，应保持利津断面年均入海水量 240 亿 m³，其中汛期 150 亿 m³；年平均最小入海水量不小于 200 亿 m³，汛期不小于 120 亿 m³，如表 4-30 所示。

表 4-30　黄河下游历次输沙水量研究

成果名称	进入下游沙量（亿 t）	下游河道淤积（亿 t）	淤积比（%）	平滩流量（m³/s）	利津汛期输沙水量（亿 m³）
《黄河水资源利用》	13～14	4.0	30.8～28.6	—	120～150
《黄河流域综合规划（2012—2030 年）》	9.0	1.0～2.0	11.1～22.2	—	143～184

（2）《黄河流域综合规划（2012—2030 年）》成果（2013 年）

该成果研究了小浪底水库正常运用期黄河下游的输沙水量。其主要成果为：预测进入黄河下游的泥沙为 9.0 亿 t，在河道淤积 1.35 亿～2.70 亿 t 的水平下（淤积比为 15.0%～30.0%），利津断面年均入海水量 220 亿 m³，其中汛期 170 亿 m³。

与以往输沙水量计算成果相比，由于设计情景方案的来沙量减小，在同样淤积比例条件下，计算得到的汛期输沙水量也有所减小。但是从维持《黄河流域综合规划（2012—2030 年）》提出的下游河道中水河槽规模 4000m³/s 流量的要求，利津断面汛期输沙水量应达到 150 亿 m³ 左右。

（3）本次研究成果

不同来沙情景下，黄河来沙 3 亿 t、6 亿 t 和 8 亿 t 动态高效输沙运用方式利津站输沙水量分别为 65 亿 m³、128 亿 m³ 和 171 亿 m³，比现状运用方式分别节省输沙水量 9.5 亿 m³、18.5 亿 m³ 和 25 亿 m³（表4-31）。

表 4-31　不同来沙情景下黄河下游输沙需水量

年来沙量		3 亿 t	6 亿 t	8 亿 t
现状运用方式	输沙水量（亿 m³）	74.5	146.5	196
	小浪底拦沙量（亿 t）	51.18	56.84	58.84
	下游累计冲淤量（亿 t）	−4.17	24.73	42.13
动态高效输沙运用方式	输沙水量（亿 m³）	65	128	171
	小浪底拦沙量（亿 t）	40.65	44.77	47.32
	下游累计冲淤量（亿 t）	−6.05	16.6	32.98
节省输沙水量（亿 m³）		9.5	18.5	25

4.6　小　　结

（1）开展中游水库群泥沙多年调节运行模式下下游动态输沙需水非常必要

黄河水少沙多、水沙搭配不适是河床淤积抬升的根本原因。河床淤积，河道排洪能力降低是导致下游堤防决口、河流改道和洪水泛滥的根源。历史上大量的泥沙淤积在下游河道，使下游成为著名的"地上悬河"。黄河下游滩区既是黄河滞洪沉沙的场所，也是190 万群众赖以生存的家园，防洪运用和经济发展矛盾长期存在。随着工农业生产的不断发展，黄河水资源供需矛盾显得尤为突出，如何利用有限的水资源来最大限度地满足生产生活用水，同时又能保障一定的输沙水量，用最少的水量去输送更多的泥沙，达到下游河道减淤目的，维持良好的生态环境，始终是黄河下游治理开发一个关键技术问题。基于水沙变化、河道边界条件和经济社会变化，结合黄河流域生态保护和高质量发展重大国家战略要求，现状工程条件下，系统分析中游水库群运用效果，分析变化环境下水库综合利用多目标需求，拟定了中游水库群泥沙多年调节方式，开展输沙水量研究，利用水库调节水沙塑造便于河道输沙的高效水沙搭配过程，这对于维持黄河下游安澜，促进沿黄生态保护和高质量发展具有重要的现实意义。

（2）系统总结了中游水库群运用现状与效果

目前黄河中下游已形成了以中游水库群、下游堤防、河道整治、分滞洪工程为主体的"上拦下排，两岸分滞"防洪工程体系，中游水库群主要为干流的三门峡水库、小浪底水库和支流的陆浑水库、故县水库和河口村水库。

自 2000 年以来，黄河中下游分别于 2003 年、2005 年、2007 年、2010～2013 年、2018～2020 年发生了 14 场花园口站量级超过 4000m³/s（中游水库群还原后）的洪水，通过中游水库（群）科学调度，减轻了黄河下游防洪压力，有效减少了滩区淹没损失，水库运用后花园口站洪峰流量均控制在主槽范围内。黄河下游防凌任务由三门峡、小浪底水库共同承担，目前处于以小浪底水库防凌运用为主的阶段，2000～2019 年凌汛主要阶段，有 10 年以放水为主，有 10 年水库以蓄水为主，最大蓄水量 16.2 亿 m³；通过水库防凌调度，黄河下游流量调控能力明显增强，出库水温升高使零温断面下移，凌情明显减轻，保证了凌汛期内下游沿程水量平衡递减。小浪底水库 1999 年 10 月蓄水运用以来，通过水库群拦沙和调水调沙，黄河下游河道全线冲刷，截至 2020 年 4 月下游河道利津以上累计冲刷量达 28.30 亿 t，全下游累计冲刷 29.24 亿 t，主槽冲刷降低 2.5m，下游河道最小平滩流量已由 2002 年汛前的 1800m³/s 增加至 4350m³/s；根据黄河干支流水情和水库蓄水情况，黄河水利委员会组织开展了 19 次黄河调水调沙，通过干支流水库群联合调度，黄河下游河道得到全线冲刷，尤其是高村以下河段冲刷明显；水库库容可以得到恢复，调整了库区淤积形态，提高了下游河道输沙效率；水库群运用还在供水、灌溉、发电、改善生态等方面发挥了重要的作用。

（3）提出了变化环境下水库综合利用多目标需求

1）防洪运用需求：结合以往小浪底水库设计阶段及《黄河中下游近期洪水调度方案》《黄河防御洪水方案》《黄河洪水调度方案》水库群防洪控制流量指标研究成果，基于当前流域生态保护和高质量发展对防洪运用要求，提出取花园口流量 4000m³/s、10 000m³/s 作为水库群的防洪控制指标。

2）防凌运用需求：综合黄河下游近期凌情变化特点、水库实际调度效果以及下游防凌形势，凌汛期（12 月 1 日至次年 2 月底）通过三门峡、小浪底水库联合运用，预留防凌库容 35 亿 m³，其中小浪底水库 20 亿 m³，控制下游河段利津站封河流量不超过 300m³/s，可基本满足防凌水量调节要求，减轻下游凌汛威胁。

3）减淤运用需求：研究了下游最小平滩流量和进入下游汛期平均水量、场次洪水平均水量的关系，提出中游水库调度应以维持中水河槽规模、充分发挥河道输沙能力为目标，水库应塑造不小于 2600m³/s 以上的洪水过程，历时不小于 6 天，同时 3500m³/s 以上流量洪水须占有一定比例。分析了黄河下游河道冲淤特性，为充分发挥下游河道输沙能力，在下游河槽规模较大时（3700～4300m³/s 或 4300m³/s 以上），当入库流量在 2600m³/s 以上、含沙量在 60kg/m³ 以上时，水库增加高含沙洪水排沙概率；在下游河道规模较小时（3700m³/s 以下），水库调度原则应调整为以减轻河道淤积、恢复河道中水河槽规模为目标，水库多拦沙、少排沙，拦截高含沙洪水过程，塑造有利于下游河道冲刷的水沙过程。

4）供水、灌溉、发电、生态环境需求：水库群供水灌溉要求，根据《黄河流域水资源综合规划》成果，确定按西线生效前考虑配置水量，黄河小浪底以下干流河段总计引黄配置水量为 99.86 亿 m³。按单台机组考虑，三门峡水库发电要求出库最小流量不小于 200m³/s，小浪底水库发电要求小浪底出库最小流量不小于单机满发流量 296m³/s，最低水位不低于 205m。利津断面生态环境水量分月过程，汛期平均最小流量（不含输沙水量）为 220m³/s，非汛期 4 月为 75m³/s，5～6 月为 75m³/s，非汛期 11 月至次年 3 月则按照黄河水量调度年预案编制情况，按 100m³/s 控制。考虑防凌、供水、灌溉、生态、发电等多种需求，反推小浪底水库最小下泄流量，1 月为 350m³/s，2 月为 580m³/s，3 月为 650m³/s，4 月为 620m³/s，5 月为 530m³/s，6 月为 480m³/s，7～12 月为 300m³/s。

（4）分析提出了主要控制站的水沙代表系列

黄河具有水少沙多、水沙关系不协调、水沙异源、水沙年际变化大且年内分配不均、不同地区泥沙颗粒组成不同等特点。20 世纪 80 年代中期以来，黄河水沙发生了显著变化，径流量和输沙量显著减少，径流量减少主要集中在头道拐以上区间，输沙量减少主要集中在头道拐—龙门区间；汛期径流量占年径流量的比例减少，洪峰流量减小，有利于输沙的大流量天数及相应水沙量减少。目前对人类活动影响较小时期黄土高原侵蚀量的研究成果存在一定差异，一般在 6 亿～10 亿 t。

采用黄河龙门、华县、河津、状头四站合计来沙 8 亿 t、6 亿 t、3 亿 t 情景方案，论证中游水库群时空对接机制。未来黄河中游四站 8 亿 t 情景（1959～2008 年 50 年设计水沙系列），四站设计年水量 272 亿 m³、年沙量 7.93 亿 t；6 亿 t 情景（1959～2008 年 50 年设计水沙系列），四站设计年水量 262 亿 m³、年沙量 5.95 亿 t；3 亿 t 情景（2000～2013 年实测 14 年系列连续循环 3 次加上 2002～2009 年组成 50 年系列），四站设计年水量 243 亿 m³、年沙量 3.03 亿 t。

（5）拟定了中游水库群泥沙多年调节方式

现状黄河中游子体系中，主汛期协调黄河下游水沙关系的任务主要由小浪底水库承担，三门峡水库汛期敞泄运用，陆浑水库、故县水库、河口村水库配合进行实时空间尺度的水沙联合调度，通过时空差的控制，实现水沙过程在花园口的对接，塑造协调的水沙关系。当前，进入黄河下游的水沙发生了较大变化，下游河道 4000m³/s 左右适宜的中水河槽规模已经形成，基于充分发挥黄河下游河道输沙能力输沙入海，长期维持 4000m³/s 左右中水河槽规模，论证提出了黄河中游水库群泥沙多年调节方式。

1）三门峡水库、陆浑水库、故县水库、河口村水库仍按现状运用方式。

2）小浪底水库运用方式。当前，黄河下游河道 4000m³/s 左右适宜的中水河槽规模已经形成，水库运用应在现状下游河道中水河槽规模的基础上，考虑未来下游河道河槽规模变化，从以下三个角度提出下游河道减淤对水库调度的要求：①当平滩流量处于 3700～4300m³/s 时，以维持中水河槽规模，充分发挥河道输沙能力为目标；②当平滩流量 <3700m³/s 时，以减轻河道淤积，恢复河道中水河槽规模为目标；③当平滩流量 >4300m³/s 时，以减缓水库淤积，且避免下游河道集中淤积为目标。根据变化环境下提出的水库群综合利用调控指标，水库可泄放含沙量不超过 200kg/m³ 的较高含沙量洪水，尽量多排沙减缓水库淤积，在维持下游河道中水河槽规模的前提下，提高下游河道输沙效率。

（6）论证评价了不同来沙情景下水库及河道冲淤趋势

在黄河来沙 3 亿～8 亿 t 情景下，小浪底水库考虑现状运用方式和高效动态高效输沙运用方式两种模式，采用中游水库群河道串联模型分析论证了小浪底水库及河道冲淤趋势。

黄河来沙 8 亿 t 情景方案。现状方案，小浪底水库拦沙期结束时间为 2025 年，计算期 50 年末水库累计淤积量为 77.14 亿 m³；优化方案，小浪底水库拦沙期结束时间为 2030 年，计算期 50 年末水库累计淤积量为 75.09 亿 m³；与现状方案相比，优化方案延长水库拦沙年限 5 年。现状方案，拦沙期小浪底水库以蓄水拦沙为主，库区运用水位高，淤积速率快，相应的下游河道冲刷大；拦沙期结束后，下游河道快速回淤。优化方案，小浪底水库拦沙使用年限长，拦沙期结束后下游河道也快速回淤，但淤积量小于现状方案。计算期 50 年末，现状方案下游河道累计淤积泥沙 93.46 亿 t，优化方案下游河道累计淤积 80.98 亿 t，少 12.48 亿 t。现状方案，拦沙期内（以计算期前 10 年为统计时段）利津站年均输沙入海量为 4.82 亿 t，计算期前 20 年利津站年均输沙入海量为 4.97 亿 t。优化方案，计算期前 10 年利津站年均输沙入海量为 5.96 亿 t，比现状方案年均输沙入海量多 1.14 亿 t；计算期前 20 年利津站年均输沙入海量为 5.81 亿 t，比现状方案年均输沙入海量多 0.84 亿 t。与现状方案相比，优化方案提高了下游河道输沙效率。

黄河来沙 6 亿 t 情景方案。现状方案，小浪底水库拦沙期结束时间为 2027 年，计算期 50 年末水库累计淤积量为 77.57 亿 m³。优化方案，小浪底水库拦沙期结束时间为 2037 年，计算期 50 年末水库累计淤积量为 77.89 亿 m³。与现状方案相比，优化方案延长水库拦沙年限 10 年。计算期 50 年末，现状方案下游河道累计淤积 58.63 亿 t，优化方案下游河道累计淤积 47.82 亿 t，少 10.81 亿 t。现状方案，计算期前 10 年利津站年均输沙入海量为 3.59 亿 t，计算期前 20 年利津站年均输沙入海量为 3.68 亿 t。优化方案，计算期前 10 年利津站年均输沙入海量为 4.54 亿 t，比现状方案年均输沙入海量多 0.95 亿 t；计算期前 20 年利津站年均输沙入海量为 4.47 亿 t，比现状方案年均输沙入海量多 0.79 亿 t。

黄河来沙3亿t情景方案。现状方案，小浪底水库拦沙期结束时间为2047年，计算期50年末水库累计淤积量为76.85亿m³。优化方案，小浪底水库拦沙期结束时间为2060年，计算期50年末水库累计淤积量为72.20亿m³。与现状方案相比，优化方案延长水库拦沙年限13年。计算期50年末，现状方案下游河道累计淤积2.16亿t，优化方案下游河道累计冲刷3.27亿t，少5.43亿t。现状方案，拦沙期内（以前30年统计）利津站年均输沙入海量为1.66亿t，计算期50年利津站年均输沙入海量为1.82亿t。优化方案，前30年利津站年均输沙入海量为2.18亿t，比现状方案年均输沙入海量多0.52亿t；计算期50年利津站年均输沙入海量为2.32亿t，比现状方案年均输沙入海量多0.50亿t。

（7）提出了黄河下游动态高效输沙需水量

黄河来沙3亿~8亿t情景下，对比分析了小浪底水库现状运用方式和高效动态高效输沙运用方式两种模式下黄河下游的输沙需水量。

黄河来沙3亿t、6亿t和8亿t，动态高效输沙运用方式利津站输沙水量分别为65亿m³、128亿m³和171亿m³，比现状运用方式分别节省输沙水量9.5亿m³、18.5亿m³和25亿m³。

第 5 章 黄河上游宁蒙河道高效输沙需水量研究

黄河上游宁蒙河道大部分河段属于冲积性河道，河道冲淤、输沙与水沙条件关系密切，要想保持河流的生命力，具有适宜的过流能力，就需要维持一定的水流强度和适宜的来沙条件，但是一定量级的水流条件只能挟带一定量级的泥沙，当挟带的泥沙超过水流本身的挟沙能力时，泥沙将发生不同程度的淤积；当挟带的泥沙小于本身的挟沙能力时，河道将发生冲刷，河床给予一定量的泥沙补给。

黄河上游水沙异源、水沙关系不协调，水量主要来源于兰州以上，沙量主要来源于支流祖厉河、清水河和十大孔兑，这些支流洪水基本属于高含沙洪水，上游汛期洪水与支流孔兑高含沙洪水遭遇后，能够对高含沙洪水起到稀释作用，这也是自然状态下河道自身具有的一种自调节能力，使河道维持适宜的水沙搭配条件和水流强度，从而形成能够满足输水输沙等要求的河床形态。

龙羊峡和刘家峡水库的修建运用调节其进入下游的水沙过程，因此需要在兼顾防洪、灌溉、防凌、发电等的同时，应适当调节径流年内分配及水流过程，保障汛期和洪水期宁蒙河道有一定的输沙水量，在宁蒙河道水沙输移规律的基础上，协调适宜的水沙关系，从而实现宁蒙河道高效输沙、节省输沙用水量的目的。同时对于河道稳定、河槽萎缩是有利的，也是十分必要的。

对于宁蒙河道输沙水量的研究，不同学者都进行了大量的研究工作，申冠卿等（2005）利用典型断面的输沙关系规律，给出了年内不同时期的输沙计算公式，考虑宁蒙河道年淤积量在 0.2 亿 t、非汛期不淤积或者非汛期淤积 0.07 亿 t 两种条件，给出河口镇断面的不同来沙条件下全年和汛期输沙水量。非汛期不淤积，河口镇断面输沙水量全年和汛期分别为 214 亿 m³ 和 112 亿 m³。非汛期淤积 0.07 亿 t，河口镇断面输沙水量全年和汛期分别为 205 亿 m³ 和 119 亿 m³。

侯素珍和王平（2005）对宁蒙河道典型河段三湖河口—头道拐河段进行了研究，给出了达到和维持内蒙古 2500m³/s 左右时，三湖河口断面需要的径流条件，汛期水量需要70 亿 m³，年水量需要 170 亿 m³，需要洪峰流量约 2000m³/s、洪量 25 亿 m³ 的洪水过程。

在已有的研究工作中，仅给出了宁蒙河道出口断面河口镇和内蒙古三湖河口断面的输沙水量，缺少对宁蒙河道进口控制站下河沿站的输沙水量，以及宁蒙河道典型断面的高效输沙水量，为此本章主要以黄河上游宁蒙河道为研究对象，研究河道冲淤、输沙能力变化与水沙条件之间的响应关系，确定宁蒙河道不同水沙条件下的合理目标规模，提出宁蒙河道典型断面不同水平年高效输沙水量及典型来沙年份的动态输沙水量，为黄河水量分配优化提供基础支撑。

5.1 宁蒙河段河道水沙及河道冲淤

5.1.1 河道特性

黄河宁蒙河段位于宁夏和内蒙古境内，是黄河上游的下段，即黄河自宁夏下河沿至内蒙古头道拐河段，约占黄河总长的 1/5，分为宁夏河段（下河沿—石嘴山）和内蒙古河段（石嘴山—头道拐）。其中宁夏下河沿—青铜峡河段长 124km，河道迂回曲折，河心滩地多，河宽 200～3300m，河道平均比降 7.8；青铜峡—石嘴山河段长 194.6km，河宽 200～5000m，河道平均比降 2.0。宁夏河段自中卫南长滩翠柳沟入境至石嘴山头道坎麻黄沟（尾部都思兔河河口—麻黄沟沟口为宁夏与内蒙古的界河）出境，全长 397.2km，其中石嘴山以上长 372.4km。全河段由峡谷段、库区段和平原段三部分组成。峡谷段由黑山峡峡谷段和石嘴山峡谷段组成，总长 86.12km，在黑山峡峡谷段规划有大柳树水利枢纽和已建成的沙坡头水利枢纽。库区段为青铜峡库区，自中宁枣园至青铜峡枢纽坝址，全长 44.14km。下河沿—枣园及青铜峡坝址至石嘴山的平原段长 266.74km。按其河道特性，翠柳沟—麻黄沟可分为 5 个河段（李鹏和哈岸英，1999）（表 5-1）。

表 5-1 黄河宁夏河段河道特性

河段	河型	河长（km）	平均河宽（m）	主槽宽（m）	比降（‰）
翠柳沟—下河沿	山区	61.5	200	200	8.7
下河沿—仁存渡	非稳定分汊型	158.9	1700	400	7.3
仁存渡—头道墩	过渡型	69.2	2500	550	1.5
头道墩—石嘴山	游荡型	82.8	3300	650	1.8
石嘴山—麻黄沟	峡谷型	24.62	400	400	5.6

注：河道长 397.2km，其中整治河道长 266.74km。

黄河内蒙古段地处黄河最北端（吴海亮和周丽艳，2014），都思兔河口—马栅镇全长 843.5km，其中石嘴山以下 823.0km。受两岸地形控制，形成峡谷与宽河段相间出现，石嘴山—海勃湾库尾、海勃湾坝下—磴口、喇嘛湾—马栅镇为峡型河道，河道长度分别为 20.3km、33.1km 和 120.8km，其余河段河面开阔，由游荡型、过渡型及弯曲型河道组成。

各河段河道基本特性如表 5-2 所示。

表 5-2 黄河内蒙古河道基本特性

序号	河段	河型	河长（km）	平均河宽（m）	主槽宽（m）	比降（‰）	弯曲系数
1	都思兔河口—石嘴山	游荡型	20.5	3300	650	1.8	1.23
2	石嘴山—海勃湾库尾	峡谷型	20.3	400	400	5.6	1.50
3	海勃湾库区		33.0	540	400		
4	海勃湾坝下—磴口	峡谷型	33.1	1800	500	1.5	1.31
5	三盛公库区		54.2	2000	1000		
6	巴彦高勒—三湖河口	游荡型	221.1	3500	750	1.7	1.28
7	三湖河口—昭君坟	过渡型	126.4	4000	710	1.2	1.45
8	昭君坟—头道拐	弯曲型	173.8	上段3000、下段2000	600	1.0	1.42
9	头道拐—喇嘛湾	过渡型	40.3	1300	400	1.7	1.10
10	喇嘛湾—马栅镇	峡谷型	120.8	500	300	1.7	1.10
	合计		843.5				

5.1.2 宁蒙河道来水来沙特点

（1）干流来水来沙特点

为分析各站不同时期水沙量变化，以龙羊峡、刘家峡水库运用和水沙实际情况及实测资料情况，将宁蒙河道长时期划分为 1952～1960 年、1961～1968 年、1969～1986 年、1987～1999 年、2000～2018 年五个时期，其中 1952～1960 年为天然时期，1961～1968 年为盐锅峡和青铜峡运用时期，1969～1986 年为刘家峡水库单库运用时期，1987～2018 年为龙羊峡、刘家峡水库联合运用时期，由于 2000 年前后河道来沙量变化较大，又将该时期分为 1987～1999 年和 2000～2018 年来分析。

统计宁蒙河道下河沿、青铜峡、石嘴山、巴彦高勒、三湖河口和头道拐各站不同时期运用年水沙情况（表 5-3），可以看到，与多年均值 1952～2018 年相比，1952～1960 年、1961～1968 年、1969～1986 年三个时期年均水量偏多，各站分别偏多 1.7%～26.5%、28.5%～40.9% 和 2.7%～13.7%。而 1987～1999 年和 2000～2018 年水量有所减少，减少范围在 16.0%～25.7% 和 9.3%～21.2%。各站年均沙量 1952～1960 年、1961～1968 年有所偏多，偏多范围分别为 54.0%～151.0% 和 40.8%～120.4%，1969 年之后，除头道拐站在 1969～1986 年偏多 15.9% 外，其他各站年均沙量均减少，随着时间变化，减幅增大，即 1969～1986 年、1987～1999 年和 2000～2012 年分别减少 4.2%～24%、15.4%～

53.4% 和 48.5% ~ 61.6%。

表 5-3 宁蒙河道不同时期运用年水沙量

项目	时段	下河沿	青铜峡	石嘴山	巴彦高勒	三湖河口	头道拐
年水量 (亿 m³)	1952 ~ 1960 年	300.5	296.3	281.0	271.1	236.1	232.9
	1961 ~ 1968 年	379.6	322.7	358.7	301.9	299.1	299.6
	1969 ~ 1986 年	318.7	242.9	295.9	234.7	245.1	239.2
	1987 ~ 1999 年	248.3	181.2	227.4	159.3	168.2	162.5
	2000 ~ 2018 年	267.9	203.5	235.4	168.8	179.7	167.7
	1952 ~ 2018 年	295.5	236.5	271.0	214.3	216.9	210.4
年沙量 (亿 t)	1952 ~ 1960 年	2.338	2.661	2.115	2.156	1.824	1.466
	1961 ~ 1968 年	1.923	1.492	1.935	1.694	1.972	2.098
	1969 ~ 1986 年	1.07	0.806	0.971	0.833	0.930	1.103
	1987 ~ 1999 年	0.871	0.897	0.910	0.703	0.507	0.444
	2000 ~ 2018 年	0.431	0.472	0.572	0.399	0.500	0.432
	1952 ~ 2018 年	1.122	1.060	1.115	0.965	0.970	0.952
与 1952 ~ 2018 年比水量变幅 (%)	1952 ~ 1960 年	1.7	25.3	3.7	26.5	8.9	10.7
	1961 ~ 1968 年	28.5	36.4	32.4	40.9	37.9	42.4
	1969 ~ 1986 年	7.9	2.7	9.2	9.5	13.0	13.7
	1987 ~ 1999 年	-16.0	-23.4	-16.1	-25.7	-22.5	-22.8
	2000 ~ 2018 年	-9.3	-14.0	-13.1	-21.2	-17.2	-20.3
与 1952 ~ 2018 年比沙量变幅 (%)	1952 ~ 1960 年	108.4	151.0	89.7	123.4	88.0	54.0
	1961 ~ 1968 年	71.4	40.8	73.5	75.5	103.2	120.4
	1969 ~ 1986 年	-4.6	-24.0	-12.9	-13.6	-4.2	15.9
	1987 ~ 1999 年	-22.4	-15.4	-18.3	-27.2	-47.7	-53.4
	2000 ~ 2018 年	-61.6	-55.5	-48.7	-58.7	-48.5	-54.6

进一步分析宁蒙河道各水文站水沙量年内分配情况（表 5-4），1968 年之后各时期汛期水量减少，非汛期水量增加。1968 年之前汛期水量占年水量的比例范围在 61.6% ~ 63.7%，1969 ~ 1986 年汛期水量占年水量比例减少到 53% ~ 54.9%，1987 年之后进一步减少到 37.1% ~ 45.9%，非汛期水量 1968 年之后变化不大，如下河沿站水量在 142.9 亿 ~ 150.1 亿 m³，三湖河口站非汛期水量在 102.4 亿 ~ 114.2 亿 m³。

表5-4　不同时期兰州—头道拐河段主要水文站水量年内分配变化

水文站	时段及年内分配比例	水量				
		1952~1960年	1961~1968年	1969~1986年	1987~1999年	2000~2018年
下河沿	非汛期（亿 m³）	115.3	144.6	149.6	142.9	150.1
	汛期（亿 m³）	185.2	235.0	169.1	105.4	117.8
	全年（亿 m³）	300.5	379.6	318.7	248.3	267.9
	汛期/全年（%）	61.6	61.9	53.1	42.4	44.0
青铜峡	非汛期（亿 m³）	112.9	118.0	111.5	105.1	112.8
	汛期（亿 m³）	183.4	204.8	131.4	76.1	90.7
	全年（亿 m³）	296.3	322.8	242.9	181.2	203.5
	汛期/全年（%）	61.9	63.4	54.1	42.0	44.6
石嘴山	非汛期（亿 m³）	105.3	130.4	133.5	127.4	127.3
	汛期（亿 m³）	175.7	228.4	162.3	100.0	108.1
	全年（亿 m³）	281.0	358.8	295.8	227.4	235.4
	汛期/全年（%）	62.5	63.7	54.9	44.0	45.9
巴彦高勒	非汛期（亿 m³）	102.0	110.6	110.2	100.2	98.6
	汛期（亿 m³）	169.1	191.2	124.5	59.1	70.2
	全年（亿 m³）	271.1	301.8	234.7	159.3	168.8
	汛期/全年（%）	62.4	63.4	53.0	37.1	41.6
三湖河口	非汛期（亿 m³）	89.5	109.1	114.2	102.4	103.4
	汛期（亿 m³）	146.6	190.0	130.9	65.8	76.3
	全年（亿 m³）	236.1	299.1	245.1	168.2	179.7
	汛期/全年（%）	62.1	63.5	53.4	39.1	42.5
头道拐	非汛期（亿 m³）	88.5	110.6	109.3	97.9	95.8
	汛期（亿 m³）	144.4	189.0	129.9	64.6	71.9
	全年（亿 m³）	232.9	299.6	239.2	162.5	167.7
	汛期/全年（%）	62.0	63.1	54.3	39.8	42.9

　　水库运用以后沙量在年内分配也相应发生变化，变化幅度小于水量（表5-5）。可以看到，在天然情况下，下河沿—头道拐各水文站汛期沙量变化范围为1.247亿~2.391亿t，占年沙量的比例为83.3%~89.9%，1961~1968年汛期沙量范围为1.348亿~1.674亿t，占年沙量的比例为78.3%~90.3%，刘家峡水库单库运用期间下降为0.630亿~0.895亿t，占年沙量的比例为73.5%~90.2%，两库联合运用之后的1987~1999年，汛期沙量进一步减少到0.280亿~0.791亿t，占年沙量比例为61.7%~88.2%；到2000~2018年，汛期沙量进一步减少到0.204亿~0.417亿t，占年沙量比例下降到51.1%~88.4%。

表 5-5　不同时期宁蒙河段主要水文站沙量年内分配变化

水文站	时段及年内分配比例	沙量				
		1952~1960 年	1961~1968 年	1969~1986 年	1987~1999 年	2000~2018 年
下河沿	非汛期（亿 t）	0.267	0.289	0.175	0.176	0.096
	汛期（亿 t）	2.071	1.634	0.895	0.695	0.335
	全年（亿 t）	2.338	1.923	1.070	0.871	0.431
	汛期/全年（%）	88.6	85.0	83.6	79.8	77.7
青铜峡	非汛期（亿 t）	0.270	0.144	0.079	0.106	0.055
	汛期（亿 t）	2.391	1.348	0.727	0.791	0.417
	全年（亿 t）	2.661	1.492	0.806	0.897	0.472
	汛期/全年（%）	89.9	90.3	90.2	88.2	88.4
石嘴山	非汛期（亿 t）	0.354	0.420	0.257	0.296	0.211
	汛期（亿 t）	1.761	1.515	0.714	0.614	0.361
	全年（亿 t）	2.115	1.935	0.971	0.910	0.572
	汛期/全年（%）	83.3	78.3	73.5	67.5	63.1
巴彦高勒	非汛期（亿 t）	0.305	0.292	0.203	0.269	0.195
	汛期（亿 t）	1.851	1.402	0.630	0.434	0.204
	全年（亿 t）	2.156	1.694	0.833	0.703	0.399
	汛期/全年（%）	85.9	82.8	75.6	61.7	51.1
三湖河口	非汛期（亿 t）	0.263	0.373	0.198	0.184	0.217
	汛期（亿 t）	1.561	1.599	0.732	0.323	0.283
	全年（亿 t）	1.824	1.972	0.930	0.507	0.500
	汛期/全年（%）	85.6	81.1	78.7	63.7	56.6
头道拐	非汛期（亿 t）	0.219	0.424	0.235	0.164	0.185
	汛期（亿 t）	1.247	1.674	0.868	0.280	0.247
	全年（亿 t）	1.466	2.098	1.103	0.444	0.432
	汛期/全年（%）	85.1	79.8	78.7	63.1	57.2

（2）支流水沙变化特点

清水河、苦水河是宁夏河段入汇较大的支流，统计两条支流不同时期的水沙量情况（表 5-6），可以看到，清水河泉眼山站 1960~2018 年长时期年均径流量为 1.131 亿 m³，与长时期相比，1960~1968 年、1987~1999 年和 2000~2018 年三个时段水量分别为 1.380 亿 m³、1.262 亿 m³ 和 1.247 亿 m³，偏多 10.3%~22.0%；1969~1986 年水量为

0.791 亿 m³，偏少 30.1%。从不同时期的沙量来看，与长时期的 0.229 亿 t 相比，仅有 1987～1999 年偏多 74.7%，其他三个时段沙量分别为 0.183 亿 t、0.177 亿 t 和 0.184 亿 t，偏少 19.7%～22.7%。从苦水河郭家桥站不同时期的水量来看，1960～2018 年长时期年均径流量为 0.995 亿 m³，从时期分布上看，1960～1968 年和 1969～1986 年水量分别为 0.217 亿 m³ 和 0.664 亿 m³，分别偏少 78.2% 和 33.3%，1987～1999 年和 2000～2018 年水量分别偏多 54.2% 和 31.5%；从郭家桥站年输沙量来看，长时期年均输沙量为 0.045 亿 t，其中 1987～1999 年沙量为 0.103 亿 t，偏多 128.9%，其他三个时段沙量均偏少，偏少范围为 28.9%～53.3%。

表 5-6　宁蒙河段支流水文站实测水沙统计（运用年）

站名	时段	年径流量		年输沙量	
		均值（亿 m³）	与多年平均比较（%）	均值（亿 t）	与多年平均比较（%）
清水河（泉眼山）	1960～1968 年	1.380	22.0	0.183	−20.1
	1969～1986 年	0.791	−30.1	0.177	−22.7
	1987～1999 年	1.262	11.6	0.4	74.7
	2000～2018 年	1.247	10.3	0.184	−19.7
	1960～2018 年	1.131		0.229	
苦水河（郭家桥）	1960～1968 年	0.217	−78.2	0.021	−53.3
	1969～1986 年	0.664	−33.3	0.03	−33.3
	1987～1999 年	1.534	54.2	0.103	128.9
	2000～2018 年	1.308	31.5	0.032	−28.9
	1960～2018 年	0.995		0.045	

十大孔兑是内蒙古河段的主要来沙支流，但是仅有西柳沟、毛不拉沟、罕台川有实测水沙资料，以这三条支流的实测资料为基础，缺少实测资料的孔兑根据其邻近孔兑的侵蚀模数进行沙量推算，得到十大孔兑的输沙量（表 5-7），十大孔兑长时期的年均水量为 0.480 亿 m³，与长时期相比，1960～1968 年、1969～1986 年、1987～1999 年水量偏多 4.2%～36.5%，水量分别为 0.539 亿 m³、0.500 亿 m³ 和 0.655 亿 m³，2000～2018 年水量偏少 34.6%，水量为 0.314 亿 m³。十大孔兑长时期年均沙量为 0.183 亿 t，其中 1960～1968 年、1969～1986 年、1987～1999 年沙量分别为 0.256 亿 t、0.187 亿 t 和 0.318 亿 t，与长时期相比，分别偏多 2.2%～73.8%，2000～2018 年沙量为 0.051 亿 t，与多年均值相比减少 72.1%。

表 5-7 十大孔兑水沙统计（运用年）

站名	时段	年径流量		年输沙量	
		均值（亿 m³）	与多年平均比较（%）	均值（亿 t）	与多年平均比较（%）
西柳沟 （龙头拐）	1960～1968 年	0.340	22.7	0.035	2.9
	1969～1986 年	0.289	4.3	0.033	-2.9
	1987～1999 年	0.337	21.7	0.071	108.8
	2000～2018 年	0.190	-31.4	0.010	-70.6
	1960～2018 年	0.277		0.034	
毛不拉沟 （图格日格）	1960～1968 年	0.094	-16.1	0.024	-31.4
	1969～1986 年	0.109	-2.7	0.024	-31.4
	1987～1999 年	0.195	74.1	0.09	157.1
	2000～2018 年	0.067	-40.2	0.012	-65.7
	1960～2018 年	0.112		0.035	
罕台川	2000～2018 年	0.067	-24.7	0.004	-60.0
	1984～2018 年	0.089		0.010	
十大孔兑	1960～1968 年	0.539	12.3	0.256	39.9
	1969～1986 年	0.500	4.2	0.187	2.2
	1987～1999 年	0.655	36.5	0.318	73.8
	2000～2018 年	0.314	-34.6	0.051	-72.1
	1960～2018 年	0.480		0.183	

（3）引水引沙量变化特点

收集了宁蒙河段主要灌区 6 个引水渠的引水引沙资料，为宁夏河段青铜峡灌区的秦渠、汉渠、唐徕渠以及内蒙古河段河套灌区的巴彦高勒总干渠、沈乌干渠和南干渠。从表 5-8 可见，统计的灌区 1960～2018 年多年平均引水 119.9 亿 m³，1968 年后引水量逐渐增加，至 1987～1999 年年均引水 135.0 亿 m³ 最多，其后 2000～2018 年又有所减少。从引水量年内分布来看，汛期（7～10 月）引水量占到全年的 50%～60%。

表 5-8 宁蒙河道汛期和年引水引沙量统计

时段	汛期		全年		汛期/全年（%）	
	引水量（亿 m³）	引沙量（亿 t）	引水量（亿 m³）	引沙量（亿 t）	引水量	引沙量
1960～1968 年	54.2	0.300	90.0	0.357	60.2	84.0
1969～1986 年	68.9	0.264	126.2	0.317	54.6	83.3
1987～1999 年	72.9	0.413	135.0	0.519	54.0	79.6
2000～2018 年	60.1	0.170	117.7	0.226	51.1	75.2
1960～2018 年	64.7	0.272	119.9	0.338	54.0	80.5

1960～2018 年多年平均引沙 0.338 亿 t，1987～1999 年年均引沙 0.519 亿 t 最大，2000～2018 年最小仅 0.226 亿 t。

（4）入黄风积沙量

本次冲淤量计算风沙量 1952～2009 年采用 1559 万 t，来源于《基于龙刘水库的上游库群调控方式优化研究》成果，青铜峡—石嘴山、石嘴山—巴彦高勒、巴彦高勒—三湖河口河段风沙加入量分别为 430.0 万 t、722 万 t 和 407 万 t，非汛期加入量远大于汛期，下河沿—青铜峡河段和三湖河口—头道拐河段不考虑入黄风积沙（表 5-9）。2010～2018 年宁蒙河道风沙量年均采用 500.4 万 t（表 5-10），其中青铜峡—石嘴山、石嘴山—巴彦高勒、巴彦高勒—三湖河口河段入黄沙量分别为 34.2 万 t、267.3 万和 198.9 万 t。

表 5-9　宁蒙河道各河段 1952～2009 年各时期入黄沙量　　　（单位：万 t）

河段	非汛期	汛期	全年
下河沿—青铜峡	0	0	0
青铜峡—石嘴山	350	80	430
石嘴山—巴彦高勒	580	142	722
巴彦高勒—三湖河口	354	53	407
三湖河口—昭君坟	—	—	—
昭君坟—头道拐	—	—	—
下河沿—头道拐	1284	275	1559

表 5-10　宁蒙河道各河段 2010～2018 年各时期入黄沙量　　　（单位：万 t）

河段	沙量（万 t）		
	非汛期至次年	汛期	全年
下河沿—青铜峡	—	—	—
青铜峡—石嘴山	33.0	1.2	34.2
石嘴山—巴彦高勒	218.3	49.0	267.3
巴彦高勒—三湖河口	178.7	20.2	198.9
三湖河口—头道拐	—	—	—
下河沿—头道拐	430.0	70.4	500.4

5.1.3　宁蒙河道冲淤特点

（1）宁蒙河道冲淤量计算方法

河道冲淤量计算，一般采用断面法和沙量平衡法两种方法。由于宁蒙河道淤积断面测量次数较少，难以反映较短时期的冲淤调整，本次分析中断面法数据说明长时期的冲淤变化，沙量平衡法数据说明长时期的冲淤调整特点，经对比，两种方法计算的冲淤量反映趋势基本一致。

断面法冲淤量为累加河段内所有相邻淤积断面两测次间冲淤面积的平均值乘以间距（简称冲淤面积法）。设相邻的上下游两个断面在高程 Z 下的前后两次实测的断面面积分别为 S_{u1}、S_{d1} 和 S_{u2}、S_{d2}，则计算冲淤面积公式为

$$\Delta S_u = S_{u1} - S_{u2} \tag{5-1}$$
$$\Delta S_d = S_{d1} - S_{d2} \tag{5-2}$$

式中，ΔS 为相邻测次同一断面的冲淤面积（m²）；S_u、S_d 分别为相邻测次在同一断面某一高程下的面积（m²）。断面间冲淤量的计算公式为

$$V = \frac{\Delta S_u + \Delta S_d}{2}L \tag{5-3}$$

式中，V 为相邻断面间河道体积（m³）；L 为上下断面间距（m）；ΔS_u 和 ΔS_d 分别为上下游相邻断面的冲淤面积（m²）。

沙量平衡法冲淤量根据河段内进出沙量平衡法计算河段冲淤量，即根据实测输沙率资料，计算某河段一定计算时段内进入、输出河段的沙量（包括干流控制站、支流及引水引沙等）的沙量差。

河段冲淤量=河段进口来沙量+河段沙量−河段输出沙量。计算公式如下：

$$\Delta W_s = W_{s进} + W_{s支流} + W_{s风沙} + W_{s引} - W_{s水库} - W_{s出} \tag{5-4}$$

式中，ΔW_s 为河段冲淤量（亿 t）；$W_{s进}$ 为河段进口沙量（亿 t）；$W_{s支流}$ 为支流加入沙量（亿 t）；$W_{s风沙}$ 为河段加入风积沙量（亿 t）；$W_{s引}$ 为河段渠系引沙量（亿 t）；$W_{s水库}$ 为河段内水库库区冲淤量（亿 t）；$W_{s出}$ 为河段出口沙量（亿 t）。

（2）资料情况

宁蒙河道的实测大断面测量测次较少，本次仅仅收集的宁夏河段有 1993 年、1999 年、2001 年、2009 年的实测大断面资料，内蒙古河段有巴彦高勒—头道拐河段的 1962 年、1982 年、1991 年、2000 年和 2012 年的实测大断面资料。

宁蒙河道干流水文站资料非常系统，月、年资料系列为 1952~2018 年，日均资料系列为 1956~2018 年。支流实测资料收集的有清水河（泉眼山）、苦水河（郭家桥）、红柳沟（鸣沙洲）和三大孔兑（毛不拉沟）、西柳沟（龙头拐）、罕台川（红塔沟），清水河和苦水河资料系列为 1960~2018 年，三大孔兑采用资料为 1960~2018 年，在计算年冲淤量时，根据文献将三大孔兑年来沙量推算成十大孔兑。区间青铜峡库区引沙采用秦渠、汉渠和唐徕渠三站，其中秦渠、汉渠和唐徕渠站 1959 年之前位于青铜峡站下游青铜峡—石嘴山区间，而 1960 年之后位于青铜峡站上游下河沿—青铜峡区间，并且由于测量的影响，

1990 年之后秦渠、汉渠合并为东总干渠，唐徕渠为西总干渠；青铜峡库区引水渠收集到的资料系列为 1955~2018 年。三盛公水库的渠系引水引沙为巴彦高勒总干渠、沈乌干渠及南干渠，其中沈乌干渠 1970 年之前为沈家渠和第一干渠，1971 年之后为沈乌干渠站。本次研究三盛公库区收集到的引水引沙系列为 1960~2018 年。区间水库冲淤主要为青铜峡水库和三盛公水库，青铜峡库区冲淤量收集的资料为 1967~2003 年，三盛公库区冲淤量收集的资料为 1960~2012 年。本次由于未收集到水库淤积实测资料，未考虑库区冲淤影响。

（3）冲淤量时空分布

断面法计算冲淤量可以比较准确地反映长时期河道冲淤变化分布特点，采用已收集到的断面资料对宁蒙河道断面法冲淤量进行分析计算。

宁夏河段不同时段的河道冲淤量及滩槽分布如表 5-11 所示（张厚军等，2011）。宁夏河道 1993 年 5 月~2009 年 8 月年均淤积量为 0.093 亿 t。从河段分布看，淤积主要集中在青铜峡—石嘴山河段，年均淤积量为 0.091 亿 t，占总淤积量的 97.8%；下河沿—白马（入库）河段为微淤状态，年均淤积量只有下河沿—石嘴山河段的 2.2%。从整个河段滩槽分布来看，滩地淤积量占全断面淤积量的 60% 以上，而下河沿—白马河段主槽冲刷、滩地淤积，白马—石嘴山河段是滩槽皆淤，且两者基本上相近。

表 5-11 宁夏河段不同时段年均河道冲淤量　（单位：亿 t）

河段	1993 年 5 月~1999 年 5 月			1999 年 5 月~2001 年 12 月		
	主槽	滩地	全断面	主槽	滩地	全断面
下河沿—白马（入库）	-0.009	0.003	-0.006	-0.010	0.017	0.007
青铜峡—石嘴山	0.106	0.002	0.108	0.043	0.080	0.123
下河沿—石嘴山	0.097	0.005	0.102	0.033	0.097	0.130

河段	2001 年 12 月~2009 年 8 月			1993 年 5 月~2009 年 8 月		
	主槽	滩地	全断面	主槽	滩地	全断面
下河沿—白马（入库）	-0.003	0.009	0.006	-0.006	0.008	0.002
青铜峡—石嘴山	-0.007	0.072	0.065	0.043	0.048	0.091
下河沿—石嘴山	-0.01	0.081	0.071	0.037	0.056	0.093

从时间来看，1993~1999 年和 1999~2001 年两个时期淤积较大，年均淤积量分别达到 0.102 亿 t 和 0.130 亿 t，均超过 1000 万 t；而 2001~2009 年淤积有所减少，年均淤积量为 0.071 亿 t，只有上一时段的 54.6%。但各时期滩槽冲淤不同，1993~1999 年 95% 的淤积量集中在主槽内；1999~2001 年和 2001~2009 年淤积以滩地为主，分别占到全断面淤积量的 75% 和 114%。

内蒙古巴彦高勒—河口镇河段不同时期的冲淤量如表 5-12 所示（赵业安等，2008）。内蒙古河段 1962 年 10 月～2012 年 10 月淤积量达到 10.16 亿 t，年均 0.203 亿 t。50 年总淤积量的 99%以上在三湖河口以下，巴彦高勒—三湖河口 50 年仅淤积 0.087 亿 t，年均 0.002 亿 t。从时间上来看，淤积主要在 1982～1991 年和 1991～2000 年，年均淤积量分别达到 0.391 亿 t 和 0.648 亿 t；2000～2012 年淤积减少，年均仅 0.118 亿 t；1962～1982 年河道年均冲刷 0.030 亿 t。淤积严重的两个时段淤积都集中在主槽（表 5-13），主槽淤积量分别占全断面淤积量的 63%和 86%；2000～2012 年由于大漫滩洪水作用，主槽冲刷、滩地淤积。

表 5-12 巴彦高勒—河口镇河段各时期断面法冲淤量 （单位：亿 t）

时段（年.月）	河段	巴彦高勒—新河	新河—河口镇		巴彦高勒—河口镇
1962.10～1982.10	总量	-2.35	1.74		-0.61
	年均	-0.117	0.087		-0.030
	河段	巴彦高勒—毛不浪	毛不浪—呼斯太河	呼斯太河—河口镇	巴彦高勒—河口镇
1982.10～1991.12	总量	1.29	2.07	0.16	3.52
	年均	0.143	0.23	0.018	0.391
	河段	巴彦高勒—三湖河口	三湖河口—昭君坟	昭君坟—蒲滩拐	巴彦高勒—蒲滩拐
1991.12～2000.8	总量	1.251	2.988	1.593	5.832
	年均	0.139	0.332	0.177	0.648
2000.8～2012.10	总量	-0.104	0.832	0.69	1.418
	年均	-0.009	0.069	0.058	0.118
	河段	巴彦高勒—三湖河口	三湖河口—河口镇		巴彦高勒—河口镇
1962.10～2012.10	总量	0.087	10.073		10.16
	年均	0.002	0.201		0.203

注：2000～2012 年数据采用"十二五"国家科技支撑计划项目课题"黄河内蒙古段孔兑高浓度挟沙洪水调控技术研究"（2012BAB02B03）研究成果。

表 5-13 巴彦高勒—河口镇河段各时期河道淤积量横向分布

时段（年.月）	河段	淤积总量			
		全断面（亿 t）	主槽（亿 t）	滩地（亿 t）	主槽占全断面比例（%）
1982.10～1991.10	巴彦高勒—毛不浪	1.29	0.84	0.45	65
	毛不浪—呼斯太河	2.07	1.22	0.85	59
	呼斯太河—河口镇	0.16	0.16	0	100
	巴彦高勒—河口镇	3.52	2.22	1.3	63

续表

时段（年.月）	河段	淤积总量			
		全断面（亿 t）	主槽（亿 t）	滩地（亿 t）	主槽占全断面比例（%）
1991.12～2000.7	巴彦高勒—三湖河口	1.25	1.00	0.25	80
	三湖河口—昭君坟	2.99	2.48	0.51	83
	昭君坟—蒲滩拐	1.60	1.55	0.05	97
	巴彦高勒—蒲滩拐	5.84	5.02	0.82	86
2000.8～2012.10	巴彦高勒—三湖河口	-0.11	-0.43	0.32	391
	三湖河口—昭君坟	0.84	-0.16	1.00	-19.0
	昭君坟—蒲滩拐	0.69	0.30	0.39	43.5
	巴彦高勒-蒲滩拐	1.42	-0.28	1.70	-19.7

注：2000～2012 年数据采用"十二五"国家科技支撑计划项目课题"黄河内蒙古段孔兑高浓度挟沙洪水调控技术研究"（2012BAB02B03）研究成果。

（4）河道冲淤调整特点

宁蒙河道 1952 年以来的逐年累计冲淤过程如图 5-1 所示。20 世纪 50 年代河道经历了一个较强烈的持续淤积过程，到 1959 年累计淤积到 11.338 亿 t；其后在上游开始陆续修建水库拦沙，加之有利的水沙条件，1960～1966 年基本维持冲淤相对平衡；1967～1976 年经过 1967 年、1968 年大冲，累计淤积量减少到 7.363 亿 t，其后河道直到 1978 年基本维持冲淤平衡；到 1983 年，累计淤积量为 8.599 亿 t；自 1984 年开始，河道进入持续淤积过程，到 2003 年逐年淤积量都较大，尤其 1989 年淤积量最大，达到 2.329 亿 t，到 2003 年累计淤积量达到 23.265 亿 t；2004 年后淤积强度减缓，2007 年以后持续冲刷，1952～2018 年累计淤积量达到 24.794 亿 t。

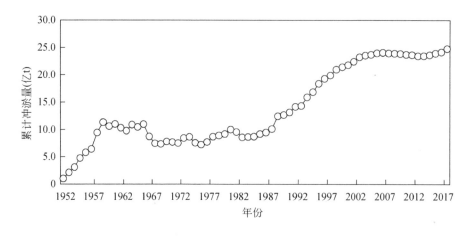

图 5-1　宁蒙河道累计冲淤量过程

由表 5-14 可见，宁蒙河道长时期淤积 24.794 亿 t，年均淤积 0.370 亿 t。从时期上来看，除 1961~1968 年冲刷 3.149 亿 t 外，各时期都是淤积的，其中 1952~1960 年和 1987~1999 年淤积最多，分别淤积 10.623 亿 t 和 11.805 亿 t，分别占长时期总淤积量的 42.8% 和 47.6%，年均淤积 1.180 亿 t 和 0.908 亿 t。冲淤的年内分布以汛期淤积为主，各时期汛期淤积量基本上占全年的 90% 以上，长时期汛期年均淤积 0.395 亿 t，与年均淤积量基本相同；非汛期长时期为微冲，各时期差别较大，其中 1961~1968 年和 1969~1986 年发生冲刷。

表 5-14 宁蒙河道冲淤量时间分布

时段	冲淤总量（亿 t）	占总量比例（%）	年内总淤量（亿 t）			汛期占全年比例（%）
			全年平均	汛期	非汛期	
1952~1960 年	10.623	42.8	1.180	1.061	0.119	89.9
1961~1968 年	−3.149	−12.7	−0.394	−0.057	−0.337	14.5
1969~1986 年	1.732	7.0	0.096	0.122	−0.026	127.1
1987~1999 年	11.805	47.6	0.908	0.853	0.055	93.9
2000~2018 年	3.783	15.3	0.200	0.217	−0.017	108.5
1952~2018 年	24.794	100	0.370	0.395	−0.025	106.8

从冲淤量的空间分布来看（表 5-15），各河段都是淤积的，淤积量最大的是三湖河口—头道拐河段，淤积量达到 12.308 亿 t，占总淤积量的 49.6%；其次是石嘴山—巴彦高勒、下河沿—青铜峡和巴彦高勒—三湖河口河段，淤积量分别为 5.646 亿 t、3.507 亿 t 和 2.139 亿 t，分别占总淤积量的 22.8%、14.2% 和 8.6%；最少的是青铜峡—石嘴山河段，淤积量为 1.194 亿 t，占总淤积量的 4.8%。

表 5-15 宁蒙河道冲淤量河段分布

河段	冲淤总量（亿 t）	年均冲淤量（亿 t）	占总量比例（%）
下河沿—青铜峡	3.507	0.052	14.2
青铜峡—石嘴山	1.194	0.018	4.8
石嘴山—巴彦高勒	5.646	0.084	22.8
巴彦高勒—三湖河口	2.139	0.032	8.6
三湖河口—头道拐	12.308	0.184	49.6
下河沿—石嘴山	4.701	0.070	19.0
石嘴山—头道拐	20.093	0.300	81.0
下河沿—头道拐	24.794	0.370	100.0

5.2 宁蒙河道不同时段冲淤规律研究

5.2.1 汛期河道冲淤与水沙条件的关系

宁蒙河道的部分河段为冲积性河道，来水来沙条件是影响冲积性河道冲淤演变的主要因素。

黄河上游的干支流水沙主要来自汛期，冲淤调整也主要发生在汛期。分析宁蒙河道1952～2018年汛期冲淤与水沙条件的关系，考虑支流、引水引沙及风沙建立长河段汛期冲淤效率（单位水量河道的冲淤量）与来沙系数的关系，由图5-2可以看出，冲淤效率随来沙系数的增大而增大，水沙组合越不利淤积程度越高，水沙组合有利时有可能发生冲刷。相关关系可用式（5-5）表达。

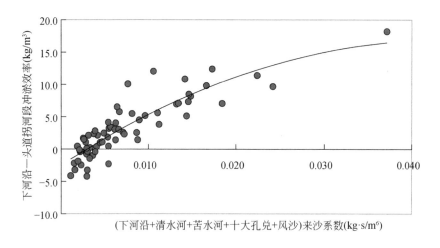

图 5-2　宁蒙河道汛期冲淤效率与来沙系数的关系

$$8dW_s/W = -10\,013\,(S/Q)^2 + 881.8S/Q - 2.468 \tag{5-5}$$

式中，dW_s/W 为单位水量冲淤量（kg/m^3）；S/Q 为来沙系数（$kg \cdot s/m^6$），即进口站（下河沿+清水河+苦水河+十大孔兑+风沙）平均含沙量与平均流量比值，冲淤效率与来沙系数的 R^2 为 0.78。根据式（5-5）估算，宁蒙河道汛期来沙系数约在 $0.0029kg \cdot s/m^6$ 时，河道基本保持冲淤平衡，即宁蒙河道汛期平均流量在 $2000m^3/s$、相应含沙量约在 $5.8kg/m^3$ 时，河道基本保持冲淤平衡。

进一步分析发现宁蒙河道冲淤与含沙量关系尤为密切，点绘整个宁蒙河道冲淤效率与含沙量的关系（图 5-3），建立长河段汛期冲淤效率（单位水量河道的冲淤量）与含沙量之间的相关关系，如图 5-3 所示，表达式为

$$\mathrm{d}W_s/W = 0.63S - 2.66 \tag{5-6}$$

式中，$\mathrm{d}W_s/W$ 为单位水量冲淤量（$\mathrm{kg/m^3}$）；S 为含沙量（$\mathrm{kg/m^3}$），即进口站（下河沿+清水河+苦水河+十大孔兑+风沙）平均含沙量，冲淤效率与含沙量的 R^2 为 0.75，长河段冲淤平衡含沙量约为 $4.22\mathrm{kg/m^3}$。

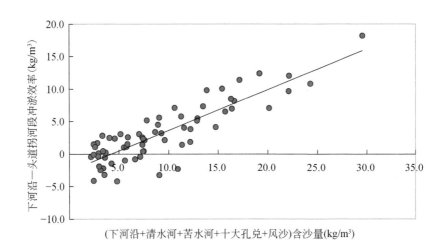

图 5-3 宁蒙河道汛期冲淤效率与含沙量的关系

进一步分析宁蒙河道典型河段三湖河口—头道拐河段冲淤规律，建立三湖河口—头道拐河段冲淤与水沙条件的关系（图 5-4），可以看到该河段的冲淤除与干流水沙条件关系密切外，孔兑加沙对河道冲淤影响程度更大。例如，1989 年三大孔兑来沙量达 1.239 亿 t，超出正常范围外，其他年份孔兑来沙量大、小不同情况下冲淤效率与来沙系数的关系基本可以看作相近，可以以相同的公式来表达：

$$\mathrm{d}W_s/W = -8643.6\,(S/Q)^2 + 655.62S/Q - 2.685 \tag{5-7}$$

式中，$\mathrm{d}W_s/W$ 为三湖河口—头道拐河段的冲淤效率（$\mathrm{kg/m^3}$）；S/Q 为来沙系数（$\mathrm{kg \cdot s/m^6}$），即进口站（三湖河口+十大孔兑）平均含沙量与平均流量的比值，河段冲淤效率与来沙系数的 R^2 为 0.62。

根据式（5-7）估算，三湖河口—头道拐河段来沙系数约在 $0.0043\mathrm{kg \cdot s/m^6}$ 时河道可维持冲淤平衡，即在青铜峡汛期平均流量 $2000\mathrm{m^3/s}$ 条件下，该河段冲淤平衡的含沙量约为 $8.6\mathrm{kg/m^3}$。

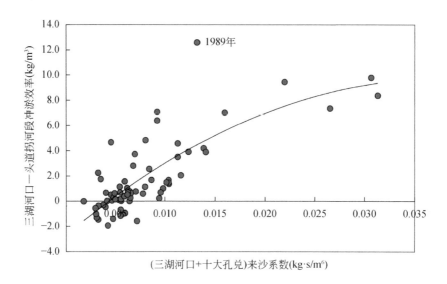

图 5-4　三湖河口—头道拐河段汛期冲淤效率与来沙系数的关系

5.2.2　洪水期河道冲淤与水沙条件的关系

洪水是河道冲淤演变和塑造河床的最主要原动力，来水来沙条件是影响宁蒙河道洪水期冲淤演变的主要因素，河道的冲淤调整也主要发生在汛期的洪水期。

依据 1960～2018 年黄河上游宁蒙河道汛期实测日均水沙资料，套绘下河沿—头道拐河段干支流水文站日均流量和日均含沙量过程线，考虑水流传播时间的影响，将宁蒙河道按照流量（或含沙量）的不同划分为若干连续水流过程，共统计出 195 场洪水，统计各场次洪水的水沙特征参数，具体参数为不同场次水流的水量、沙量、平均流量、平均含沙量、来沙系数、冲淤量及冲淤效率等。水文站主要包括干流站（下河沿、青铜峡、石嘴山、巴彦高勒、三湖河口、头道拐）及支流站（清水河泉眼山、苦水河郭家桥、毛不拉沟图格日格、西柳沟龙头拐）、青铜峡库区引水渠青铜峡（东总干渠）、青铜峡（西总干渠）和三盛公库区引水渠（巴彦高勒总干渠、沈乌干渠和南干渠）。另外本次研究中，也考虑了入黄风沙量。研究表明，宁蒙河道汛期洪水期河道的冲淤主要取决于洪水的平均含沙量和洪水平均流量，当平均流量大于 2000m³/s 后，河道冲淤主要受含沙量影响，流量影响较小（图 5-5）。

通过回归分析，建立了洪水期宁蒙河道冲淤效率与洪水平均含沙量和平均流量的关系式：

$$dW_s/W = (0.000\ 038\ 8Q + 0.673)S - 4.218\ln Q + 26.979 \tag{5-8}$$

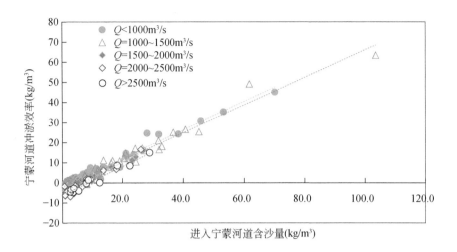

图 5-5 洪水期宁蒙河道冲淤效率与平均含沙量及流量关系

式中，dW_s/W 为冲淤效率，即冲淤量与来水量的比值（kg/m³）；S 为洪水平均含沙量（kg/m³）；Q 为洪水平均流量（m³/s）。

利用式（5-8）对 1960 年以来 150 场平均流量大于 1000m³/s 的洪水冲淤效率进行计算，并与实测值进行分析，结果如图 5-6 所示。计算值与实测值相差不大，因此式（5-8）可以用来计算不同流量、不同含沙量条件下的冲淤效率。

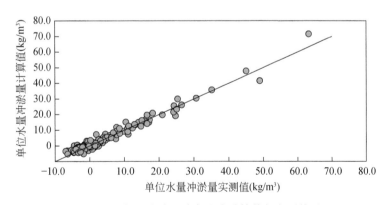

图 5-6 洪水期下游冲淤效率公式计算值与实测值对比

进一步分析确定宁蒙河道高效输沙的流量级，点绘宁蒙河道洪水期不同含沙量级条件下河道冲淤与进口平均流量的关系（图 5-7），进一步分析可以看到，宁蒙河道在相同含沙量条件下，河道冲刷效率随着流量的增加而增加，淤积随着流量的增加而减少。宁蒙河道的冲刷效率较高的流量级在 2000~2500m³/s，平均流量在 2200m³/s，河道的冲刷效率最大为 6.9kg/m³，并且当流量进一步增大时，河道冲淤主要受含沙量影响，流量影响较小。在相同流量条件下，河道淤积随着含沙量的增加而增加，反之有所减小。

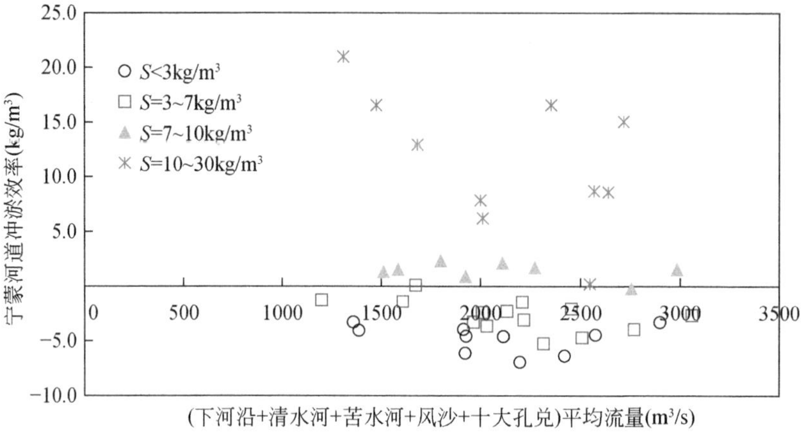

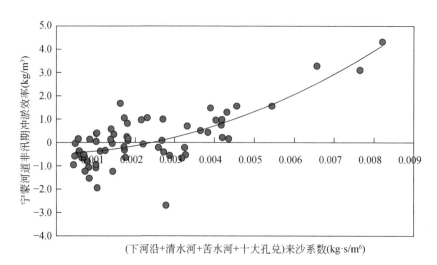

图 5-7　洪水期宁蒙河道冲淤效率与平均流量及平均含沙量的关系

5.2.3　非汛期河道冲淤与水沙条件的关系

考虑到宁蒙河道风沙在非汛期入河主要以风成沙的方式进入河道，没有相伴随的水流过程，进入河道后开始参与河道的冲淤演变，进口水沙搭配中未考虑风沙的影响，风沙量考虑在河道冲淤中。建立 1952～2018 年宁蒙河道非汛期河道冲淤与水沙条件的关系（图 5-8），可以看到，与汛期相比，非汛期河道冲淤与水沙条件关系相对较差，进一步分析得到式（5-9）。

图 5-8　宁蒙河道非汛期冲淤效率与来沙系数的关系

$$dW_s / W = 63\ 193\ (S/Q)^2 + 45.005S/Q - 0.4781 \qquad (5\text{-}9)$$

式中，dW_s / W 为单位水量冲淤量（kg/m^3）；S/Q 为来沙系数（$kg \cdot s/m^6$），即进口站（下河沿+清水河+苦水河+十大孔兑）平均含沙量与平均流量比值，式（5-9）中冲淤效率与来沙系数的 R^2 为 0.5866。根据式（5-9）估算，宁蒙河道非汛期长河段来沙系数约 0.0024 $kg \cdot s/m^6$ 时，非汛期宁蒙河道基本保持冲淤平衡。

5.3 宁蒙河道洪水期输沙规律

以宁蒙河道洪水期实测场次资料为基础，利用水文站洪水期输沙率和流量的关系来研究河道输沙特性的变化。点绘宁蒙河道典型水文站洪水期输沙率与流量的相关关系（图 5-9 和图 5-10），从图 5-9 和图 5-10 可以看出，各水文站的输沙率随流量的增加而增大。进一步分析表明，宁蒙河道洪水期的输沙能力不仅随着来水条件而变，而且与来沙条件关系密切，当来水条件相同时，来沙条件改变，河道的输沙能力也发生变化。图 5-9 和图 5-10 中反映出当上站含沙量（即来沙条件）较高时，相应输沙率也较大。同样在一定的含沙量条件下，输沙率也随流量的增大而增大。因此，输沙率与流量和上站含沙量都成正比关系，这反映了冲积性河道"多来、多排、多淤"的特点。例如，头道拐站，在头道拐流量约为 2000 m^3/s 条件下，当上站（三湖河口+孔兑）来沙量为 5 kg/m^3 时，河道输沙率约为 15 t/s，而上站来水含沙量为 18 kg/m^3 时，河道输沙率达到 19 t/s。

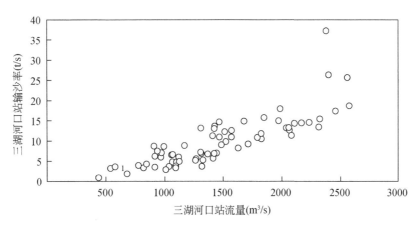

图 5-9 三湖河口站洪水期输沙率与流量的相关关系

图中标注巴彦高勒含沙量（kg/m^3）

由以上分析可以看到，宁蒙河道洪水期的输沙率不仅是流量的函数，还与来水含沙量有关。宁蒙河道各水文站输沙率与流量关系，按上站来水含沙量大小自然分带，写成函数形式：

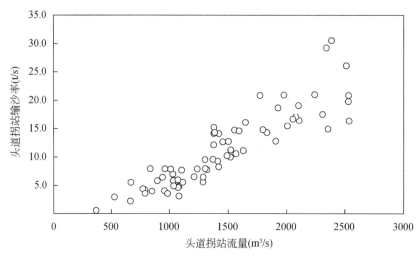

图 5-10　头道拐站洪水期输沙率与流量的相关关系

图中标注（三湖河口+支流）含沙量（kg/m³）

$$Q_s = KQ^a S_上^b \qquad (5\text{-}10)$$

式中，Q_s 为输沙率（t/s）；Q 为流量（m³/s）；$S_上$ 为上站来水含沙量（kg/m³）；K 为系数；a、b 为指数。

洪水期河道冲淤调整比较迅速，因此将河段划分较细，将宁蒙河道分成下河沿—青铜峡、青铜峡—石嘴山、石嘴山—巴彦高勒、巴彦高勒—三湖河口、三湖河口—头道拐五个河段，根据 1960 年以来洪水期各段进出口水文站实测资料，分别建立洪水期青铜峡站输沙率与流量及上站（下河沿+清水河）含沙量的关系式、石嘴山站输沙率与流量及上站（青铜峡+苦水河）含沙量的关系式、巴彦高勒站输沙率与流量及上站（石嘴山）含沙量的关系式、三湖河口站输沙率与流量及上站（巴彦高勒）含沙量的关系式、头道拐站输沙率与流量及上站（三湖河口+三大孔兑）含沙量的关系式如表 5-16 所示，采用表 5-16 中公式将各站的计算输沙率与各站实测输沙率进行对比，计算值基本与实测值相吻合（图 5-11 ~ 图 5-13）。

表 5-16　宁蒙河道不同河段输沙率与流量及上站含沙量的关系式

站名	公式	相关系数（R^2）
青铜峡	$Q_{s下} = 0.002\,53 \times Q_下^{0.934} \times S_上^{0.758}$	0.64
石嘴山	$Q_{s下} = 0.000\,2 \times Q_下^{1.327} \times S_上^{0.45}$	0.83
巴彦高勒	$Q_{s下} = 0.000\,219 \times Q_下^{1.218} \times S_上^{0.97}$	0.87
三湖河口	$Q_{s下} = 0.002 \times Q_下^{1.334} \times S_上^{0.511}$	0.95
头道拐	$Q_{s下} = 0.000\,1 \times Q_下^{1.534} \times S_上^{0.295}$	0.91

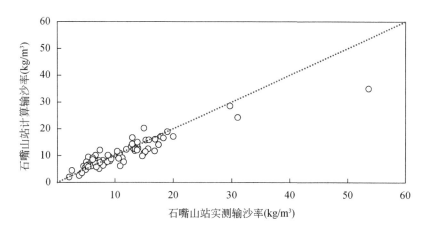

图 5-11 石嘴山站计算输沙率与实测输沙率对比

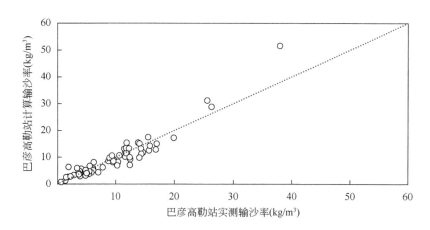

图 5-12 巴彦高勒站计算输沙率与实测输沙率对比

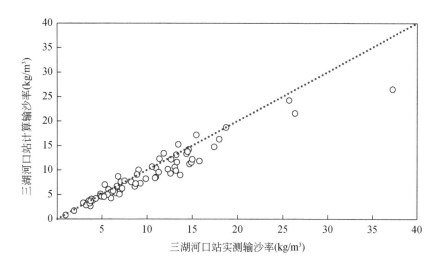

图 5-13 三湖河口站计算输沙率与实测输沙率对比

5.4　维持宁蒙河道中水河槽塑槽水量分析

5.4.1　长时期平滩流量变化特点

根据宁蒙河段水文站实测资料，通过水位流量关系、河道冲淤变化及断面形态分析等各种方法综合研究，得到内蒙古各水文站断面 1965～2019 年历年汛前平滩流量，如图 5-14 所示。1980～1985 年来水来沙条件持续增加，河槽过流能力较大，巴彦高勒和头道拐平滩流量在 4600～5600m³/s，三湖河口在 4400～4900m³/s。1986 年以来，宁蒙河段的排洪输沙能力降低，河槽淤积萎缩，平滩流量减少。1986～1997 年龙羊峡和刘家峡水库联合运用，平滩流量逐渐减少，至 1997 年巴彦高勒、三湖河口和头道拐平滩流量减小为 1900m³/s、1700m³/s 和 3100m³/s。巴彦高勒和三湖河口平滩流量在 1998～2001 年变化不大，2002～2005 年有所减小，此后开始逐渐回升。头道拐 1997～2005 年变幅较小，基本维持在 3000m³/s 左右。2015 年后平滩流量逐渐增大。2012 年发生大洪水，平滩流量得到较大恢复，2013 年汛前巴彦高勒、三湖河口和头道拐平滩流量分别为 3090m³/s、2350m³/s 和 3980m³/s，其后平滩流量稍有增大，2018 年洪水作用之后，关键断面过流能力有所恢复，2019 年汛前巴彦高勒、三湖河口、头道拐平滩流量分别为 3400m³/s、2800m³/s 和 3760m³/s。

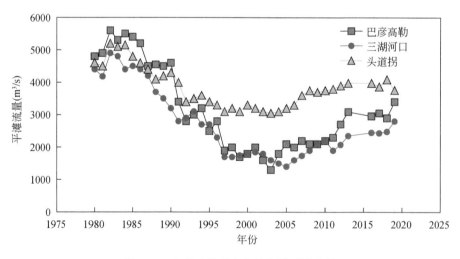

图 5-14　内蒙古典型水文站主槽平滩流量

5.4.2 平滩流量与汛期径流条件的响应关系

河道平滩流量除了与汛期来水量密切相关外，还与来沙量及前期的平滩流量密切相关，根据实测资料建立了巴彦高勒、三湖河口汛前平滩流量 Q_p 与前期平滩流量 Q_{p0}、汛期水量 W、汛期沙量 W_s 三者之间的关系：

巴彦高勒：$\qquad\qquad Q_p = 0.8\,Q_{p0} + 8.8\,W - 300\,W_s$ $\qquad\qquad$ (5-11)

三湖河口：$\qquad\qquad Q_p = 0.75\,Q_{p0} + 7.8\,W - 60\,W_s$ $\qquad\qquad$ (5-12)

式中，Q_p 为计算平滩流量；Q_{p0} 为前期平滩流量；W 为汛期进入内蒙古河道的水量；W_s 为汛期进入内蒙古河道的沙量。

各典型断面平滩流量计算值与实测值相差不大，基本吻合（图5-15）。

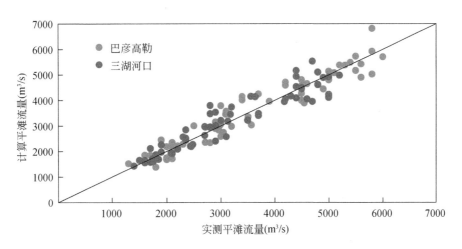

图5-15 内蒙古河道典型站平滩流量计算值与实测值对比

为进一步验证计算平滩流量合理性，采用两种方法进行计算，一种是每年的平滩流量计算均用前一年的实测值，则计算值与实测值关系特别一致（图5-16）。另一种方法是只给定第一年的平滩流量，计算出第二年的平滩流量，其后各年平滩流量计算均用前一年的计算值代入计算，虽然计算值与实测值略有差异，但整体走势基本一致（图5-17）。

5.4.3 维持中水河槽的塑槽水量分析

河槽的过流能力规模与水沙条件密切相关，宁蒙河道最小平滩流量在巴彦高勒—头道拐河段，根据平滩流量和汛期水沙条件之间的关系［式（5-11）］，分别计算不同来沙条件下维持内蒙古巴彦高勒断面一定主槽过流能力规模所需要的水量（表5-17、图5-18和图5-19）。

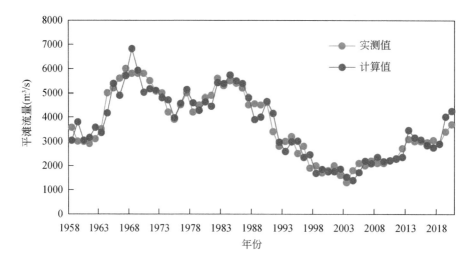

图 5-16　内蒙古巴彦高勒站平滩流量计算值与实测值过程（用前一年计算）

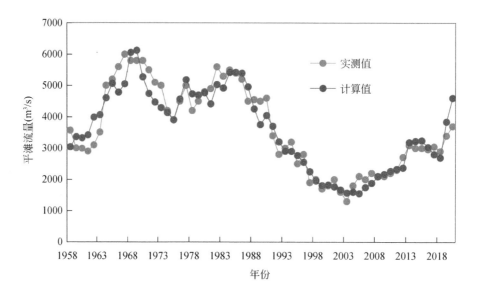

图 5-17　内蒙古巴彦高勒站平滩流量计算值与实测值过程（仅给出第一年）

表 5-17　宁蒙河道典型断面巴彦高勒维持一定平滩流量所需汛期水量

黄河来沙量 (亿 t)	巴彦高勒 汛期沙量 (亿 t)	$Q_p = 2500 \text{m}^3/\text{s}$		$Q_p = 3000 \text{m}^3/\text{s}$		$Q_p = 3500 \text{m}^3/\text{s}$	
		巴彦高勒 (亿 m³)	头道拐 (亿 m³)	巴彦高勒 (亿 m³)	头道拐 (亿 m³)	巴彦高勒 (亿 m³)	头道拐 (亿 m³)
3	0.4	70.5	67.2	81.8	78.5	93.2	89.9

续表

黄河来沙量（亿 t）	巴彦高勒汛期沙量（亿 t）	$Q_p=2500\mathrm{m^3/s}$		$Q_p=3000\mathrm{m^3/s}$		$Q_p=3500\mathrm{m^3/s}$	
		巴彦高勒（亿 m³）	头道拐（亿 m³）	巴彦高勒（亿 m³）	头道拐（亿 m³）	巴彦高勒（亿 m³）	头道拐（亿 m³）
6	0.63	78.3	75.0	89.7	86.4	101.0	97.7
8	0.79	83.8	80.5	95.1	91.8	106.5	103.2
9	0.86	86.1	82.8	97.5	94.2	108.9	105.6

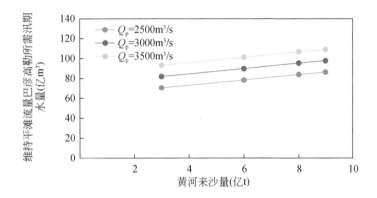

图 5-18　不同来沙条件下维持一定主槽过流能力巴彦高勒所需汛期水量

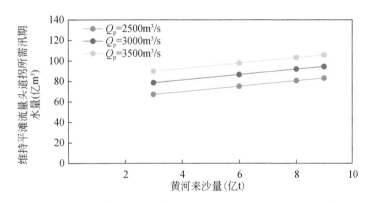

图 5-19　不同来沙条件下维持一定主槽过流能力头道拐所需汛期水量

在黄河来沙量 3 亿 t 条件下，维持巴彦高勒站平滩流量 2500m³/s 所需巴彦高勒站、头道拐站汛期水量分别为 70.5 亿 m³ 和 67.2 亿 m³；维持巴彦高勒站平滩流量 3000m³/s 所需巴彦高勒站、头道拐站汛期水量分别为 81.8 亿 m³ 和 78.5 亿 m³；维持巴彦高勒站平滩流量 3500m³/s 所需巴彦高勒站、头道拐站汛期水量分别为 93.2 亿 m³ 和 89.9 亿 m³。

在黄河来沙量 6 亿 t 条件下，维持巴彦高勒站平滩流量 2500m³/s 所需巴彦高勒站、头道拐站汛期水量分别为 78.3 亿 m³ 和 75.0 亿 m³；维持巴彦高勒站平滩流量 3000m³/s 所需巴彦高勒站、头道拐站汛期水量分别为 89.7 亿 m³ 和 86.4 亿 m³；维持巴彦高勒站平滩流量 3500m³/s 所需巴彦高勒站、头道拐站汛期水量分别为 101.0 亿 m³ 和 97.7 亿 m³。

在黄河来沙量 8 亿 t 条件下，维持巴彦高勒站平滩流量 2500m³/s 所需巴彦高勒站、头道拐站汛期水量分别为 83.8 亿 m³ 和 80.5 亿 m³；维持巴彦高勒站平滩流量 3000m³/s 所需巴彦高勒站、头道拐站汛期水量分别为 95.1 亿 m³ 和 91.8 亿 m³；维持巴彦高勒站平滩流量 3500m³/s 所需巴彦高勒站、头道拐站汛期水量分别为 106.5 亿 m³ 和 103.2 亿 m³。

在黄河来沙量 9 亿 t 条件下，维持巴彦高勒站平滩流量 2500m³/s 所需巴彦高勒站、头道拐站汛期水量分别为 86.1 亿 m³ 和 82.8 亿 m³；维持巴彦高勒站平滩流量 3000m³/s 所需巴彦高勒站、头道拐站汛期水量分别为 97.5 亿 m³ 和 94.2 亿 m³；维持巴彦高勒站平滩流量 3500m³/s 所需巴彦高勒站、头道拐站汛期水量分别为 108.9 亿 m³ 和 105.6 亿 m³。

5.5 宁蒙河道输沙水量计算方法

黄河宁蒙河道年内来水来沙条件比较复杂，除了干支流（包括十大孔兑）集中在汛期来水来沙外，还有风沙的加入，并且主要集中在非汛期。同时区间有青铜峡水库、三盛公水库的引水引沙影响，因此宁蒙河道汛期、非汛期冲淤规律也有所不同。汛期的水流过程又可以分为洪水期和平水期，洪水期水沙条件是河道来水来沙的主体，河道的冲淤调整也主要发生在洪水期。平水期来水来沙量相对较小，河道也发生相应的冲淤调整，因此将全年划分为非汛期、汛期的平水期和洪水期来分析。

利用 1960 年以来下河沿站日均水沙资料，根据其进入下游的流量过程，按照流量大小划分为若干水流过程，计算各时段内的宁蒙河道冲淤量。将 7～10 月划分为汛期，11 月至次年 6 月为非汛期，再分别计算出每年各时段内的水量、沙量、平均流量、平均含沙量、冲淤量等水沙特征值。

在一定来水来沙条件下，根据已经发生的来水过程，将全年来水量 $W_年$ 分为汛期水量 $W_汛$ 和非汛期水量 $W_非$，再将汛期水量分为高效输沙洪水水量 $W_洪$ 和平水期水量 $W_平$（汛期水量-洪水期水量）。假设洪水期利用高效输沙的水沙搭配过程来输送泥沙，根据洪水期河道冲淤与水沙条件关系，可以计算洪水期河道冲淤量 $dW_{s洪}$；平水期河道冲淤量 $dW_{s平}$；根据非汛期河道冲淤与水沙条件相关关系，计算出非汛期河道冲淤量 $dW_{s非}$；将上述的洪水期、平水期、非汛期三个时段的冲淤量累加起来，即可以得到河道全年的河道冲淤量。

根据这一方法可以计算不同水量、沙量一定条件下的河道冲淤量；同理，也可以在知道来沙量以及宁蒙河道淤积水平条件下，反算出洪水期河道输沙水量和汛期输沙水量。

5.6 宁蒙河道不同水沙条件下的输沙水量

5.6.1 年内各时段水量分配

根据下河沿站1987年以后实测水量资料分析，建立年内各时段水量与年水量的相关关系，可以看到，1987年以来各时段进入宁蒙河道的水量与全年水量基本呈线性关系（图5-20），因此可以得到年内不同时段水量与年水量之间关系式，根据这一方法，可以将某一年的来水量分为非汛期水量、汛期水量和洪水期水量。这里的洪水是指有利于高效输送泥沙的2000~2500m³/s流量。

$$W_{非} = 0.4W_{年} + 47 \tag{5-13}$$

$$W_{汛} = 0.6W_{年} - 47 \tag{5-14}$$

$$W_{洪水期} = 0.6W_{年} - 80 \tag{5-15}$$

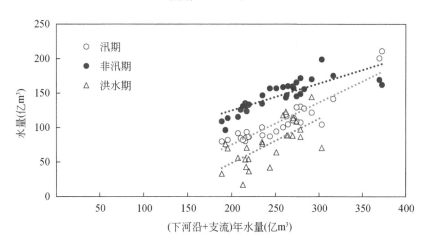

图5-20 1987年以来下河沿站年内各时段水量与年水量的关系

5.6.2 年内各时段沙量分配

同样点绘宁蒙河道进口站（下河沿+支流+十大孔兑+风沙）1987年以来各时段进入宁蒙河道的沙量与年沙量的关系（图5-21），可以看到，进口站年内各时段沙量与年沙量也基本呈线性关系，线性回归可以得到汛期、洪水期沙量与年沙量的关系式。根据这一方法，可以得到不同来沙量条件下的洪水期、汛期、非汛期沙量。

$$W_{s汛} = 0.91 W_{s年} - 0.1 \qquad (5\text{-}16)$$

$$W_{s洪水} = 0.92 W_{s年} - 0.25 \qquad (5\text{-}17)$$

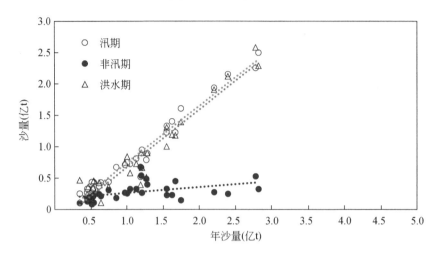

图 5-21　1987 年以来下河沿站年内各时段沙量与年沙量的关系

5.6.3　不同来沙情景和不同淤积水平下的输沙水量

以宁蒙河道冲淤规律为基础，采用年内各时段河道冲淤与水沙条件的关系式，初步分析计算了宁蒙河道（下河沿—头道拐）河段输沙水量，给出了下河沿断面洪水期和汛期的输沙水量。本次计算进口站（下河沿+支流+十大孔兑+风沙）来沙量采用长时期 1952～2018 年均值 1.74 亿 t，以及近期来沙量相对较少的时段 2000～2018 年均值 0.80 亿 t，洪水期平均流量采用有利于河道高效输送的洪峰流量 2200m³/s，初步计算得到了两种来沙条件下河道冲淤平衡时及不同淤积比条件下下河沿和头道拐断面的输沙水量，如表 5-18 和表 5-19 所示。淤积比的选取一种是理想状态，即河道处于冲淤平衡状态；另外是根据宁蒙长时期（1952～2018 年）年淤积比约 20% 选取，最后是根据近期水沙条件相对较好的 2010～2018 年的淤积比 10% 来选取，计算得到进口站下河沿断面的输沙水量，建立头道拐站水量与下河沿站水量之间的关系（图 5-22～图 5-24），进一步得到相应的各时期水量相应的关系式［式（5-18）～式（5-20）］。

汛期：　　　　　　　　　　　　$W_{头} = 1.01 W_{下} - 44 \qquad (5\text{-}18)$

洪水期：　　　　　　　　　　　$W_{头} = 0.8 W_{下} - 6.0 \qquad (5\text{-}19)$

全年：　　　　　　　　　　　　$W_{头} = 1.03 W_{下} - 95 \qquad (5\text{-}20)$

以来沙量 0.80 亿 t 为例，从全年来看，宁蒙河道冲淤平衡，下河沿站需要输沙水量

272.5 亿 m³，头道拐站需要 185.6 亿 m³；全年淤积 10%，下河沿站需要输沙水量
247.5 亿 m³，头道拐站需要 159.9 亿 m³；全年淤积 20%，下河沿站需要输沙水量
218.9 亿 m³，头道拐站需要 130.5 亿 m³。对洪水期宁蒙河道冲淤平衡，下河沿站需要输
沙水量 77.4 亿 m³，头道拐站需要 56.0 亿 m³；全年淤积 10%，下河沿站需要输沙水量
70 亿 m³，头道拐站需要 50 亿 m³；全年淤积 20%，下河沿站需要输沙水量 61.4 亿 m³，头
道拐站需要 43.1 亿 m³。

表 5-18　宁蒙河道下河沿断面高效输沙水量　　　（单位：t/m³）

时段	项目	来沙量	
		1.74 亿 t（1952~2018 年）	0.80 亿 t（2000~2018 年）
洪水期	全年冲淤平衡	123.2	77.4
	全年淤积 10%	113.0	70.0
	全年淤积 20%	101.8	61.4
汛期	全年冲淤平衡	208.0	116.5
	全年淤积 10%	187.6	101.5
	全年淤积 20%	165.2	84.4
全年	全年冲淤平衡	425.0	272.5
	全年淤积 10%	391.0	247.5
	全年淤积 20%	353.6	218.9

表 5-19　宁蒙河道头道拐断面高效输沙水量　　　（单位：t/m³）

时期	项目	来沙量	
		1.74 亿 t（1952~2018 年）	0.80 亿 t（2000~2018 年）
洪水期	全年冲淤平衡	92.6	56.0
	全年淤积 10%	84.4	50.0
	全年淤积 20%	75.4	43.1
汛期	全年冲淤平衡	166.1	73.6
	全年淤积 10%	145.4	58.5
	全年淤积 20%	122.8	41.2
全年	全年冲淤平衡	342.8	185.6
	全年淤积 10%	307.7	159.9
	全年淤积 20%	269.3	130.5

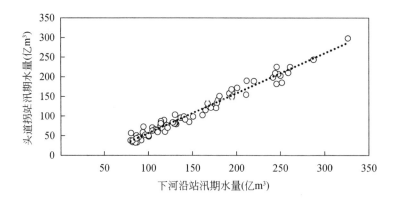

图 5-22　头道拐站汛期水量与下河沿站汛期水量的关系

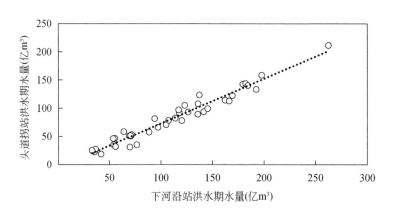

图 5-23　头道拐站洪水期水量与下河沿站洪水期水量的关系

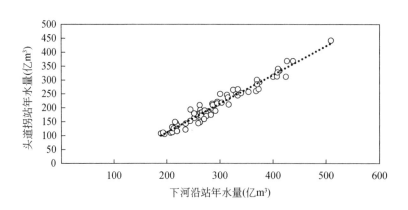

图 5-24　头道拐站年水量与下河沿站年水量的关系

5.7　小　　结

1）宁蒙河道下河沿—头道拐河段 1952～2018 年呈淤积的状态，年均淤积 0.370 亿 t。从时期上来看，除 1961～1968 年河道冲刷外，其他时期都是淤积的，其中 1952～1960 年和 1987～1999 年两个时段淤积量较大，分别占 1952～2018 年总淤积量的 42.8% 和 47.6%。河道冲淤年内分布以汛期淤积为主，非汛期长时期为微冲，各时期差别较大。从冲淤的空间分布来看，淤积主要集中在内蒙古三湖河口—头道拐河段，淤积量占宁蒙河道总淤积量的 49.6%。

2）宁蒙河道的冲淤演变与来水来沙条件（包括量及过程）密切相关，河道单位水量冲淤量与来沙临界（来沙系数 S/Q）关系较好，当汛期来沙系数约为 0.0029kg·s/m^6，非汛期约为 0.0017kg·s/m^6，洪水期约为 0.0038kg·s/m^{6}时，宁蒙河段基本可达到冲淤相对平衡。

3）宁蒙河道平滩流量与水沙条件关系密切，建立了巴彦高勒和三湖河口断面汛前平滩流量与汛期水沙量的关系式，运用关系式能够估算维持不同中水河槽所需要的断面水量。

4）研究给出了两种不同来沙情况下，冲淤平衡及不同淤积比条件下的输沙水量，以下河沿站来沙量 0.80 亿 t 为例，洪水期宁蒙河道冲淤平衡，下河沿站需要输沙水量 77.4 亿 m^3，头道拐站需要输沙水量 56.0 亿 m^3。

| 第 6 章 | 渭河下游河道输沙塑槽动态输沙需水

近年来，河流输沙需水量的研究工作逐渐展开。国内有人对泥沙输移的有效流量进行了探讨（孙东坡等，1999；李丽娟和郑红星，2000；倪晋仁等，2002）。在我国，较多的研究集中在黄河下游（石伟和王光谦，2003a，2003b）。

然而，作为黄河最大支流的渭河，多年平均每年向黄河输送 4 亿 t 以上的泥沙。渭河华县站的多年平均含沙量达到 81.8kg/m³。近千年来，多沙的渭河自身具有冲淤剧烈的特点。但随着三门峡水库多年高水位蓄水运行造成回水影响等，近 40 年来，渭河咸阳断面以下泥沙淤积量已达 13 亿 m³，河床淤积使河道不断抬升，渭南以下的渭河成为名副其实的地上悬河，河道阻力上升，过洪能力下降，相同流量的水位过高，渭河下游的洪灾频繁（Nash，1994；Richter and Baumgartner，1997；Omdorff and Whiting，1999）。由此可见，研究渭河下游输沙需水量就显得很重要。

渭河水沙异源、水少沙多的特点和下游河道淤积现状决定了输沙水量的存在性和必要性。渭河的径流主要来自咸阳以上，泥沙主要来自泾河。1991 年以来，咸阳以上水量幅度大减少，而泾河沙量基本没有变化，使渭河下游水少沙多的矛盾更加突出，输沙用水严重不足，造成河槽严重萎缩，河槽过水面积减少 2/3 左右（宋进喜等，2005）。平滩流量减小，使同流量洪水水位升高，排洪能力降低，洪水漫滩机会增加。洪水漫滩后，一方面给滩区造成巨大的淹没损失；另一方面危及两岸大堤的安全，增大防洪堤的临背差，造成防洪形势严峻（陈发中等，1999）。因此从防洪减灾的角度出发，必须给渭河下游河道留有一定的输沙水量。渭河下游河道输沙水量的多少，不仅是合理分配渭河水资源必须考虑的重要因素，而且对减少渭河下游河道的淤积、减轻防洪压力也十分重要（王桂娥等，2001）。

对于渭河下游来讲，需要解决两方面的问题：一是国民经济缺水问题；二是水少沙多问题，或者输沙用水问题（唐先海，1999）。本研究建立渭河下游平滩流量变化与水沙条件之间的响应关系，确定渭河下游不同水平年的合理目标规模。依据渭河下游特征，提出渭河下游典型断面不同水平年输沙水量及典型来沙年份的动态输沙水量。

通过总结现有研究成果，可将现有的输沙水量计算方法归纳为不考虑冲淤法、冲淤修正法、平衡输沙法、不平衡输沙法和资料分析法五大类。

（1）不考虑冲淤法

此类方法认为上游来水全部用于输送泥沙，由此根据定义，输沙水量可表述为

$$q' = \frac{W}{W_s} = \frac{SQ_i\Delta t}{SQ_iS_i\Delta t} = \frac{Q\Delta T}{QS\Delta T} = \frac{1}{S} \tag{6-1}$$

式中，W 为来水量；W_s 为来沙量；q' 为单位输沙水量（m^3/t）；Q_i 为第 i 个小时段的流量（m^3/s）；S_i 为含沙量（t/m^3）；Δt 为时长（s）；Q 为统计时段的平均流量（m^3/s）；S 为平均含沙量（t/m^3）；ΔT 为总时长（s）。

如果将单位输沙水量中的泥沙所占的体积剔除，即考虑单位净输沙水量，式（6-1）可改写为

$$q' = \frac{W - W_s/\gamma_s}{W_s} = \frac{Q\Delta T - QS\Delta T/\gamma_s}{QS\Delta T} = \frac{1 - S/\gamma_s}{S} \tag{6-2}$$

式中，γ_s 为泥沙容量。

式（6-2）为齐璞等（1997）和费祥俊（1998）提出的输沙水量的计算公式，表示输送 1t 泥沙所需的清水量，其大小完全取决于含沙量的高低。

（2）冲淤修正法

胡春宏等（2007）认为输沙水量是净水量的部分或全部，特指净水量中用来输移泥沙的那部分水量，如果整个河段内发生冲刷，则输沙水量小于净来水量，如果整个河段内冲淤平衡或泥沙淤积，则表明净来水量全部用于泥沙输移，即净水量等于输沙水量。为此，在计算输沙水量时引入了输沙效率 η 的概念。将输沙水量和单位输沙水量分别表述为

$$W' = \eta^\alpha(W - W_s/\gamma_s) \tag{6-3}$$

$$q' = \eta^\alpha(1000/S - 1/\gamma_s) \tag{6-4}$$

式中，W' 为输沙净水量（亿 m^3）；q' 为单位输沙净水量（m^3/t）；S 为断面平均含沙量（kg/m^3）；γ_s 为泥沙容重（t/m^3）；η 为输沙效率；α 为系数（其值由输沙效率确定）。提出了输沙效率 η 可根据河段输沙量、含沙量的变化确定的两种基本方法，并提出了冲淤比修正法，计算公式为

$$\eta = \begin{cases} W_{s0}/W_{s1} \\ S_0/S_1 \\ (1 - h')W_{s0}/W_{s1} \end{cases} \tag{6-5}$$

式中，脚标 0 和 1 分别表示进口、出口断面的值；η' 表示河段允许淤积比，认为对黄河下游这种淤积性河道，很难准确把握严格的冲淤平衡状态，可适当放宽对冲淤平衡的要求，在允许淤积比的范围内河道近似于冲淤平衡状态。系数 α 根据输沙效率确定：当 $\eta<1$ 时，$\alpha=1$；当 $\eta\geqslant1$ 时，$\alpha=0$。

当河段处于冲刷状态时，$\alpha=1$，河段部分来水用于泥沙输移；当河段处于冲淤平衡或淤积状态时，$\alpha=0$，全部来水用于泥沙输移。

（3）平衡输沙法

石伟和王光谦（2003a，2003b）进一步提出，输沙效率与河道淤积综合最优时的输沙水量为最小输沙水量，低含沙水流在冲淤平衡时最大含沙量为其水流挟沙力，此时的最小输沙水量为

$$q'_{\min} = 1000/S^* - 1/\gamma_s \tag{6-6}$$

式中，S^*为水流挟沙为（t/m³）。式（6-6）反映了河道达到冲淤平衡状态时输沙水量的概念。当河道处于淤积状态时，水流超饱和（$S>S^*$），河道达到冲淤平衡所需的水量大于实际来水量；当河道处于冲刷状态时，水流次饱和（$S<S^*$），说明要使河道达到冲淤平衡，所需的输沙水量小于实际来水量；当$S=S^*$时，河段处于冲淤平衡，输沙水量即为来水量。

（4）不平衡输沙法

如前所述，影响河段输沙水量的因素除来水来沙量、冲淤量或冲淤比外，还有其他多个因素，如河道的边界条件、水沙过程和来沙的组成等。本研究将在不平衡输沙理论的基础上，建立较为通用的河道输沙水量半理论半经验计算公式，在此取名为不平衡输沙法输沙水量计算公式，反映水流、泥沙及其组成、河道边界条件等多因子对输沙水量的影响。

$$W^* = \frac{W_s}{k} - \frac{q\gamma'_s}{\alpha\omega L}\exp\left(\frac{\alpha\omega L}{q}\right)\Delta W_s \tag{6-7}$$

式中，W^*为与水流挟沙相对应的水量，根据输沙水量的定义，即为河段的输沙水量（m³）。式（6-7）为河道输沙水量的计算公式，形式上与资料分析法计算公式类似，但公式考虑的影响输沙水量的因素较为全面。q和W_s分别为来水量、来沙量的影响；ΔW_s表示冲淤量对输沙水量的影响；k反映了水沙搭配关系；α为含沙量恢复饱和系数，反映天然河道的泥沙恢复能力；ω为沉速，表示来沙的粗细对输沙水量的影响；河段长L代表了研究河段的边界条件。

（5）资料分析法

资料分析法来源于对水沙关系及冲淤之间的分析与提炼，目前已提出了大量针对黄河和渭河的输沙水量计算方法。

林秀芝等（2005）分析了渭河下游资料，发现汛期输沙水量与来沙量及淤积量呈现一定关系，即

$$W_{汛} = 9.49W_s - 72.89\Delta W_s + 23.65 \tag{6-8}$$

式中，$W_{汛}$为汛期输沙用水量（亿m³）；W_s为汛期来沙量（亿t）；ΔW为淤积量（亿m³）。

杨丽丰等（2007）就渭河输沙水量进行了较为相对严格的数学推导，建立了渭河下游输沙用水量计算公式，综合考虑了河道来沙量和淤积水平，同时考虑了河道边界条件对输沙用水量的影响。

$$W_{汛} = (19.5W_s - 66.1\Delta W_s) \times [1 - \exp(-1.35 \times 10^{-3} \times Q_{平})] \qquad (6\text{-}9)$$

式中，$W_{汛}$为汛期输沙用水量（亿 m^3）；W_s为咸阳、张家山来沙量之和（亿 t）；ΔW_s为汛期渭河下游冲淤量（亿 m^3）；$Q_{平}$为汛前华县平滩流量（m^3/s）。

上述输沙水量计算方法和各计算公式大多是在黄河下游及渭河下游等多沙且冲淤幅度较大的河道上得到的。总体来说，第一类不考虑河道冲淤变化，直接根据含沙量计算输沙水量的计算方式形式上简单、计算方便，在单向淤积超饱和输沙的河段有其实用性，但缺少一定的理论依据，在应用于冲淤交替和次饱和输沙的少沙河流中有一定的局限性。第二类考虑河道冲淤变化，认为河道淤积情况下来水量即输沙水量，当河道呈冲刷状态时，输沙水量为来水量的一部分，为此提出了输沙效率的概念，较第一类有很大的改进。第三类平衡输沙法，理论基础较强，严格符合河道输沙水量的定义，但计算挟沙能力，较为复杂，得到的输沙水量为河道冲淤平衡状态下的输沙水量，对于黄河这样淤积性河道来说，有一定理想化。第四种资料分析法虽然缺少理论支持，但来源于对河道输水输沙规律的认识和实测资料的分析，能在一定程度上反映河道输沙水量，但不同的公式对计算参数选择不同，可能有一定的片面性。各种方法各有利弊，本研究拟采用苏昕和王崇浩（2014）提出的实测资料分析法与冲淤修正法计算年输沙需水量。

6.1 渭河下游年输沙水量分析

苏昕和王崇浩（2014）通过 1973~2009 年的渭河下游数据得到的输沙需水量结果。
资料分析法公式：

$$W'_{华县} = 30.92W_s^{0.6453} - 43.075\Delta W_s + 4.4083 \qquad (6\text{-}10)$$

冲淤修正法公式：

$$W'_{华县} = -0.8553W_s^2 + 18.4457W_s - 33.2289\Delta W_s + 15.6959 \qquad (6\text{-}11)$$

式中，W'为年输沙水量（亿 m^3）；W_s为年沙量（亿 t）；ΔW_s为渭河下游全河段年淤积量（亿 t）。

通过 2000~2010 年实际华县水量与计算需水量对比分析，结果显示大部分点都分布在斜率 1∶1 线附近（图 6-1 和图 6-2）。

根据资料分析法和冲淤修正法的拟合关系式分别得到渭河下游不同来沙量和不同允许淤积量下的输沙水量，分别如表 6-1 和表 6-2 所示。

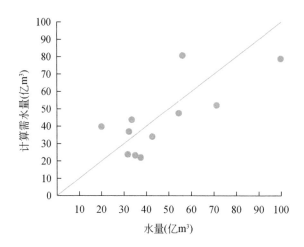

图6-1 资料分析法 2000～2010 年实际华县水量与计算需水量对比分析

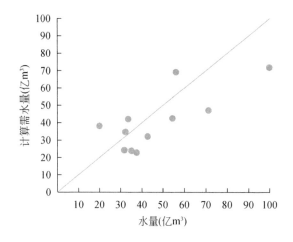

图6-2 冲淤修正法 2000～2010 年实际华县水量与计算需水量对比分析

表6-1 资料分析法华县站年输沙水量 （单位：亿 m³）

淤积量	来沙量							
（亿 t）	4 亿 t	3.5 亿 t	3 亿 t	2.5 亿 t	2 亿 t	1.5 亿 t	1 亿 t	0.5 亿 t
0.4	63	57	50	43	36	27	18	7
0.3	67	61	54	47	40	32	22	11
0.2	71	65	59	52	44	36	27	16
0.1	76	69	63	56	48	40	31	20
0	80	74	67	60	53	45	35	24

表6-2 冲淤修正法华县站年输沙水量　　　　　　　　　　（单位：亿 m³）

淤积量	来沙量							
（亿 t）	4 亿 t	3.5 亿 t	3 亿 t	2.5 亿 t	2 亿 t	1.5 亿 t	1 亿 t	0.5 亿 t
0.4	62	56	50	43	36	28	20	11
0.3	65	59	53	46	39	31	23	15
0.2	69	63	56	50	42	35	27	18
0.1	72	66	60	53	46	38	30	21
0	75	69	63	56	49	41	33	25

6.2　渭河下游汛期输沙水量分析

6.2.1　汛期输沙水量公式

研究渭河下游输沙水量，由于渭河每年的汛期来水来沙量及其水沙搭配相差较大，其输沙水量也相差很大（表6-3）。

表6-3　1974～2002年华县站历年汛期水沙量与渭河下游汛期冲淤量

年份	水量（亿 m³）	沙量（亿 t）	单位输沙水量（m³/t）	冲淤量（亿 m³）
1974	28.09	1.50	19	−0.01
1975	78.20	3.67	21	−1.12
1976	53.34	2.66	20	0.01
1977	19.20	5.48	4	0.70
1978	43.04	4.26	10	0.13
1979	24.04	2.10	11	0.21
1980	41.09	2.84	14	−0.15
1981	82.45	3.32	25	0.04
1982	32.64	1.37	24	0.32
1983	87.19	2.10	42	−0.73
1984	87.47	3.60	24	−0.52
1985	43.07	2.23	19	0.40
1986	20.45	0.60	34	0.12
1987	22.11	0.73	30	0.17
1988	62.00	5.27	12	−0.06

年份	水量（亿 m³）	沙量（亿 t）	单位输沙水量（m³/t）	冲淤量（亿 m³）
1989	33.78	1.62	21	0.36
1990	44.99	2.72	17	0.33
1991	12.31	0.65	19	−0.01
1992	45.64	4.51	10	1.11
1993	31.87	1.36	23	−0.16
1994	16.81	3.57	5	0.84
1995	11.42	2.37	5	0.82
1996	22.90	4.03	6	0.08
1997	6.06	1.61	4	0.23
1998	26.70	1.14	23	−0.19
1999	23.22	2.18	11	−0.10
2000	22.39	0.94	24	0.30
2001	15.77	1.27	12	0.19
2002	10.89	1.66	7	0.19
1974~1990 年	47.24	2.71	17	0.01
1991~2002 年	20.50	2.11	10	0.28
1974~2002 年	36.18	2.46	15	0.12

由表6-3可见，1974~2002年华县站多年平均汛期来水量36.18亿 m³，多年平均来沙量2.46亿 t，汛期平均输沙水量15m³/t，渭河下游汛期多年平均淤积量0.12亿 m³。其中1974~1990年华县多年平均汛期来水量47.24亿 m³，来沙量2.71亿 t，汛期平均输沙水量17m³/t，渭河下游汛期多年平均淤积量0.01亿 m³；1990~2002年华县站多年平均汛期来水量20.50亿 m³，来沙量2.11亿 t，汛期平均输沙水量10m³/t，渭河下游汛期多年平均淤积量0.28亿 m³。1974年以来华县汛期水量最大为87.47亿 m³（1984年），最小为6.06亿 m³（1997年），两者相差14倍多；沙量最大为5.48亿 t（1977年），最小为0.60亿 t（1986年），两者相差9倍多。汛期水沙量这种巨大的差异，使得华县汛期各年输沙水量相差也很大，最大为42m³/t（1983年），该年汛期渭河下游冲刷0.73亿 m³，最小为4m³/t（1977年和1997年），这两年汛期渭河下游分别淤积0.70亿 m³和0.23亿 m³。同样反映出在相似的河床边界条件下，输沙水量小时，渭河下游淤积相对就多，输沙水量多时，渭河下游淤积相对就少或者发生冲刷的特点。

分析渭河下游历年汛期冲淤量与来水来沙量的关系（图6-3），也可以看出，渭河下游汛期冲淤量随来水量的增大有淤积减少或冲刷增大的趋势，随来沙量的增大有淤积增多或冲刷减少的趋势。

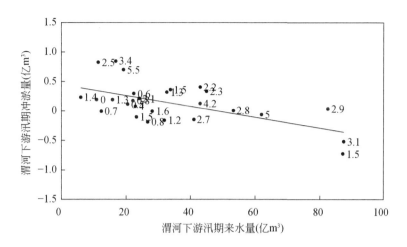

图 6-3 1974~2002 年渭河下游汛期冲淤量与来水量的关系

为了分析不同来水来沙条件和不同淤积水平条件下，渭河下游汛期输沙水量，利用 1974~2002 年断面法淤积资料，与汛期进入渭河下游的水沙资料建立相关关系式

$$W_{汛} = 9.49W_{s汛} - 72.89\Delta W_{s汛} + 23.65 \tag{6-12}$$

式中，$W_{汛}$ 为华县汛期输沙水量（亿 m^3）；$W_{s汛}$ 为渭河下游汛期来沙量（亿 t）；$\Delta W_{s汛}$ 为渭河下游河道在该来沙情况下允许淤积量（亿 m^3）。

根据式（6-12）假定来沙量和下游河道允许淤积量的前提下，可求得华县站汛期输沙水量，如表 6-4 所示。由表 6-4 可知，在来沙量相同的情况下，输沙水量与淤积量成反比，即允许淤积量越多或冲刷量越少，所需的输沙水量越少；允许淤积量越少或冲刷量越多，所需的输沙水量越多。在淤积量相同的情况下，输沙水量与来沙量成正比，即来沙量越多，所需的输沙水量越多；来沙量越少，所需的输沙水量越少。在来沙量 3 亿 t 情况下，若维持渭河下游河道不淤积，汛期水量为 52 亿 m^3 左右；在来沙量 2 亿 t 情况下，若维持渭河下游河道不淤积，汛期水量为 43 亿 m^3 左右。

表 6-4 华县站汛期输沙水量 （单位：亿 m^3）

淤积量 (亿 t)	来沙量							
	4 亿 t	3.5 亿 t	3 亿 t	2.5 亿 t	2 亿 t	1.5 亿 t	1 亿 t	0.5 亿 t
0.4	32	28	23	18	13	9	4	—
0.3	40	35	30	26	21	16	11	7
0.2	47	42	38	33	28	23	19	14
0.1	54	50	45	40	35	31	26	21
0	62	57	52	47	43	38	33	28

6.2.2 新形势汛期输沙水量分析

2000 年以来渭河下游出现新情况：

1）2000 年以来水量向汛期转移，来沙向汛期极值，咸阳、华县和张家山三站汛期沙量占比达到 97% 以上。

2）2003 年以来，渭河下游总体表现为微冲（图 6-4）。

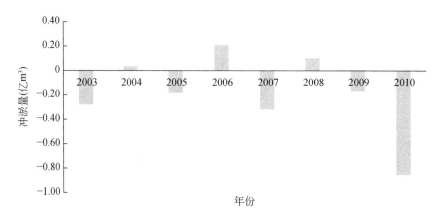

图 6-4 2003～2010 年渭河下游冲淤量

3）2003 年以来，渭河下游河道明显萎缩，主要表现在主槽过流能力减少，河道横断面呈现缩窄趋势。

2000～2011 年华县站历年汛期水沙量与渭河下游汛期冲淤量如表 6-5 所示。

表 6-5 2000～2011 年华县站历年汛期水沙量与渭河下游汛期冲淤量

汛期年份	水量（亿 m³）	沙量（亿 t）	单位输沙水量（m³/t）	下游冲淤量（亿 m³）
2000	22.39	0.94	24	0.30
2001	15.77	1.27	12	0.19
2002	10.89	1.66	7	0.19
2003	74.99	2.94	26	-0.17
2004	18.24	1.08	17	0.17
2005	50.30	1.45	35	-0.04
2006	19.08	0.87	22	0.28
2007	34.49	0.91	38	-0.08
2008	19.54	0.56	35	0.24
2009	22.12	0.58	38	-0.04

续表

汛期年份	水量（亿 m³）	沙量（亿 t）	单位输沙水量（m³/t）	下游冲淤量（亿 m³）
2010	40.24	1.44	28	-0.89
2011	55.26	0.42	132	-0.62
2000～2011 年	31.94	1.18	27.15	-0.04

由表 6-5 可见，2000～2011 年华县站多年平均汛期来水量 31.94 亿 m³，来沙量 1.18 亿 t，汛期平均输沙水量 27.15 m³/t，渭河下游汛期多年平均冲刷量 0.04 亿 m³，而 1974～2002 年渭河下游汛期多年平均淤积量 0.12 亿 m³。

通过对比分析 1974～1999 年和 2000 年以来（图 6-5 和图 6-6），渭河下游汛期冲淤量随来水量的增大有淤积减少或冲刷增大的趋势，随来沙量的增大有淤积增多或冲刷减少的趋势基本一致。

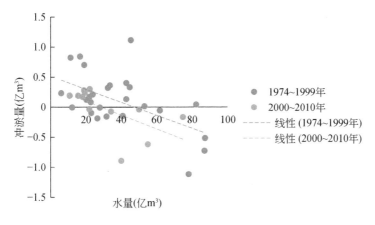

图 6-5　渭河下游汛期冲淤量与水量的关系

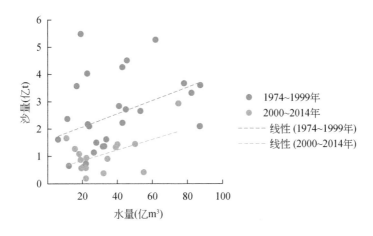

图 6-6　渭河下游汛期沙量与水量的关系

通过 2000～2010 年实际华县汛期水量与计算需水量对比分析，结果显示大部分点都分布在斜率 1∶1 线附近（图 6-7）。

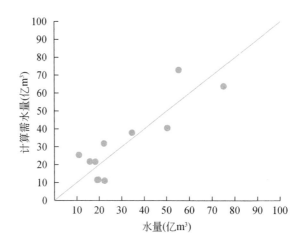

图 6-7　2000～2010 年实际华县汛期水量与计算需水量对比分析

6.3　渭河下游洪水期输沙水量分析

6.3.1　洪水期水沙和冲淤关系

利用日均资料，将 1961～2002 年渭河下游的洪水进行划分，由于华阴水文站于 1991 年撤销，只能采用 1990 年以前的洪水资料，研究重点为非漫滩洪水。分析渭河下游临潼—华阴河段排沙比与临潼洪水平均流量和水沙搭配系数的关系，如图 6-8 和图 6-9 所示。

由图 6-8 可以看出，平均含沙量小于 $50kg/m^3$ 的场次洪水，排沙比均大于 100%；平均含沙量大于 $50kg/m^3$ 的场次洪水，当洪水平均流量大于 $500m^3/s$ 时，排沙比为 100% 左右，当洪水平均流量小于 $500m^3/s$ 时，排沙比小于 100%，特别是洪水平均流量为 100～$300m^3/s$、平均含沙量大于 $100kg/m^3$ 的高含沙小洪水，排沙比很低，只有 20%～50%，河槽淤积量占洪水来沙量的 50% 以上，对河道产生不利影响。

图 6-9 反映了临潼站洪水期间水沙搭配系数与河道排沙比的关系，由图 6-9 可以看出，平均含沙量小于 $50kg/m^3$ 的场次洪水，水沙搭配系数均小于 0.1，排沙比也基本上均大于 100%；平均含沙量在 50～$100kg/m^3$ 的场次洪水，水沙搭配系数为 0.06～0.3，当水沙搭配系数小于 0.11 时，排沙比基本在 100% 左右，当水沙搭配系数大于 0.11 时，排沙比多数小于 100%；平均含沙量大于 $100kg/m^3$ 的场次洪水，水沙搭配系数均大于 0.11，排沙比

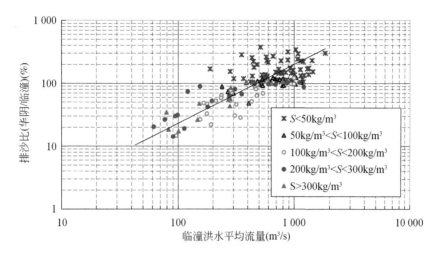

图 6-8　渭河下游排沙比与临潼洪水平均流量的关系

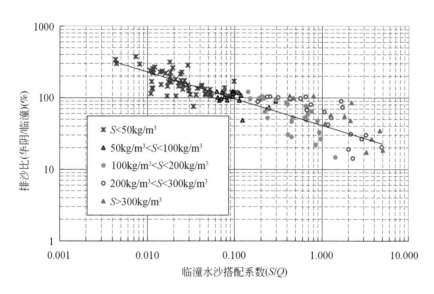

图 6-9　渭河下游排沙比与临潼水沙搭配系数的关系

绝大多数小于100%。

　　由图6-9还可以看出，含沙量大于300kg/m³和200～300kg/m³的高含沙洪水点群混杂在一起，其点群多数分布在含沙量为100～200kg/m³的点群之上，从而说明，在水沙搭配系数相同的情况下，大于200kg/m³的高含沙洪水的输沙能力较强。这可能是由于渭河来沙组成较细，在渭河下游窄深河槽内具有较强的输沙能力。这方面的工作有待下一步深入研究。

　　由以上分析可以得出以下初步结论，当渭河下游临潼站洪水平均含沙量小于50kg/m³

时，临潼—华阴河段基本上发生冲刷；当平均含沙量大于100kg/m³时，洪峰平均流量大于500m³/s，渭河下游临潼—华阴河段排沙比可以接近或达到100%，否则，临潼—华阴河段的排沙比小于100%。

点绘临潼历年的场次洪水平均流量与日均洪峰流量的相关关系（图6-10），可以看出，洪水平均流量为500m³/s时，日均洪峰流量基本为900～1300m³/s，平均为1000m³/s左右，也就是说，渭河下游临潼出现平均含沙量大于100kg/m³的洪水，洪水平均流量大于500m³/s，且满足日均洪峰流量大于1000m³/s时，渭河下游河道排沙比才可能接近或达到100%，否则，下游河道发生淤积。

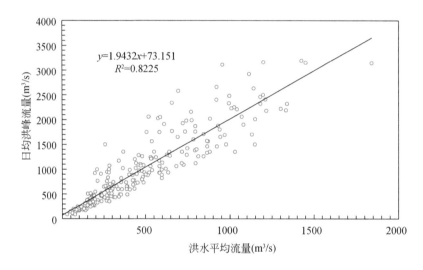

图6-10 临潼场次洪水平均流量与日均洪峰流量关系

分析渭河下游洪水期冲淤临界流量，由于渭河下游河道为冲积性河流，其冲淤调整与水沙过程非常密切，据分析，1974年以来，多数情况下河道属于涨冲落淤的调整过程，相同的流量级在涨水过程中是冲刷的，而在落水过程中可能是淤积的，在第一场洪水中是冲刷的，在第二场或以后的洪水中可能是淤积的，因此，渭河下游冲淤临界流量的界定也是一个非常复杂、非常困难的问题。

通过对渭河下游实测断面冲淤资料分析，临潼—华阴河段的冲淤变化基本能反映渭河下游的冲淤变化。根据实测非漫滩洪水资料，分析了1974～1990年的历场洪水（平均流量大于100m³/s，平均含沙量小于200kg/m³）的冲淤变化与来水来沙的关系，点绘洪水期间水沙搭配系数S/Q与河道淤积比的关系（图6-11）。根据图6-11中点群分布：

当$S/Q \geq 0.05$，$\eta \geq -15\%$时，回归关系式为

$$\frac{S}{Q} = 8 \times 10^{-14} \times \eta^6 + 5 \times 10^{-11} \times \eta^5 + 1 \times 10^{-8} \times \eta^4 + 2 \times 10^{-6} \times$$

$$\eta^3 + 1 \times 10^{-4} \times \eta^2 + 0.0048 \times \eta + 0.11 \tag{6-13}$$

当 $S/Q < 0.05$，$\eta < -15\%$ 时，回归关系式为

$$\frac{S}{Q} = 0.064 e^{0.0127 \times \eta} \tag{6-14}$$

式中，S 为洪水期平均含沙量（kg/m^3）；Q 为洪水期平均流量（m^3/s）；η 为洪水期淤积比（%）；$\eta = \Delta W_s / W_s \times 100$，其中，$\Delta W_s$ 为临潼—华阴河段淤积量（亿 t），W_s 为临潼来沙量（亿 t）。

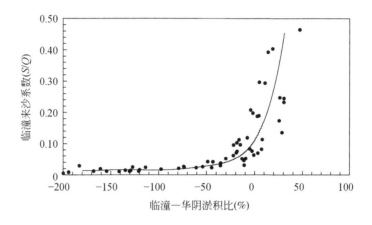

图 6-11　渭河下游水沙搭配系数与淤积比的关系

根据关系式（6-14），渭河下游洪水期间淤积比等于 0 时，水沙搭配系数为 0.11，即渭河下游洪水期冲淤临界条件为水沙搭配系数约等于 0.11。由此可以看出，渭河下游的输沙能力远大于黄河下游的输沙能力（黄河下游不漫滩洪水洪峰冲淤平衡的水沙搭配系数约等于 0.01），这主要是由于渭河下游来沙相对较细，主槽相对窄深。表 6-6 列出了不同水沙条件下非漫滩洪水渭河下游河道冲淤临界条件，如洪水平均含沙量为 80kg/m^3 时，其冲淤临界平均流量为 730m^3/s 左右；又如洪水平均含沙量为 100kg/m^3 时，其冲淤临界平均流量为 910m^3/s 左右；再如洪水平均含沙量为 200kg/m^3 时，其冲淤临界平均流量为 1800m^3/s 左右。

表 6-6　渭河下游不同水沙条件下非漫滩洪水冲淤临界条件

临潼站洪水平均含沙量（kg/m^3）	40	50	80	100	150	200
临潼站洪水平均流量（m^3/s）	365	460	730	910	1360	1800

6.3.2　洪水期输沙水量

渭河下游来水来沙主要发生在场次洪水中，不同类型的洪水，其冲淤特性也各不相

同。一般情况下，高含沙大洪水渭河下游发生冲刷，高含沙小洪水，渭河下游发生淤积；低含沙大洪水渭河下游发生冲刷，中等含沙量洪水渭河下游一般发生淤积，同时河床边界条件对洪水期渭河下游的冲淤变化也产生一定影响。

利用临潼—华阴河段洪水期水沙搭配系数与淤积比的关系式，即式（6-13）和式（6-14）。

根据洪水期的平均含沙量与来水量和来沙量的关系式：

$$S = \frac{1000 \cdot W_s}{W} \, (\text{kg/m}^3) \qquad (6\text{-}15)$$

式中，W 为洪水期输沙用水量（亿 m^3）；W_s 为洪水期来沙量（亿 t）。

联解式（6-13）~式（6-15），可得输沙用水量计算公式如下：

当 $S/Q \geqslant 0.05$，$\eta \geqslant -15\%$ 时，

$$W = \frac{1000 \cdot W_s}{(8 \times 10^{-14} \times \eta + 5 \times 10^{-11} \times \eta^5 + 1 \times 10^{-8} \times \eta^4 + 2 \times 10^{-6} \times \eta^3 + 1 \times 10^{-4} \times \eta^2 + 0.0048 \times \eta + 0.11) \times Q}$$

$$(6\text{-}16)$$

当 $S/Q < 0.05$，$\eta < -15\%$ 时，

$$W = \frac{1000 \cdot W_s}{0.064 \cdot e^{0.0127 \times \eta} \cdot Q} \qquad (6\text{-}17)$$

其中洪水持续天数为

$$T \geqslant \frac{W}{Q \times 0.000\,864} \qquad (6\text{-}18)$$

式中，T 为洪水持续天数，一般应小于汛期总历时 123 天。

根据式（6-16）~式（6-18），在已知来沙和河道淤积比的情况下，可以求得渭河下游洪水期间输沙用水量（表6-7）。由表6-7可以看出，在来沙量和淤积比相同的情况下，流量越大，输沙用水量越小；在流量和来沙量相同的情况下，允许淤积量越大，输沙用水量越小；在流量和淤积比相同的情况下，来沙量越大，输沙用水量越大。

表6-7　渭河下游不同流量和不同淤积比情况下输沙用水量

流量（m^3/s）	来沙量（亿 t）	1	2	3	4	1	2	3	4	1	2	3	4
	淤积比（%）	0	0	0	0	10	10	10	10	20	20	20	20
800	水量（亿 m^3）	11	23	34	45	7	15	22	29	5	10	14	19
	天数（天）	16	33	49	66	11	21	32	43	7	14	21	28
1000	水量（亿 m^3）	9	18	27	36	6	12	18	24	4	8	11	15
	天数（天）	11	21	32	42	7	14	20	27	4	9	13	18
1300	水量（亿 m^3）	7	14	21	28	5	9	14	18	3	6	9	12
	天数（天）	6	12	19	25	4	8	12	16	3	5	8	10

流量 （m³/s）	来沙量（亿 t）	1	2	3	4	1	2	3	4	1	2	3	4
	淤积比（%）	0	0	0	0	10	10	10	10	20	20	20	20
1500	水量（亿 m³）	6	12	18	24	4	8	12	16	3	5	8	10
	天数（天）	5	9	14	19	3	6	9	12	2	4	6	8
2000	水量（亿 m³）	5	9	14	18	3	6	9	12	2	4	6	8
	天数（天）	3	5	8	11	2	3	5	7	1	2	3	4

为了更清楚地说明在一定的淤积比情况下输沙用水量与流量大小、不同来沙量之间的相互关系，按公式计算并绘制了淤积比为 0 的情况下，输沙用水量与流量、来沙量的关系（图 6-12）。从图 6-12 可以比较清楚地看出，在来沙量相同的情况下，流量越大，输沙用水量越小；在流量相同的情况下，来沙量越大，输沙用水量越大。

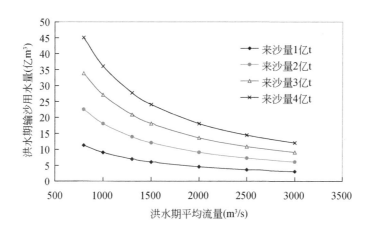

图 6-12　渭河下游淤积比为 0 的情况下输沙用水量与平均流量、来沙量的关系

6.4　渭河下游高效输沙水量分析

依据渭河下游特征，研究渭河下游河道输沙规律以及渭河下游河道冲淤规律，通过数据分析确定年、汛期和洪水期冲淤临界条件水沙搭配系数值，根据来沙量和下游河道允许淤积量的关系式，求取渭河下游洪水期、汛期和年的输沙水量。

6.4.1　年内各时期水量分配

根据华县站 1965 年以后实测水量资料，1965 年以来汛期、非汛期、洪水期进入渭河下游河道的水量与年水量呈线性关系（图6-13），可以得到不同时期水量与年水量之间关系式。

$$W_{汛} = 0.7284W_{年} - 7.7162 \tag{6-19}$$

$$W_{非} = 0.2716W_{年} + 7.7162 \tag{6-20}$$

$$W_{洪} = 0.5325W_{年} - 10.504 \tag{6-21}$$

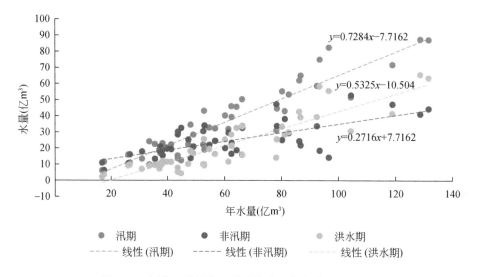

图6-13　汛期、非汛期、洪水期水量与年水量关系式

6.4.2　年内各时期沙量分配

根据华县站1965年以后实测沙量资料，1965年以来汛期、非汛期、洪水期进入渭河下游河道的沙量与年沙量呈线性关系（图6-14），可以得到不同时期沙量与年沙量之间关系式。

$$W_{s汛} = 0.9482W_{s年} - 0.1391 \tag{6-22}$$

$$W_{s非} = 0.0518W_{s年} + 0.1391 \tag{6-23}$$

$$W_{s洪} = 0.8227W_{s年} - 0.2218 \tag{6-24}$$

6.4.3　年内各时期冲淤量分配

根据临潼—华县站1965年以后实测冲淤量资料，1965年以来汛期、非汛期、洪水期进入渭河下游河道的冲淤量与年冲淤量呈线性关系（图6-15），可以得到不同时期冲淤量与年冲淤量之间关系式。

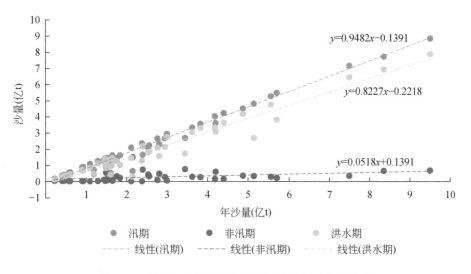

图 6-14　汛期、非汛期、洪水期沙量与年沙量关系式

$$\Delta W_{s汛} = 0.943 \Delta W_{s年} - 0.004 \qquad (6\text{-}25)$$

$$\Delta W_{s非} = 0.057 \Delta W_{s年} + 0.004 \qquad (6\text{-}26)$$

$$\Delta W_{s洪} = 0.8573 \Delta W_{s年} - 0.0192 \qquad (6\text{-}27)$$

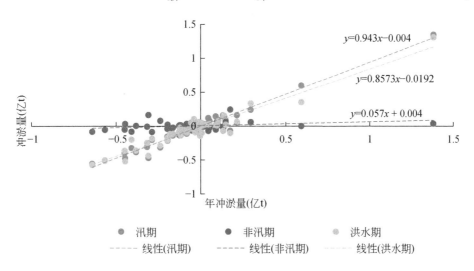

图 6-15　汛期、非汛期、洪水期冲淤量与年冲淤量关系式

6.4.4　不同来沙情景和不同淤积水平下的输沙水量

依据渭河下游特征，研究渭河下游河道输沙规律以及渭河下游河道冲淤规律，通过数

据分析确定年、汛期和洪水期冲淤临界条件水沙搭配系数值，根据来沙量和下游河道允许淤积量的关系式，求取渭河下游洪水期、汛期和年的输沙水量。沙量采用渭河长时期1965年以来年均值2.63亿t，以及近期来沙量相对较少的2000年以来年均值1.13亿t，洪水期平均流量采用有利于河道高效输送的洪峰流量800m³/s，计算得到了两种来沙条件下河道冲淤平衡时及不同淤积比条件下华县断面的输沙水量，如表6-8所示。

表6-8 渭河下游华县断面高效输沙水量 （单位：亿m³）

时段	项目	沙量年均值	
		1.13亿t（2000年以来）	2.63亿t（1965年以来）
洪水期	全年冲淤平衡	9.06	23.04
	全年淤积10%	4.99	13.90
	全年淤积20%	2.77	8.42
汛期	全年冲淤平衡	19.04	38.17
	全年淤积10%	13.48	25.66
	全年淤积20%	10.44	18.16
全年	全年冲淤平衡	36.74	63.00
	全年淤积10%	29.09	45.82
	全年淤积20%	24.92	35.53

以来沙量1.13亿t为例，全年来看，渭河下游河道全年冲淤平衡，华县站需要输沙水量36.74亿m³；全年淤积10%，华县站需要输沙水量29.09亿m³；全年淤积20%，华县站需要输沙水量24.92亿m³。洪水期来看，渭河下游河道全年冲淤平衡，华县站需要洪水期输沙水量9.06亿m³；全年淤积10%，华县站需要洪水期输沙水量4.99亿m³；全年淤积20%，华县站需要洪水期输沙水量2.77亿m³。

6.5 小 结

依据渭河下游特征，研究渭河下游河道输沙规律以及渭河下游河道冲淤规律，求取渭河下游年、汛期和洪水期的输沙水量。

1）年输沙需水量。根据资料分析法和冲淤修正法的拟合关系式分别得到渭河下游不同来沙量和不同允许淤积量下的输沙水量。在来沙量3亿t情况下，若维持渭河下游河道不淤积，汛期水量分别为67亿m³和63亿m³；在来沙量2亿t情况下，若维持渭河下游河道不淤积，汛期水量为53亿m³和49亿m³。

2）汛期输沙需水量。在来沙量相同的情况下，输沙水量与淤积量成反比，即允许淤积量越多或冲刷量越少，所需的输沙水量越少；允许淤积量越少或冲刷量越多，所需的输沙水量越多。在淤积量相同的情况下，输沙水量与来沙量成正比，即来沙量越多，所需的输沙水量越多；来沙量越少，所需的输沙水量越少。在来沙量 3 亿 t 情况下，若维持渭河下游河道不淤积，汛期水量为 52 亿 m³ 左右；在来沙量 2 亿 t 情况下，若维持渭河下游河道不淤积，汛期水量为 43 亿 m³ 左右。

3）洪水期输沙需水量。在来沙量和淤积比相同的情况下，流量越大，输沙用水量越小；在流量和来沙量相同的情况下，允许淤积量越大，输沙用水量越小；在流量和淤积比相同的情况下，来沙量越大，输沙用水量越大。在来沙量 3 亿 t 情况下，若维持渭河下游河道不淤积，洪水期流量 800m³/s 所需水量为 34 亿 m³ 左右，洪水期流量 1000m³/s 所需水量为 27 亿 m³ 左右；在来沙量 2 亿 t 情况下，若维持渭河下游河道不淤积，洪水期流量 800m³/s 所需水量为 23 亿 m³ 左右，洪水期流量 1000m³/s 所需水量为 18 亿 m³ 左右。

4）高效输沙水量分析。依据渭河下游特征，研究渭河下游河道输沙规律以及渭河下游河道冲淤规律，通过数据分析确定年、汛期和洪水期冲淤临界条件水沙搭配系数值，根据来沙量和下游河道允许淤积量的关系式，求取渭河下游洪水期、汛期和年的输沙水量。以来沙量 1.13 亿 t 为例，全年来看，渭河下游河道全年冲淤平衡，华县站需要输沙水量 36.74 亿 m³；全年淤积 10%，华县站需要输沙水量 29.09 亿 m³；全年淤积 20%，华县站需要输沙水量 24.92 亿 m³。洪水期来看，渭河下游河道全年冲淤平衡，华县站需要洪水期输沙水量 9.06 亿 m³；全年淤积 10%，华县站需要洪水期输沙水量 4.99 亿 m³；全年淤积 20%，华县站需要洪水期输沙水量 2.77 亿 m³。

| 第 7 章 | 黄河输沙水量耦合机制
与动态输沙水量

进入黄河下游的泥沙主要集中在汛期的几场洪水过程中，泥沙的输送和河道淤积也主要集中在洪水过程。一方面为减少下游河道淤积、维持主槽一定的排洪输沙能力，以确保黄河下游的防洪安全，需要留有一定的输沙用水；另一方面随着社会、经济的发展，工农业生产和居民生活用水量持续增加，黄河水资源短缺矛盾日益加剧。利用高效输沙节省部分输沙水量，是缓解水资源短缺矛盾的途径之一。

随着黄河来沙量和来沙过程的变化，加上小浪底等水利枢纽的调控作用，黄河下游的输沙主要集中在汛期的洪水期、平水期和非汛期以满足河流生态需求、引水灌溉和发电等需求，因而输沙水量的定义和内涵也发生相应的改变。

7.1　高效输沙的定义与内涵

7.1.1　高效输沙的定义与表征指标

高效输沙是指河道中水流输送泥沙的效率较高，体现在两个方面：一是单位水量（1 亿 m^3）输送入海的泥沙多或者输送单位泥沙（1 亿 t）所需的水量少；二是河道淤积比小或者河道的排沙比高，绝大部分泥沙被输送入海。

水流输沙状态按其与水流输沙能力的相对关系分为次饱和输沙、平衡输沙和超饱和输沙三种。根据与平衡状态的差距，次饱和输沙可分为强次饱和和微次饱和输沙，超饱和输沙可分为强超饱和和微超饱和输沙。在强次饱和输沙或强超饱和输沙两种状态下，河道发生显著冲刷或发生强烈淤积，要么单位输沙水量大、要么排沙比小，均不符合高效输沙要求。在平衡输沙，以及接近平衡输沙的微次饱和和微超饱和状态下，河道处于冲淤平衡或微冲微淤状态，水流输沙能力得到充分利用，且河道排沙比较高，基本满足高效输沙的要求。因此，实现下游高效输沙的水流条件是，使河道处于平衡输沙及接近平衡输沙的微次饱和和微超饱和状态的水沙过程。

根据高效输沙的定义要求，在充分借鉴以往成果基础上，本书研究选取单位输沙水量

(输送 1t 泥沙入海的利津水量,单位为 m^3/t) 和排沙比为表征指标。李小平等 (2010) 将单位输沙水量阈值定为 $25m^3/t$,排沙比阈值定为 80%,本书沿用之前的成果,这与赵业安等 (1993)、刘小勇等 (2002)、赵华侠等 (1997) 的成果也是一致的 (图 7-1)。

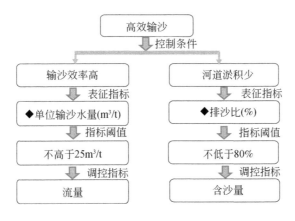

图 7-1   高效输沙内涵示意

7.1.2   输沙水量的定义和内涵

在黄河 "八七" 分水方案中,将黄河地表径流量 580 亿 m^3 分为 210 亿 m^3 输沙水量和 370 亿 m^3 人类活动用水。这是因为之前虽然进入黄河的泥沙主要集中在汛期,但非汛期水流含沙量也相对较高,所以汛期和非汛期均有输沙用水需求。受当时生产力的限制,对河流生态的关注相对较少,且黄河的泥沙问题处于突出地位,输沙用水需求一般较大,在满足输沙需求的情况下,生态和发电等需求也基本能够得到满足。

然而随着三门峡水库,特别是小浪底水库的投入运用,河道径流泥沙过程的调节能力大大增强,经水库调控后进入下游的水沙过程发生根本性变化。在水库降低水位调度期间利用自然洪水或人工塑造异重流将泥沙排入下游河道,进入下游河道的泥沙几乎全部在汛期的几场洪水过程中,汛期平水期和非汛期水库下泄清水,其流量和水量主要取决于下游生态和发电等需求。

随着流域水沙发生变化,黄河水量的功能划分需要重新予以定义。按照水量的主要功能进行划分,汛期仍以输沙功能为主,生态等功能为辅;非汛期以生态功能为主,输沙等功能为辅,在发挥主要功能作用的同时,辅助功能一般可以得到满足。

汛期按照流量和含沙量过程,划分为洪水和平水过程,一般进入下游河道的泥沙几乎全部集中在洪水过程 (图 7-2)。洪水过程,承担着输送泥沙的功能,洪水水量是真正用以输沙的水量,将洪水水量称为狭义的输沙水量。汛期的平水期,水库蓄水运用,进入下游的水流为清水小流量过程，其流量大小受控于下游生态、发电等功能需求，客观上冲刷一部分河道泥沙，因流量小冲刷量小且主要集中在高村以上河段，将平水期水量称为广义输沙水量。因此，将汛期水量作为输沙水量，是洪水期的狭义输沙水量与汛期平水期的广义输沙水量之和。非汛期水量主要功能维持下游河道生态良好发展需求，兼顾发电等其他需求，将之称为生态水量。全年水量为汛期水量与非汛期水量之和，是狭义输沙水量、广义输沙水量、生态水量三者之和。

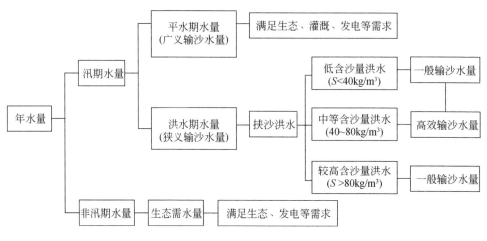

图 7-2   进入黄河下游水量的功能划分

上述满足功能需求的输沙水量和生态水量是各自需求的低限要求，当流域来水较丰或下游河道需要清水大流量冲刷塑槽时，进入下游的水量将显著大于最低要求。

7.2   基于高效输沙的输沙水量

7.2.1   黄河下游高效输沙水量计算思路

黄河的泥沙主要来自主汛期 7~8 月的暴雨洪水，秋汛期 9~10 月洪水含沙量一般较低，泥沙的输送也主要依靠主汛期洪水。受小浪底水库调节的影响，进入下游的泥沙主要集中在 7~8 月，9~10 月水库处于高水位运行，进入下游的水流含沙量较低。在计算基于高效输沙的黄河下游输沙需水量时，将一年分为三个时段，即汛期洪水期（根据输沙需求确定洪水天数）、汛期平水期（123 天减去洪水天数）及非汛期（242 天）。计算思路为：①分别建立各个时段的冲淤量计算公式；②根据计算需求确定年来沙量；③根据汛期平水期生态需求和非汛期生态需求确定汛期平水期的流量和非汛期流量，并计算出非汛期水量和冲淤量；④利用迭代法计算满足淤积量要求的洪水期水量、历时和冲淤量，汛期平水期的历时、水量和冲淤量。

汛初清水下泄和后汛期防洪泄放清水大流量过程不是每年都有，视当年水库蓄水情况和秋汛期来水情况而定，因而，当出现这两类清水大流量过程时，需根据具体情况计算其对下游河道冲刷的作用。

根据近期水沙变化情势，参照 2001～2020 年潼关站来水来沙条件，以及现状条件下水库淤地坝拦沙量情况（库容淤满后不再具有拦沙作用），设定中游四站来沙为 3 亿～9 亿 t，考虑小浪底水库还有一部分拦沙库容，年均淤积 2 亿 t，则进入黄河下游河道的年沙量为 1 亿～7 亿 t。同时根据以往研究设定进入下游沙量 1 亿～3.5 亿 t 时，下游维持冲淤平衡，进入下游沙量 3.5 亿～5.5 亿 t 时，年淤积比为 10%；进入下游沙量 5.5 亿～7 亿 t 时，年淤积比为 15%。

依据下游河道生态、灌溉和发电需求，确定平水期进入下游平均流量为 555m³/s，天数为汛期的 123 天减去洪水输沙天数，即可计算出平水期进入下游的水量以及冲淤量。根据多年平均情况，汛期引水量为 15 亿 m³，按照天数分配到洪水期和平水期，依据水量平衡原理，即可计算出利津相应水量。利用平水期冲淤计算公式，计算平水期河道冲刷量。

考虑生态基本需求和适宜需求，确定非汛期利津水量分别为 60 亿 m³ 和 93 亿 m³，非汛期天数为 242 天，计算出利津平均流量。根据多年平均情况，非汛期引水量为 80 亿 m³，依据水量平衡原理，即可计算出进入下游的非汛期水量和平均流量。利用非汛期冲淤计算公式，计算出非汛期河道冲刷量。

7.2.2 黄河下游高效输沙水量计算

1. 洪水输沙效果影响因子分析

由于黄河下游泥沙来源分布的不均匀性和黄河洪水的陡涨陡落特点，洪水期黄河下游河道的输沙能力与一般河流有所不同。同样的来水条件可产生不同的来沙条件，来自粗沙来源区的洪水，下游沿程各站悬移质中的床沙质含沙量都高，而来自少沙区的洪水，沿程床沙质含沙量都低，经过几百千米的河道仍然存在。在同一水流强度、河床组成条件下，水流的粗颗粒床沙质挟沙力因细颗粒浓度的变化而呈多值函数。洪水的冲淤情况主要取决于洪水流量、含沙量大小及其搭配。

（1）来沙系数

为了分析黄河下游洪水的排沙比与来沙系数（S/Q）的关系，挑选了黄河下游 1950～2005 年发生在汛期的平均流量大于 2000m³/s 的 243 场洪水，统计出各场洪水进入下游河道的平均流量、平均含沙量、下游各水文站的水沙量、河道冲淤量、淤积比等洪水特征要素。

点绘不同流量级和不同含沙量级洪水的排沙比与来沙系数关系（图 7-3）可以看出，排沙比随着来沙系数增大而减小。当洪水来沙系数小于 0.01 时，排沙比大于 100%，来沙系数越小，排沙比越大，下游河道发生显著冲刷；当来沙系数大于 0.01 时，排沙比基本都小于 100%。

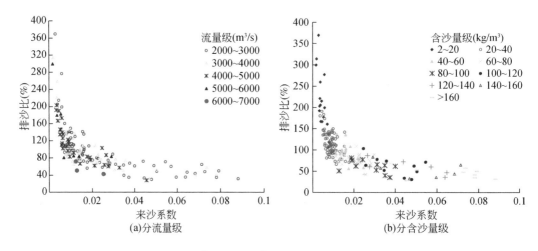

图 7-3　黄河下游洪水排沙比与来沙系数关系

可以看出，相同流量级洪水的排沙比变幅很大，流量级越小排沙比变幅越大。在大流量级时，洪水的排沙比不高，主要是该量级的洪水在下游发生漫滩，虽然存在淤滩刷槽作用，但全断面是发生淤积的。来沙系数大小与含沙量的大小关系非常密切，含沙量级越小，其来沙系数越小，排沙比越高，反之亦然。来沙系数大的主要是平均含沙量大于 80kg/m³ 的洪水。

（2）流量和含沙量

进一步分析洪水流量与排沙比的关系（图 7-4），可以看出，按照含沙量级的不同而分带分布，自上而下洪水的含沙量级逐渐增大，同流量的排沙比逐渐减小。对于相同流量级的洪水，含沙量越大，排沙比越小；对于相同含沙量级的洪水，排沙比随着平均流量的增大也增大，当流量大于 4000m³/s 时，不再明显增大，甚至略有减小。这主要是由于，从平均情况来讲，平均流量大于 4000m³/s 的洪水，在下游河道中常发生漫滩，滩地上发生淤积，使得大流量级洪水的排沙比反而降低。另外，对于同一含沙量级的洪水，当平均流量小于 2000m³/s 时，排沙比小且变幅大，平均流量大于 2000m³/s 的排沙比大且相对集中。

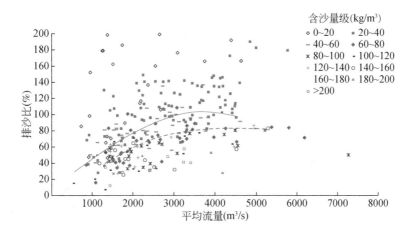

图7-4 黄河下游场次洪水排沙比与平均流量关系

由于洪水平均流量一般在 $1000 \sim 6000 \mathrm{m}^3/\mathrm{s}$，变幅只有6倍左右，而洪水的平均含沙量一般在 $1 \sim 300 \mathrm{kg}/\mathrm{m}^3$，变幅可以达到几十倍，甚至上百倍。可见，由于洪水平均含沙量的变化幅度远大于平均流量的变化幅度，洪水排沙比随着洪水平均含沙量变化而表现出的变化比随着平均流量的变化更为敏感。

图7-5为不同流量级洪水的排沙比与洪水平均含沙量的关系。可以看出，排沙比随着含沙量的增大而减小，减小的幅度由大变小，当平均含沙量小于 $40 \mathrm{kg}/\mathrm{m}^3$ 时，随着含沙量的增大显著降低，当平均含沙量大于 $40 \mathrm{kg}/\mathrm{m}^3$ 时，随着含沙量的增大缓慢减小。从平均角度来讲，平均含沙量小于 $40 \mathrm{kg}/\mathrm{m}^3$ 的洪水的排沙比大于100%，平均含沙量大于 $40 \mathrm{kg}/\mathrm{m}^3$ 的洪水的排沙比小于100%，即洪水的平均含沙量大于 $40 \mathrm{kg}/\mathrm{m}^3$ 时，下游河道将会发生淤积。

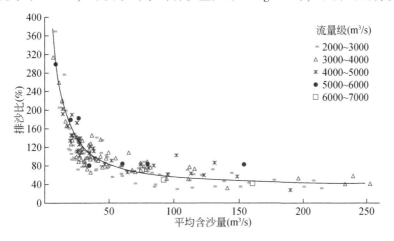

图7-5 黄河下游场次洪水排沙比与平均含沙量的关系

综合分析，场次洪水的排沙比与洪水平均来沙系数（S/Q）关系密切，进一步分析平均流量（Q）和平均含沙量（S）关系发现，当洪水平均流量大于 2000m³/s 时，排沙比的大小主要取决于洪水平均含沙量的大小。

（3）洪峰峰型

为了弄清楚洪峰峰型对黄河下游的冲淤变化的影响，根据洪水流量过程线形态，按洪峰的形状和个数来划分峰型。按形状分类，包括尖瘦型和胖型；按个数分类，包括单峰、双峰、三峰和多峰（指的是四个及四个以上）。由于胖峰一般只有一个峰，本研究所涉及的峰型笼统地分为单峰、双峰、三峰、多峰和胖峰。

挑选流量较大的 163 场洪峰进行划分，其中单峰 92 场，双峰 34 场，三峰 11 场，多峰 7 场，胖峰 19 场。分析不同峰型洪水的单位水量冲淤量与平均含沙量的关系（图 7-6），表明峰型对洪水输沙效果的影响较小，当含沙量较高时，单峰的输沙效果稍低一些。

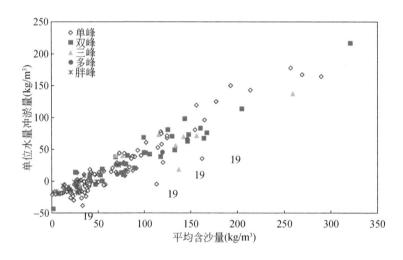

图 7-6　不同峰型洪水的冲淤效率与含沙量关系

（4）泥沙组成

为了分析洪水来沙组成中细沙含量对洪水冲淤特性的影响，将所有洪水按照细沙含量的不同分为 4 组，分别为细沙含量 <40%、40% ~ 60%、60% ~ 80% 和 >80%。在进行上述分析时，为了去掉沿程流量变幅过大对分组沙冲淤效率的影响，挑选出利津站平均流量与进入下游平均流量（三黑小平均流量）的比值在 0.8 ~ 1.2 的 150 场洪水。

分析洪水过程中不同细沙含量条件下分组沙的冲淤效率与洪水平均含沙量（全沙）的关系发现（图 7-7），随着洪水来沙组成中细沙含量的增加，中、较粗和特粗颗粒泥沙在下游河道中的淤积减小，细颗粒泥沙会有所淤积。由于黄河下游河道床沙组成中，粒径大于 0.05mm 的较粗颗粒泥沙和特粗颗粒泥沙占 80% 左右，粒径在 0.025 ~ 0.05mm 的中粗沙约占10%，细沙极少。因此减少中、粗颗粒泥沙在下游河道中的淤积，可以有效减小下游河道的淤积。

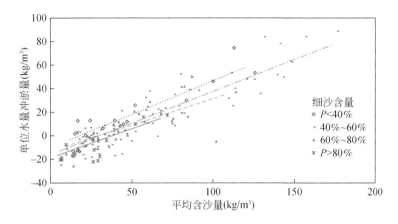

图 7-7　不同细沙含量对冲淤效率的影响

（5）洪水冲淤量计算方法

上述洪水输沙效果影响因子分析表明，洪水输沙效果受洪水平均和平均含沙量的影响最大，泥沙组成和洪峰峰型有一定影响，但影响较小。当洪水的平均流量大于 2000m³/s 时，主要取决于含沙量的大小。根据洪水冲淤效率与流量和含沙量的关系（图 7-8），通过回归分析，建立了洪水期全下游冲淤效率与洪水平均含沙量和平均流量的关系式：

$$\mathrm{d}S = (0.000\,32S - 0.000\,02Q + 0.7)S - 0.004Q - 11\,(Q \geqslant 1500\mathrm{m^3/s}) \qquad (7\text{-}1)$$

式中，$\mathrm{d}S$ 为冲淤效率，即冲淤量与来水量的比值（kg/m³）；S 为洪水平均含沙量（kg/m³）；Q 为洪水平均流量（m³/s）。

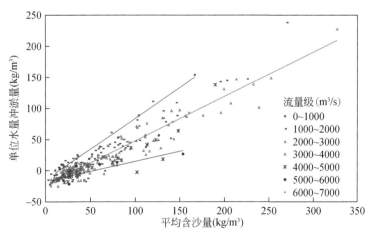

图 7-8　场次洪水冲淤效率与流量和含沙量的关系

利用式（7-1）计算 1950 年以来平均流量大于 1500m³/s 的洪水冲淤效率，并与实测值进行对比，结果如图 7-9 所示。可以看出，利用该公式计算的结果与实测数据计算的结果非常一致，可以用来计算场次的冲淤。

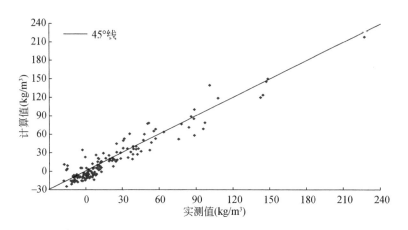

图 7-9   洪水期下游冲淤效率公式计算值与实测值对比

2. 平水期和非汛期冲刷计算

黄河下游非汛期、汛期的水流冲刷规律不同，汛期的洪水期和平水期的冲淤规律也不同，因此可将全年划分为非汛期、汛期的洪水期和汛期的平水期 3 个时段。利用 1999 年 11 月 1 日以来的（小浪底水文站）日均水沙资料，根据进入黄河下游的流量过程，按照流量大小划分为若干水流过程，计算各时段内的下游冲淤量。为了下游大断面测量时间一致，将 5~10 月划为汛期，11 月至次年 4 月为非汛期，再分别计算出每年各时段内的水量、沙量、冲淤量等水沙特征值。

20 世纪 90 年代黄河下游高含沙小洪水发生频繁，因此河道淤积较为严重，河床组成较细。小浪底水库运用后，下游河道发生持续冲刷，河床组成不断粗化，到 2006 年下游粗化基本完成（图 7-10）。

河道床沙组成对清水水流的冲刷强度影响较大，因此按床沙粗化情况将小浪底水库运用以来分为两个时段，即 2000~2006 年和 2007~2013 年。分析表明，清水小流量下泄阶段，下游河道的冲刷量与进入河道的水量关系密切。非汛期和汛期的平水期，同一时段内下游河道的冲刷量随着水量的增大而增大（图 7-11），进入下游水量为相应时段内小浪底、黑石关和武陟三站水量之和（亿 m³）；冲刷量为小浪底—利津河段冲刷量（亿 t）。

根据图 7-11 中冲刷量与水量的关系，可分别回归建立各时段全下游冲刷量的计算公式，其中汛期平水期（床沙较细）全下游冲刷量的计算公式为

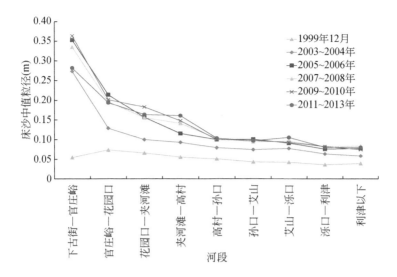

图 7-10　小浪底水库运用以来下游床沙组成变化

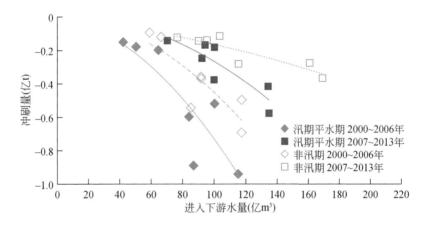

图 7-11　黄河下游清水小流量阶段下游冲刷量与水量的关系

$$dW_s = -4.27 \times 10^{-5} W^2 - 1.63 \times 10^3 W \tag{7-2}$$

汛期平水期（床沙较粗）：$dW_s = -2.7 \times 10^{-5} W^2 + 1.5 \times 10^{-5} W$ （7-3）

非汛期（床沙较细）：　$dW_s = -2.7 \times 10^{-5} W^2 - 1.7 \times 10^{-3} W$ （7-4）

非汛期（床沙较粗）：　$dW_s = -5.72 \times 10^{-6} W^2 - W/10^3$ （7-5）

式中，dW_s 为下游冲刷量（亿 t）；W 为进入下游的水量（亿 m³）。

非汛期和汛期平水期的床沙组成更接近于较细和较粗之间，因此计算时采用公式计算的平均值作为计算结果。

3. 黄河下游高效输沙需水量

（1）下游不同时期生态流量需求与非汛期生态需水量

根据"黄河典型支流及河口生态需水"专题初步研究成果，提出花园口和利津断面的生态流量，成果如表 7-1 所示。在参考生态流量需求基础上，考虑近年来的实际来水情况，确定非汛期利津基本和适宜生态需水量分别为 60 亿 m³ 和 93 亿 m³。根据《黄河流域综合规划（2012—2030 年）》，非汛期利津以上引水量平均为 80 亿 m³，河道损耗为来水量的 5%，由此可以推算出，满足利津基本和适宜水量需求时对应的花园口水量分别为 147 亿 m³ 和 185 亿 m³。

表 7-1　低限生态流量需求

月份	天数	花园口流量（m³/s）		花园口水量（亿 m³）		利津流量（m³/s）		利津水量（亿 m³）	
		最小	适宜	最小	适宜	最小	适宜	最小	适宜
11	30	200	300	5.2	7.8	75	100	1.9	2.6
12	31	200	300	5.4	8.0	75	100	2.0	2.7
1	31	200	300	5.4	8.0	75	100	2.0	2.7
2	28	200	300	4.8	7.3	75	100	1.8	2.4
3	31	200	300	5.4	8.0	75	100	2.0	2.7
4	25	320	650	6.9	14.0	150	250	3.2	5.4
	5	800	1200	3.5	5.2	700	1000	3.0	4.3
5	26	320	650	7.2	14.6	150	250	3.4	5.6
	5	800	1000	3.5	4.3	700	1000	3.0	4.3
6	23	320	650	6.4	12.9	150	250	3.0	5.0
	7	2600	3500	15.7	21.2	2600	3500	15.7	21.2
7	31	400	600	10.7	16.1	400	600	10.7	16.1
8	31	400	600	10.7	16.1	400	600	10.7	16.1
9	30	400	600	10.4	15.6	400	600	10.4	15.6
10	31	400	600	10.7	16.1	400	600	10.7	16.1
非汛期	242	331	533	69.4	111.3	197	281	41.0	58.9
汛期	123	400	600	42.5	63.9	400	600	42.5	63.9
全年				111.9	175.2			83.5	122.8

（2）水沙条件

本次研究预设中游四站来沙 4 亿~9 亿 t，考虑小浪底仍有 42 亿 m³ 拦沙库容，假定年拦沙量 2 亿 t，因此进入下游年沙量为 2 亿~7 亿 t。为实现下游河道冲淤平衡，计算利津断面的汛期输沙水量时，分为两种输沙情形：一是输沙条件较好，河道边界条件有利于洪水期输沙（床面未发生明显粗化即床面阻力小），来沙组成接近天然情况或偏细，非汛期和平水期在未粗化条件下冲刷量大；二是输沙条件一般，河道边界条件不利于洪水期输沙（长期冲刷条件下河道展宽、床面粗化明显即床面阻力较大），来沙组成较天然情况明显偏粗，非汛期和平水期在粗化条件下冲刷量小。

黄河下游输沙时，在不漫滩条件下流量越大输沙能力越强，因而大流量输沙的效率更高。我们将大流量输沙过程称之为有后续动力输沙过程，输沙水流的平均流量为 $3500m^3/s$，相当于中游来水流量较大或未来有古贤水库调节；将较中小流量输沙过程称之为无后续动力过程，输沙水流的平均流量为 $2500m^3/s$，相当于中游来水流量较小或现状无古贤水库调节。

（3）不同后续动力对输沙需水量的影响

在中游来沙 5 亿 t（进入下游 3 亿 t）情景下，非汛期下游河道维持基本生态需要时，维持下游河道全年冲淤平衡条件下：进入下游泥沙采用大流量（$3500m^3/s$）输送时，花园口断面汛期输沙需水量为 111.0 亿 m^3，其中洪水水量为 61.8 亿 m^3（图 7-12）；利津断面汛期输沙需水量为 90.5 亿 m^3，其中洪水水量为 56.2 亿 m^3。当后续动力不足时，进入下游泥沙采用中小洪水流量（$2500m^3/s$）输送，花园口断面汛期输沙需水量为 119.6 亿 m^3，其中洪水水量为 77.9 亿 m^3；利津断面汛期输沙需水量为 98.6 亿 m^3，其中洪水水量为 69.6 亿 m^3。两者相比，无后续动力条件下利津断面汛期输沙需水量较有后续动力条件下增加 8.1 亿 m^3。

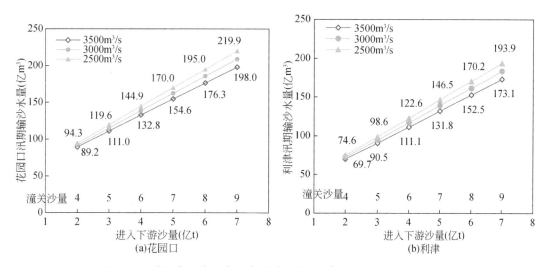

图 7-12 非汛期基本生态需求不同后续动力条件下汛期输沙需水量

在中游来沙 5 亿 t（进入下游 3 亿 t）情景下，非汛期下游河道维持适宜生态需要时，维持下游河道全年冲淤平衡条件下：进入下游泥沙采用大流量（3500m³/s）输送时，花园口断面汛期输沙需水量为107.3亿m³，其中洪水水量为57.4亿m³（图7-13）；利津断面汛期输沙需水量为86.9亿m³，其中洪水水量为52.2亿m³。进入下游泥沙采用中小流量（2500m³/s）输送时，花园口断面汛期输沙需水量为115.4亿m³，其中洪水水量为72.5亿m³；利津断面汛期输沙需水量为94.6亿m³，其中洪水水量为64.8亿m³。两者相比，无后续动力条件下利津断面汛期输沙需水量较有后续动力条件下增加7.7亿m³。

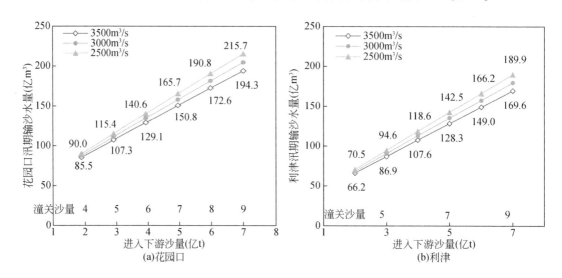

图7-13　非汛期适宜生态需求不同后续动力条件下汛期输沙需水量

在中游来沙9亿t（进入下游7亿t）情景下，非汛期下游河道维持基本生态需要时，维持下游河道全年冲淤平衡条件下：进入下游泥沙采用大流量（3500m³/s）输送时，花园口断面汛期输沙需水量为198.0亿m³，其中洪水水量为165.2亿m³；利津断面汛期输沙需水量为173.1亿m³，其中洪水水量为150.3亿m³，洪水天数需要55天，这在实际中是有可能实现的。进入下游泥沙采用中小流量（2500m³/s）输送时，花园口断面汛期输沙需水量为219.9亿m³，其中洪水水量为206.8亿m³；利津断面汛期输沙需水量为193.9亿m³，其中洪水水量为184.8亿m³，洪水天数需要96天。两者相比，无后续动力条件下利津断面汛期输沙需水量较有后续动力条件下增加20.8亿m³。

（4）不同河道淤积比对输沙需水量的影响

当河道发生一定淤积时，所需的输沙水量有所减少。计算表明，有后续动力条件下（3500m³/s），在潼关来沙5亿t（进入下游3亿t）情景下，非汛期下游河道维持基本生态需要，维持下游河道全年淤积比10%时，花园口断面汛期输沙需水量为99.9亿m³，其中洪水水量为48.7亿m³；利津断面汛期输沙需水量为79.9亿m³，其中洪水水量为44.3亿m³。若下游河道全年淤积比20%，花园口断面汛期输沙需水量为89.1亿m³，其中洪水水量为

35.7 亿 m³；利津断面汛期输沙需水量为 69.6 亿 m³，其中洪水水量为 32.5 亿 m³。两者相比，排沙比增加 10%，利津断面汛期输沙需水量减少约 10.3 亿 m³，洪水期水量减少约 11.8 亿 m³（图 7-14）。

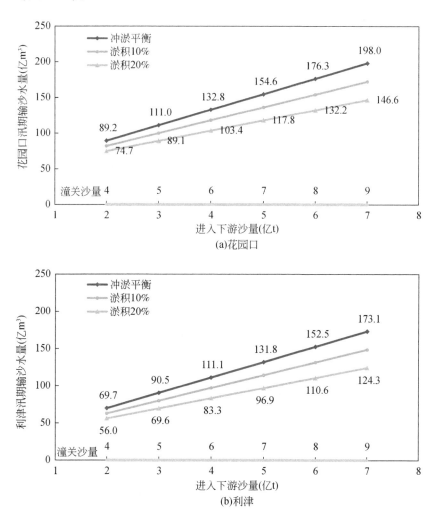

图 7-14　有后续动力不同淤积比条件下下游输沙需水量

4. 可节省输沙水量分析

《黄河流域综合规划（2012—2030 年）》中，9 亿 t 方案下游淤积 2 亿 t、1.5 亿 t 和 1.0 亿 t，利津汛期输沙水量为 143 亿 m³、163 亿 m³ 和 184 亿 m³；本次研究采用有后续动力的洪水高效输沙计算，利津汛期所需输沙水量分别为 135.6 亿 m³、152.9 亿 m³ 和 170.4 亿 m³（表 7-2），可节省汛期输沙水量 7.4 亿~13.6 亿 m³。

表7-2 黄河下游河道不同淤积水平利津断面汛期输沙需水量对比

沙量 （亿 t）	年淤积量 （亿 t）	《黄河流域综合规划 （2012—2030 年）》水量（亿 m³）			高效输沙计算水量（亿 m³）			节省输沙水量	
		全年	汛期	非汛期	全年	汛期	非汛期	水量（亿 m³）	比例（%）
9	2.0	193	143	50	185.6	135.6	50	7.4	5.2
9	1.5	213	163	50	202.9	152.9	50	10.1	6.2
9	1.0	234	184	50	220.4	170.4	50	13.6	7.4

7.3 全河输沙水量耦合方法

7.3.1 潼关来沙量与上中游来沙量的相互制约关系

黄河输沙水量主要为了维持冲积河道一定级别的过流能力。黄河的冲积性河段主要包括干流的宁蒙河道、中游的小北干流河道以及黄河下游河道，支流主要有渭河下游河道，各河段输沙水量均与该河段来水来沙条件密切相关。由黄河干流主要水文站多年平均径流量和输沙量可知，下游花园口站径流量最大，为366.4 亿 m³，而潼关站的输沙量最大，为9.6 亿 t（1950～2016 年）。黄河流域来水来沙量在空间上呈现出不均匀特征，其中水量主要来自兰州以上区域，占全河水量的62.0%，头道拐站来水量较兰州站降低30.2%；泥沙主要来自头道拐—潼关区间，来沙量占全河的91.0%。水沙异源导致黄河输沙水量的耦合计算较为复杂，下游河道的沙量和水量来自上中游，因此，下游干流的输沙水量也参与了上游及中游冲积性河道的输沙，上中游不同河段来沙量直接影响到各段输沙水量及进入下游水量。

潼关断面控制了流域来水量的近90%，来沙量的几乎全部，潼关来沙量区域来源是制约上中下游输沙水量的一个重要因素。一般用龙门、华县、河津和状头四个断面作为黄河来沙量的控制断面，也就是说黄河的来沙量可以分为上述四个部分，潼关站的来沙量也可以分解成上述四个断面进行控制。

分析1950 年以来四站输沙量与潼关沙量长系列数据，建立各站沙量与潼关沙量的关系式（图7-15）。将1950 年以来数据，按照年代分成1950～1959 年、1960～1969 年、1970～1979 年、1980～1989 年、1990～1999 年、2000～2009 年和2010～2016 年 7 个时段，计算出各时段四站的年均沙量，绘制时段的四站沙量与潼关沙量关系，将之前建立的四个关系式代入，发现该关系与时段间沙量数据更加一致。由此可以得出黄河不同来沙量条件下，泥沙的来源分配（表7-3）。

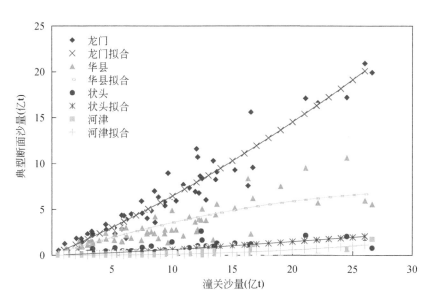

图7-15　龙门、华县、状头及河津站沙量与潼关沙量关系

表7-3　潼关来沙量的组成　　　　　　　　　　（单位：亿 t）

潼关	龙门	华县	状头	河津	四站小计
1.00	0.570	0.414	0.035	0.0004	1.0194
2.00	1.157	0.815	0.083	0.0020	2.0570
3.00	1.762	1.203	0.138	0.0053	3.1083
4.00	2.383	1.579	0.198	0.0109	4.1709
5.00	3.021	1.943	0.262	0.0189	5.2449
6.00	3.676	2.293	0.329	0.0298	6.3278
7.00	4.347	2.631	0.399	0.0436	7.4206
8.00	5.034	2.957	0.471	0.0608	8.5228
9.00	5.737	3.270	0.546	0.0814	9.6344
10.00	6.456	3.570	0.622	0.1057	10.7537
11.00	7.190	3.858	0.701	0.1339	11.8829
12.00	7.941	4.133	0.782	0.1661	13.0221
13.00	8.707	4.395	0.864	0.2026	14.1686
14.00	9.489	4.645	0.948	0.2435	15.3255
15.00	10.286	4.883	1.033	0.2889	16.4909
16.00	11.099	5.107	1.120	0.3391	17.6651

7.3.2 潼关来水量与上中游来水量关系

潼关水文站的来水量包括龙门来水和龙门—潼关河段的支流来水。龙门上游河段输沙水量变化主要受头道拐以上河段影响，龙门—潼关河段输沙水量变化主要受渭河下游河段及其他支流来水量影响。考虑将头道拐作为输沙水量耦合的对比断面，通过计算花园口、潼关及华县输沙水量，考虑中下游主要支流加水（表7-4），利用水量平衡条件换算至头道拐断面，与计算得出的上游河段输沙水量进行对比。采用1950~2018年各站长序列径流量数据，建立头道拐—龙门来水量相关关系，如图7-16所示。由于黄河流域水量主要来自上游，在进行上游河段输沙水量计算时，需依据水沙关系确定一定来沙条件下上游所能提供水量，作为上游来水量的约束条件，头道拐汛期水沙关系如图7-17所示。在计算一定来沙条件下输沙水量时，各断面之间的水量平衡关系将作为约束条件进行考虑。

表7-4 中游主要支流水量统计　　　　　　　　　　　（单位：亿 m³）

时段	黑石关	武陟	状头	河津
非汛期	10.6	2.3	0.8	0.8
汛期（7~10月）	14.4	5.4	1.3	2.3
全年	25.0	7.7	2.1	3.1

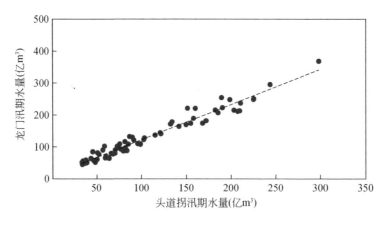

图7-16 头道拐与龙门汛期水量关系

7.3.3 输沙水量耦合计算方法

输沙水量耦合的目的是提出上中下游协调的输沙水量方案，各河段需在满足水量平衡的基础上，考虑河段淤积比和输沙塑槽目标规模需求，依据不同的水沙情势确定输沙水

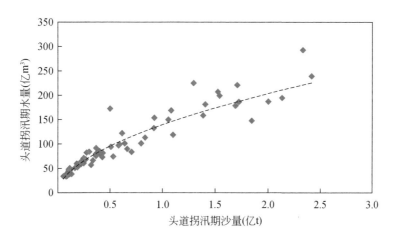

图 7-17　头道拐汛期水量与沙量关系

量。潼关来沙量区域来源是制约上中下游输沙水量的一个重要因素，考虑到未来黄河水沙变化趋势及项目研究需求，以潼关来沙 3 亿 t、6 亿 t、9 亿 t 为典型来沙情景，进行输沙水量耦合计算。以各河段淤积量之和最小，实现下游河道维持中水河槽为最优目标，以宁蒙河道、小北干流、渭河下游和黄河下游河道输沙水量协调关系，各河段允许淤积比和上游控制断面水沙关系为约束条件，构建黄河输沙需水量计算方法。考虑到黄河不同河段冲淤规律有所差异，将上游头道拐站作为对比断面，其输沙水量不应大于一定来沙条件下的来水量值，同时取满足上游河道冲淤调整需求和下游河道高效输沙需求的输沙水量的较小值，以期用最节省输沙水量的方式实现各河段适宜输沙塑槽的目标规模。构建黄河输沙目标函数如下：

目标函数为

$$\min F(W_i) = \sum a_i \Delta W_{si} = \sum a_i f(W_{si}, \Delta W_{si}, Q_i, S_i) \tag{7-6}$$

约束条件为

$$0 \leqslant \Delta W_{si}/W_{si} \leqslant \eta_i \tag{7-7}$$

$$Q_{\min} < Q_i \leqslant Q_{\max} \tag{7-8}$$

$$W_i = W_{i+1} - \sum W_{\text{div}} \tag{7-9}$$

$$W_{iu}(\eta_i)_{\min} \leqslant W_i \leqslant W_i(W_{si}) \tag{7-10}$$

式中，F 为综合目标函数；W_i 为控制站输沙需水量；W_{si} 为河段来沙量；ΔW_{si} 为河段淤积量；Q_i 为平均流量；S_i 为平均含沙量；$f(W_{si}, \Delta W_{si}, Q_i, S_i)$ 为河段输沙水量计算函数；η_i 为河段允许淤积比；$Q_{\max}$、$Q_{\min}$ 为河段满足输沙需求的适宜流量范围上下限制；W_{i+1} 为相对于 W_i 下游的控制站输沙需水量；a_i 为权重系数；W_{div} 为支流来水量；$W_{iu}(\eta_i)_{\min}$ 为满足上游河道冲淤调整需求和下游河道高效输沙需求的输沙水量的较小值；$W_i(W_{si})$ 为一定来沙条件下的来水量。

需要说明的是，由于小浪底水库运用以来，下游河道水量和沙量受到自然条件和人工干预的双重作用，因此，计算中采用的水量平衡条件是基于近 50 年各断面实测径流量变化规律给出的，也与未来水沙变化趋势及调控需求相符。具体计算流程如图 7-18 所示。

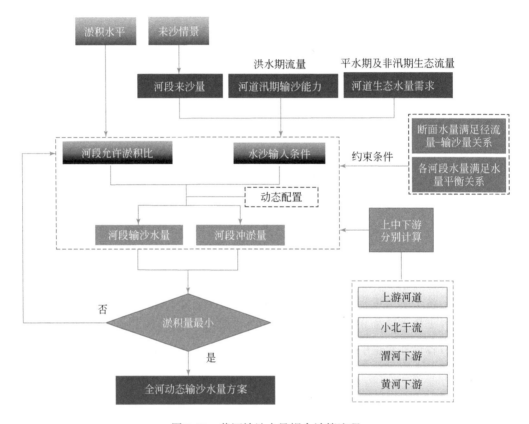

图 7-18　黄河输沙水量耦合计算流程

7.4　黄河典型断面高效动态输沙需水量

7.4.1　不同来沙情景下主要控制站沙量

设置潼关来沙 3 亿 t、6 亿 t、9 亿 t 为典型来沙情景，考虑小浪底水库拦沙运用，进入下游沙量分别为 3 亿 t、4 亿 t、7 亿 t。采用前文建立的潼关来沙量与上游和中游控制站来沙量的相互制约关系,得到各主要控制站沙量,如表 7-5 所示。根据下河沿站沙量与潼关沙量关系,可得出潼关来沙 3 亿 t、6 亿 t 和 9 亿 t 时下河沿站沙量分别为 0.49 亿 t、0.78 亿 t 和 1.07 亿 t。同时,考虑上游河段支流加沙和风沙的影响,上游河道输沙水量计算时,入口断面沙量为下河沿沙量与支流加沙和风沙沙量之和。

表 7-5 不同来沙情景下主要控制站沙量 (单位:亿 t)

潼关来沙量	花园口	潼关	华县	状头	河津	头道拐
3	3.00	3.00	1.11	0.12	0.003	0.54
6	4.00	6.00	1.97	0.28	0.006	0.74
9	7.00	9.00	2.99	0.44	0.010	0.94

7.4.2 不同来沙情景下输沙水量推荐方案及河道冲淤状况分析

(1) 潼关来沙 3 亿 t

采用前文建立的上游宁蒙河道、渭河下游及黄河下游河道输沙水量计算方法,依据各断面来沙量,得到各河段冲淤平衡条件下各控制断面输沙水量 (表 7-6)。依据水量平衡制约条件,计算满足下游高效输沙需求的头道拐断面汛期和全年输沙水量,得出满足上游河道冲淤平衡需求和下游高效输沙需求的头道拐汛期输沙水量分别为 78.1 亿 m³ 和 79.8 亿 m³。潼关来沙 3 亿 t 时,下游河段应可维持冲淤平衡。依此求解目标函数,得到的各控制断面输沙水量如图 7-19 所示。潼关来沙 3 亿 t 情景下,当各断面输沙水量满足该需求时,上游河道冲刷 0.015 亿 t,下游河道可实现冲淤平衡。

表 7-6 潼关来沙 3 亿 t 各河段冲淤平衡条件下各控制断面输沙水量

潼关沙量 (亿 t)	时段	水量 (亿 m³)					
		利津	花园口	潼关	华县	头道拐	下河沿
3	汛期	98.7	119.6	120.5	17.4	78.1	119.5
	全年	158.7	267.0	249.1	34.5	173.1	253.6

(2) 潼关来沙 6 亿 t

潼关来沙 6 亿 t (进入下游 4 亿 t) 情景下,各河段冲淤平衡条件下各控制断面输沙水量如表 7-7 所示。依据水量平衡制约条件,计算满足下游高效输沙需求的头道拐断面汛期和全年输沙水量,得出满足上游河道冲淤平衡需求和下游高效输沙需求的头道拐汛期输沙水量分别为 103.1 亿 m³ 和 92.8 亿 m³。可以看出,潼关来沙 6 亿 t 时,维持上游河道冲淤平衡的头道拐断面输沙水量大于相应来沙条件下头道拐平均汛期和年来水量。根据水沙关

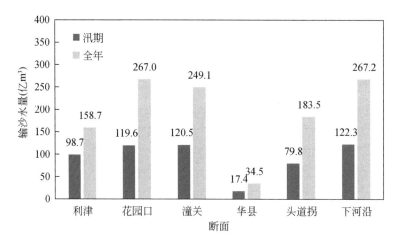

图 7-19　潼关来沙 3 亿 t 各断面输沙水量推荐方案

系约束条件，对各断面输沙水量进行耦合计算，得到的各控制断面输沙水量如图 7-20 所示。潼关来沙 6 亿 t 情景下，当各断面输沙水量满足该需求时，上游河道淤积 0.08 亿 t，淤积比 7%，中下游河道可维持冲淤平衡。

表 7-7　潼关来沙 6 亿 t 各河段冲淤平衡条件下各控制断面输沙水量

潼关沙量（亿 t）	时段	水量（亿 m³）					
		利津	花园口	潼关	华县	头道拐	下河沿
6	汛期	122.6	144.9	141.2	25.8	103.1	148.8
	全年	182.6	292.2	270.1	46.0	198.1	302.9

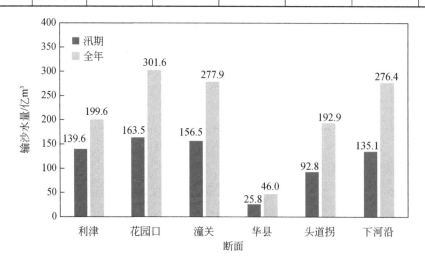

图 7-20　潼关来沙 6 亿 t 各断面输沙水量推荐方案

(3) 潼关来沙 9 亿 t

潼关来沙 9 亿 t（进入下游 7 亿 t）情景下，各河段冲淤平衡条件下各控制断面输沙水量如表 7-8 所示。依据水量平衡制约条件，计算满足下游高效输沙需求的头道拐断面汛期和全年输沙水量，得出满足上游河道冲淤平衡需求和下游高效输沙需求的头道拐汛期输沙水量分别为 129.8 亿 m³ 和 145.8 亿 m³。可以看出，潼关来沙 9 亿 t 时，维持上游河道冲淤平衡的头道拐断面输沙水量大于相应来沙条件下头道拐平均汛期和年来水量。根据水沙关系约束条件，对各断面输沙水量进行耦合计算，得到的各控制断面输沙水量如图 7-21 所示。潼关来沙 9 亿 t 情景下，当各断面输沙水量满足该需求时，上游河道淤积 0.12 亿 t，淤积比 9%，下游河道淤积 0.58 亿 t，淤积比 8%。

表 7-8   潼关来沙 9 亿 t 各河段冲淤平衡条件下各控制断面输沙水量

潼关沙量（亿 t）	时段	水量（亿 m³）					
		利津	花园口	潼关	华县	头道拐	下河沿
9	汛期	193.9	219.9	202.8	36.9	129.8	179.0
	全年	253.9	367.2	332.5	61.3	224.8	333.1

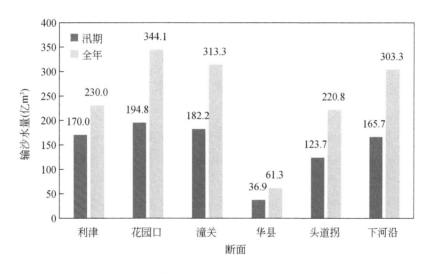

图 7-21   潼关来沙 9 亿 t 各断面输沙水量推荐方案

综上所述，不同来沙情景下兼顾上中下游全河输沙需水量推荐方案如表 7-9 所示。由表 7-9 可知，潼关来沙 3 亿 t，花园口、利津、华县及头道拐汛期输沙水量分别为 119.6 亿 m³、98.7 亿 m³、17.4 亿 m³、79.8 亿 m³，可实现全河段冲淤平衡。潼关来沙 6 亿 t 和 9 亿 t 时，花园口、利津、华县及头道拐汛期输沙水量分别达 163.5 亿 m³、139.6 亿 m³、25.8 亿 m³、92.8 亿 m³ 及 194.8 亿 m³、170.0 亿 m³、36.9 亿 m³、123.7 亿 m³ 时，各断面输沙水量可实现河段在允许淤积比条件下的高效输沙。

表 7-9　兼顾上中下游全河输沙需水量推荐方案

潼关沙量 （亿 t）	时段	水量（亿 m³）						河道冲淤情况
		利津	花园口	潼关	华县	头道拐	下河沿	
3	汛期	98.7	119.6	120.5	17.4	79.8	122.3	上游冲刷 2%，
	全年	158.7	267.0	249.1	34.5	183.5	267.2	下游冲淤平衡
6	汛期	139.6	163.5	156.5	25.8	92.8	135.1	上游淤积 7%，
	全年	199.6	301.6	277.9	46.0	192.9	276.4	下游冲淤平衡
9	汛期	170.0	194.8	182.2	36.9	123.7	165.7	上游淤积 9%，
	全年	230.0	344.1	313.3	61.3	220.8	303.3	下游淤积 8%

7.5　小　结

1）根据高效输沙的定义要求，选取单位输沙水量（输送 1t 泥沙入海的利津水量，单位为 m³/t）和排沙比为表征指标，单位输沙水量阈值定为 25m³/t，排沙比阈值定为 80%。

2）汛期按照流量和含沙量过程，划分为洪水和平水过程，所有泥沙全部集中在洪水过程，洪水水量是真正用以输沙的水量，将洪水水量称为狭义的输沙水量；汛期的平水期，水库蓄水运用，进入下游的水流为清水小流量过程，不以输沙为主要目标，将平水期水量称为广义输沙水量。洪水期狭义输沙水量和平水期广义输沙水量之和为汛期输沙水量。

3）非汛期水量主要功能维持下游河道生态良好发展需求，兼顾发电等其他需求，将之称为生态水量。全年水量为汛期水量与非汛期水量之和，是狭义输沙水量、广义输沙水量、生态水量三者之和。

4）据未来水沙情势和上游、渭河及下游河道构建的输沙水量计算方法，对全河输沙水量进行耦合计算。结果表明，潼关来沙 3 亿 t（进入下游 3 亿 t）情景下，当各断面输沙水量满足下述条件，即花园口、利津、华县及头道拐汛期输沙水量分别为 119.6 亿 m³、98.7 亿 m³、17.4 亿 m³、79.8 亿 m³ 时，可维持全河段冲淤平衡。潼关来沙 6 亿 t（进入下游 4 亿 t）情景下，当花园口、利津、华县及头道拐汛期输沙水量分别为 163.5 亿 m³、139.6 亿 m³、25.8 亿 m³、92.8 亿 m³ 时，可实现河段在允许淤积比条件下的高效输沙。其中，上游淤积量 0.08 亿 t，淤积比为 7%，下游河道冲淤平衡。潼关来沙 9 亿 t（进入下游 7 亿 t）情景下，花园口、利津、华县及头道拐汛期输沙水量分别达 194.8 亿 m³、170.0 亿 m³、36.9 亿 m³、123.7 亿 m³ 时，可实现河段在允许淤积比条件下的高效输沙。其中，上游淤积量为 0.08 亿 t，淤积比为 9%，下游淤积量为 0.58 亿 t，淤积比为 8%。

参 考 文 献

安催花，鲁俊，吴默溪，等．2020．黄河下游河道平衡输沙的沙量阈值研究．水利学报，51（4）：402-409．

安催花，万占伟，张建，等．2017．黄河水沙情势演变．北京：科学出版社．

白夏，吴成国，黄强，等．2015．黄河上游不同用水情景下可调输沙水量概念探析与估算分析．水力发电学报，34（3）：96-102．

曹如轩，钱善琪，郭崇，等．1995．粗沙高含沙异重流的运动特性．泥沙研究，（2）：64-73．

陈翠霞，安催花，罗秋实，等．2019．黄河水沙调控现状与效果．泥沙研究，（2）：69-74．

陈发中，戴明英，吴卿．1999．渭河水沙变化及特性分析．人民黄河，21（8）：16-18．

陈建国，周文浩，韩闪闪．2015．黄河小浪底水库拦沙后期运用方式的思考与建议．水利学报，46（5）：574-583．

陈雄波，杨丽丰，张厚军，等．2009．渭河下游输沙用水量研究中的创新实践．人民黄河，31（9）：38-42．

陈绪坚，韩其为，方春明．2007．黄河下游造床流量的变化及其对河槽的影响．水利学报，38（1）：15-22．

窦国仁，王国兵．1995．宾汉极限切应力的研究．水利水运科学研究，（2）：103-109．

费祥俊．1982．高浓度浑水的粘滞系数（刚度系数）．水利学报，（3）：57-63．

费祥俊．1995．黄河下游节水减淤的高含沙水流输沙方式研究．人民黄河，（3）：1-8．

费祥俊．1996．远距离输沙明渠不淤流速的研究．泥沙研究，（4）：77-85．

费祥俊．1998．高含沙水流长距离输沙机理与应用．泥沙研究，（3）：55-61．

费祥俊．1999．黄河小浪底水库运用于下游河道防洪减淤问题．水利水电技术，30（3）：1-5．

韩其为，何明民．1997．论非均匀悬移质二维不平衡输沙方程及其边界条件．水利学报，（1）：2-11．

侯素珍，李勇．1990．黄河上游来水来沙特性及宁蒙河道冲淤情况的初步分析．郑州：黄河水利科学研究院．

侯素珍，王平．2005．黄河宁蒙河道排洪指标及径流条件分析．人民黄河，（27）：9．

胡春宏，张治昊．2013．黄河下游复式河道滩槽分流特征研究．水利学报，44（1）：1-9．

胡春宏，陈建国，郭庆超，等．2007．黄河水沙调控与下游河道中水河槽塑造．北京：科学出版社．

胡春宏，安催花，陈建国，等．2012．黄河泥沙优化配置．北京：科学出版社．

黄河水利科学研究院．2008．黄河河情咨询报告．郑州：黄河水利出版社．

姜立伟．2009．黄河下游汛期输沙需水量．北京：清华大学硕士学位论文．

李国英．2004．黄河中下游水沙的时空调控理论与实践．水利学报，（8）：1-7．

李景宗, 涂启华, 安新代, 等. 2006. 黄河小浪底水利枢纽规划设计丛书工程规划. 郑州: 黄河水利出版社.

李丽娟, 郑红星. 2000. 海滦河流域河流系统生态环境需水量计算. 地理学报, 55 (4): 496-500.

李凌云. 2010. 黄河平滩流量的计算方法及应用研究. 北京: 清华大学博士学位论文.

李鹏, 哈岸英. 1999. 宁夏回族自治区防洪规划报告. 银川: 宁夏水利水电勘测设计院.

李文学, 安催花, 付健, 等. 2015. 小浪底水库高滩深槽塑造及支流库容利用研究. 郑州: 黄河水利出版社.

李小平, 李勇, 曲少军. 2010. 黄河下游洪水冲淤特性及高效输沙研究. 人民黄河, 32 (12): 71-73, 248.

李小平, 李勇, 翟戌亮. 2016. 黄河下游洪水冲淤规律及输沙能力研究. 郑州: 黄河水利出版社: 50-61.

李小平, 李勇, 窦身堂. 2017. 兼顾供水的小浪底水库汛前调水调沙对接水位. 人民黄河, 39 (1): 6-9, 13.

梁志勇, 刘继祥, 张厚军, 等. 2004. 黄河洪水输沙与冲淤阈值研究. 郑州: 黄河水利出版社.

刘立权. 2013. 辽河干流输沙水量研究. 大连: 辽宁师范大学博士学位论文.

林秀芝, 姜乃迁, 梁志勇, 等. 2005. 渭河下游输沙用水量研究. 郑州: 黄河水利出版社.

刘继祥, 郜国明, 曾芹, 等. 2000. 黄河下游河道冲淤特性研究. 人民黄河, (8): 11-12.

刘继祥, 安新代, 安催花, 等. 2008. 黄河小浪底水利枢纽规划设计丛书水库运用方式研究与实践. 郑州: 黄河水利出版社.

刘小勇, 李天宏, 赵业安. 2002. 黄河下游河道输沙用水量研究. 应用基础与工程科学学报, 10 (3): 253-262.

刘晓燕, 张原锋, 李勇, 等. 2006. 黄河下游主槽断面恢复目标及相应水沙条件研究. 科学通报, (S2): 176-182.

刘晓燕, 申冠卿, 李小平, 等. 2007. 维持黄河下游主槽平滩流量 4000m³/s 所需水量. 水利学报, 38 (9): 1140-1144.

马怀宝, 张俊华, 陈书奎, 等. 2011. 2010 年汛前调水调沙小浪底水库排沙比分析. 人民黄河, 33 (9): 1-2, 76.

倪晋仁, 崔树彬, 李天宏, 等. 2002. 论河流生态环境需水. 水利学报, (9): 14-19.

倪晋仁, 刘小勇, 李天宏, 等. 2004. 黄河下游洪水输沙效率及其调控. 中国科学 E 辑: 技术科学, (S1): 144-154.

潘贤娣. 1991. 三门峡水库库区及下游河道主要冲淤规律. 人民黄河, (1): 13-20, 41.

潘贤娣, 李勇, 张晓华, 等. 2006. 三门峡水库修建后黄河下游河床演变. 郑州: 黄河水利出版社.

齐璞. 1991. 黄河高含沙水利阻力特性与计算. 人民黄河, (3): 16-22.

齐璞, 侯起秀. 2008. 小浪底水库运用后输沙用水量可以大量节省. 泥沙研究, (6): 69-74.

齐璞, 李世滢, 刘月兰, 等. 1997. 黄河水沙变化与下游河道减淤措施. 郑州: 黄河水利出版社.

钱宁, 万兆惠. 1985. 高含沙水流运动研究评述. 水利学报, (5): 27-34.

钱意颖, 叶青超, 曾庆华. 1993. 黄河干流水沙变化与河床演变. 北京: 中国建材工业出版社.

邵学军，王兴奎. 2013. 河流动力学概论. 北京：清华大学出版社.

申冠卿，张原锋. 2007. 黄河下游河道对洪水的响应机理与泥沙输移规律. 郑州：黄河水利出版社：244-250.

申冠卿，张晓华，苏运启，等. 2005. 黄河输沙水量研究. 郑州：黄河水利科学研究院.

申冠卿，张晓华，李勇，等. 2000. 1986年以来黄河下游水沙变化及河道演变分析. 人民黄河，22（9）：10-11.

申冠卿，姜乃迁，李勇，等. 2006. 黄河下游河道输沙水量及计算方法研究. 水科学进展，17（3）：407-413.

申冠卿，张原锋，张敏. 2019. 黄河下游高效输沙洪水调控指标研究. 人民黄河，41（9）：50-54.

石伟，王光谦. 2003a. 黄河下游输沙水量研究综述. 水科学进展，14（1）：118-120.

石伟，王光谦. 2003b. 黄河下游最经济输沙水量及其估算. 泥沙研究，（5）：32-36.

史红玲，胡春宏，王延贵，等. 2007. 松花江干流河道演变与维持河道稳定的需水量研究. 水利学报，38（4）：473-480.

史红玲，胡春宏，王延贵，等. 2014. 黄河流域水沙变化趋势分析及原因探讨. 人民黄河，（4）：1-5.

舒安平. 2009. 水流挟沙能力公式的转化与统一. 水利学报，40（1）：19-26.

宋进喜，刘昌明，徐宗学，等. 2005. 渭河下游河流输沙需水量计算. 地理学报，60（5）：717-724.

苏昕，王崇浩. 2014. 渭河下游输沙水量及输水输沙通道研究. 北京：中国水利水电科学研究院博士论文.

孙东坡，李国庆，朱太顺，等. 1999. 治河及泥沙工程. 郑州：黄河水利出版社.

唐先海. 1999. 渭河下游近期淤积发展情况的分析研究. 泥沙研究，（3）：69-73.

田勇，林秀芝，李勇，等. 2009. 黄河干流泥沙优化配置模型及应用. 水利水电技术，40（5）：19-23.

涂启华，安催花，曾芹，等. 2000. 黄河小浪底水库运用方式研究. 水利规划设计，（1）：16-18.

涂启华，安催花，万占伟，等. 2010. 论小浪底水库拦沙和调水调沙运用中的下泄水沙控制指标. 泥沙研究，（4）：1-5.

万占伟，安催花，闫朝晖. 2012a. 小浪底水库对下游河道的冲刷效果及趋势预测. 人民黄河，34（5）：6-8.

万占伟，罗秋实，郭选英. 2012b. 黄河调水调沙有关问题的探讨. 华北水利水电学院院报，33（3）：37-39.

王桂娥，季利，李杨俊. 2001. 渭河水沙条件变化对河床冲淤的影响分析. 泥沙研究，（2）：40-52.

王兴奎，钱宁，胡维德. 1982. 黄土丘陵沟壑区高含沙水流的形成及汇流过程. 水利学报，（7）：26-35.

王煜，彭少明，郑小康. 2018. 黄河流域水量分配方案优化及综合调度的关键科学问题. 水科学进展，29（5）：614-624.

吴保生，李凌云，张原锋. 2011. 维持黄河下游主槽不萎缩的塑槽需水量. 水利学报，42（12）：1392-1397.

吴保生，郑珊，李凌云. 2012. 黄河下游塑槽输沙需水量计算方法. 水利学报，43（5）：594-601.

吴海亮，周丽艳. 2014. 黄河内蒙古二期防洪工程可行性研究报告.

严军. 2003. 小浪底水库修建后黄河下游河道高效输沙水量研究. 北京：中国水利水电科学研究院博士学位论文.

严军. 2009. 用泥沙输移公式推求黄河下游河道输沙水量. 人民黄河, 31（2）：25-26.

严军，胡春宏. 2004. 黄河下游河道输沙水量的计算方法及应用. 泥沙研究,（4）：25-32.

杨丽丰，王煜，陈雄波，等. 2007. 渭河下游输沙用水量研究. 泥沙研究,（3）：24-29.

姚文艺，郗国明. 2008. 黄河下游洪水冲淤相对平衡的分组含沙量阈值探讨. 水科学进展, 19（4）：467-474.

岳德军，侯素珍，赵业安，等. 1996. 黄河下游输沙水量研究. 人民黄河,（8）：32-41.

张翠萍，伊晓燕，张超. 2007. 渭河下游河道输沙水量初步分析. 泥沙研究,（1）：8-12.

张翠萍，曲少军，尚红霞，等. 2018. 三门峡水库高含沙洪水的排沙特性研究. 华北水利水电大学学报（自然科学版）, 39（5）：7-10.

张厚军，周丽艳，鲁俊，等. 2011. 黄河宁蒙河段主槽淤积萎缩原因及治理措施和效果研究. 郑州：黄河勘测规划设计研究院有限公司.

张红武，张清. 1992. 黄河水流挟沙力的计算公式. 人民黄河,（11）：7-9.

张红武，赵连军，王光谦，等. 2003. 黄河下游河道准二维泥沙数学模型研究. 水利学报,（4）：1-7.

张金良，索二峰. 2005. 黄河中游水库群水沙联合调度方式及相关技术. 人民黄河, 27（7）：7-10.

张金良，付健，韦诗涛，等. 2019. 变化环境下小浪底水库运行方式研究. 郑州：黄河水利出版社.

张燕菁，胡春宏，王延贵，等. 2007. 辽河干流河道演变与维持河道稳定的输沙水量研究. 水利学报, 38（2）：176-181.

张原锋，申冠卿. 2009. 黄河下游维持主槽不萎缩的输沙需水研究. 泥沙研究,（3）：8-12.

张原锋，申冠卿，张晓华，等. 2007. 黄河干流输沙需水研究. 郑州：黄河水利科学研究院.

赵华侠，陈建国，陈建武，等. 1997. 黄河下游洪水期输沙用水量与河道泥沙冲淤分析. 泥沙研究,（3）：57-61.

赵连军，韦直林，谈广鸣，等. 2005. 黄河下游河床边界条件变化对河道冲淤影响计算研究. 泥沙研究,（3）：17-23.

赵文林，茹玉英. 1994. 渭河下游河道输沙特性与形成窄深河槽的原因. 人民黄河, 17（3）：1-4.

赵业安，潘贤娣，李勇，等. 1990. 黄河下游河道输沙用水量的初步研究. 郑州：黄河水利科学研究所.

赵业安，潘贤娣，李勇，等. 1993. 黄河下游河道输沙用水量的初步研究//水利电力部办公厅图书部. 科学研究论文集（第四集）. 郑州：中国环境科学出版社.

赵业安，周文浩，费祥俊，等. 1998. 黄河下游河道演变基本规律. 郑州：黄河水利出版社.

赵业安，戴明英，吕光圻，等. 2008. 黄河干流水库调水调沙关键技术研究与龙羊峡、刘家峡水库运用方式调整研究. 郑州：黄河水利科学研究院.

中国水利学会泥沙专业委员会. 1992. 泥沙手册. 北京：中国环境科学出版社：320-335.

An C H, Chen C X, Luo Q S, et al. 2019. Study on water and sediment regulation in middle and lower reaches of the Yellow River under changing environment. World Congress.

Nash D B. 1994. Effective sediment-transporting discharge from magnitude-frequency analysis. Journal of Hydrology,

102 (1): 79-95.

Odgaard A J. 1981. Transverse bed slope in alluvial channel bends. Journal of the Hydraulics Division, (107): 1677-1694.

Omdorff R L, Whiting P J. 1999. Computing effective discharges with S-PLUS. Computers & Geosciences, (25): 559-565.

Richter B D, Baumgartner J V. 1997. How much water does a river need? Freshwater Biology, 7 (1): 231-249.

Wang X K, Qian N. 1989. Turbulence characteristics of sediment laden flow. Journal of Hydraulic Engineering, 115 (6): 781-800.

Wu B S, Xia J Q, Fu X D, et al. 2008. Effect of altered flow regime on bankfull area of the Lower Yellow River, China. Earth Surface Processes and Landforms, 33 (10): 1585-1601.

Xia J Q, Li X J, Li T, et al. 2014. Response of reach-scalebankfull channel geometry in the Lower Yellow River to the altered flow and sediment regime. Geomorphology, (213): 255-265.